Sebastian Jutzi

Als ein Virus Napoleon besiegte

Sebastian Jutzi

Als ein Virus Napoleon besiegte

Wie Natur Geschichte macht

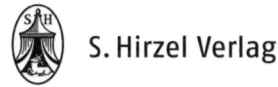 S. Hirzel Verlag

Bibliografische Information der Deutschen Nationalbibliothek
Die Deutsche Nationalbibliothek verzeichnet diese Publikation in der Deutschen Nationalbibliografie; detaillierte bibliografische Daten sind im Internet unter https://portal.dnb.de abrufbar.

ISBN 978-3-7776-2798-4 (Print)
ISBN 978-3-7776-2808-0 (E-Book, PDF)

© 2019 S. Hirzel Verlag
Birkenwaldstraße 44, 70191 Stuttgart

Printed in Germany

Einbandgestaltung: deblik, Berlin unter Verwendung von Fotos von Napoleon (1769–1821) Crossing the Alps at the St Bernard Pass, 20th May 1800, c.1800–01 (oil on canvas), David, Jacques Louis (1748–1825)/Österreichische Galerie Belvedere/Google Art Project
Satz: abavo GmbH, Buchloe
Druck und Bindung: Druckerei Kösel, Krugzell

www.hirzel.de

Inhaltsverzeichnis

Einleitung

Alles auf dieser Erde hat eine Geschichte. Das hängt vor allem damit zusammen, wie wir die Zeit erleben. Kontinuierlich schreitet sie für uns voran in Richtung Zukunft und lässt die flüchtige Gegenwart jeden Augenblick als Vergangenheit hinter sich. Der Mensch ist wohl das Lebewesen, welches sich am intensivsten mit diesem Faktum beschäftigt. Zwar gibt es andere Tiere, die sich erinnern und Künftiges planen, kein Wesen aber kann das über so lange Zeiträume wie wir. Schließlich hat *Homo sapiens* eigens Verfahren und Technologien dafür entwickelt. So stellt unsere Schriftkultur nicht nur eine exklusiv gegenwartsbezogene Informationsübermittlung dar, sondern dient auch als ein wichtiger Erinnerungs-Speicher, der über Jahrtausende funktioniert. Aus Aufzeichnungen, die lange vor uns festgehalten wurden, erfahren wir mehr über die Vergangenheit. Der Mensch hat daraus sogar eigene Disziplinen geschaffen, die einerseits Zurückliegendes erforschen, andererseits Informationen für künftige Generationen sammeln und aufbereiten. Das ist gut so, denn ohne Geschichtswissenschaft und Geschichtsschreibung würden wir orientierungslos im Fluss der Zeit treiben.

Das Fundament, auf dem sich alle Ereignisse und somit die Geschichte auf der Erde abspielt, ist die Natur. Die Luft, die wir atmen, die Nahrung, die wir zu uns nehmen, die Technik die wir nutzen, die Landschaft, in der wir leben, oder der Sternenhimmel, den wir betrachten – alles basiert letztendlich auf der Natur. Aus dieser Perspektive verwundert es nicht, dass unsere Historie untrennbar damit verbunden ist. Insofern wäre die Feststellung, dass die Macht der Natur auch unsere Geschichte prägt, trivial.

Doch in der Vergangenheit des Menschen hat es immer wieder natürliche Ereignisse, Entwicklungen oder Zufälle gegeben, die den Gang der Zeitläufte entscheidend beeinflussten und ohne die wir in einer anderen Gegenwart leben würden. Wohl jeder, der sich für Geschichte interessiert, könnte gleich mehrere Beispiele nennen, bei denen das Wetter den Ausgang einer Schlacht oder gar eines Kriegs entscheidend beeinflusst hat. Bei klimatischen, also längerfristigen Veränderungen und ihrer Wirkung auf Gesellschaften ist der Zusammenhang schon weniger deutlich. Auch der Einfluss unserer natürlichen Gegner, beispielsweise Krankheitserregern, war in einigen Fällen tiefgreifender als man erwarten würde. Leicht übersehen wird die Bedeutung der Natur, wenn es sich um Erfindungen handelt, die auf natürlichen Vorbildern beruhen. Manchmal hilft die Natur aber einfach nur dabei, historische Rätsel zu lösen, und verändert dadurch die Geschichtsschreibung und unser Bild von Geschichte.

Selbstverständlich braucht es bei all diesem immer noch Personen, die natürliche Vorlagen zu etwas Geschichtsrelevantem machen. Das schmälert die Rolle der Natur keineswegs. Sie prägt Historie und die Vorstellung davon jedenfalls weit mehr, als uns bewusst ist. Und das nicht nur in grauer Vorzeit, sondern bis heute und aller Voraussicht nach auch in Zukunft.

Deshalb ist es wichtig, dem Wirken der Natur und ihrem Zusammenspiel mit unserer Geschichte mehr Aufmerksamkeit zu schenken. Dazu soll dieses Buch beitragen. Mehr als 50 historische Beispiele lüften das natürliche Geheimnis, das hinter ihnen steckt, und verdeutlichen, wie weit die Macht der Natur reicht.

Im besten Fall werden Sie daraus neue Perspektiven gewinnen und mit anderen Augen auf die Geschichte, die Natur und auch auf sich selbst blicken.

Paradies aus der Katastrophe

Im November des Jahres 1807 verließ John Colter das Lager, das er mit seinen Kameraden wenige Wochen zuvor errichtet hatte. Es lag am Zufluss des Bighorn Rivers in den Yellowstone River, einer Gegend auf dem Gebiet des heutigen US-Bundesstaates Montana. Colter wollte in eine von Weißen unerforschte Region vordringen und nach Indianerstämmen suchen, mit denen sich Handel treiben ließ. Besonders Biberfelle, das „weiche Gold Nordamerikas", wollte er kaufen. Tatsächlich stieß er immer wieder auf Indianer und erkundete mit ihnen ein ursprüngliches Gebiet südwestlich jenes Lagers, von dem er aufgebrochen war. Die Jagdgründe der Indigenen erstreckten sich scheinbar endlos. Wunderliche Dinge sah der Mittvierziger darin, zum Beispiel heiße Wasserfontänen, die aus dem Felsen viele Meter in die Höhe schossen. Als er schließlich nach einem langen Winter und einem Überfall durch einen feindlichen Indianerstamm, der ihm eine schwere Verwundung am Bein einbrachte, endlich zurück zu seinen Gefährten kam, staunten diese über die Erzählungen, die er zum Besten gab. So recht wollten sie ihm aber nicht glauben und machten sich über Colter lustig. Eine Gegend, die der Trapper erkundet haben wollte, nannten sie spaßhaft Colter's Hell (dt.: Colters Hölle). Nicht besser erging es dem Entdecker, als er schließlich in die Zivilisation zurückkehrte. Selbst als andere Trapper Ähnliches berichteten, wollte es niemand glauben.

Erst ab 1869, nachdem der amerikanische Bürgerkrieg zu Ende gegangen war, erkundeten Expeditionen das Gebiet und entdeckten dort tatsächlich rege vulkanische Aktivität sowie eine unberührte Natur. Die Berichte und vor allem Fotos, die Forscher von ihren Erkundungen mitbrachten, fanden endlich Beachtung.

Noch war der Westen der USA in einigen Teilen tatsächlich wild, aber schon damals zeichnete sich ab, dass der Strom der Menschen, die hier eine neue Heimat suchten, das bald und gründlich ändern würde. Nicht zuletzt der kalifornische Goldrausch, der von 1848 bis 1854 Hunderttausende angelockt hatte, verdeutlichte, welche Umwelt- und Naturzerstörung damit einherging. Überall in den USA forderten deshalb Naturschützer, Reservate einzurichten, um wenigstens einen kleinen Rest der Naturschönheiten ihres Landes zu bewahren. Auch in der Hauptstadt Washington D. C. wurden solche Forderungen laut und fanden unter den Kongressabgeordneten viele Anhänger. Dass die Parlamentarier ein Herz für den Naturschutz haben konnten, hatten sie bereits 1864 unter Beweis gestellt, als sie den Yosemite Act verabschiedet hatten, ein Gesetz zum Erhalt eines großen Gebietes um das Yosemite-Tal in Kalifornien. Am 30. Juni 1864 hatte der damalige Präsident Abraham Lincoln die Gesetzesurkunde unterzeichnet. Nun sollte also auch das Naturwunder Yellowstone geschützt werden.

Die Ursache dafür, dass dort eine so einmalige Natur unberührt überdauern konnte, liegt weit in vorgeschichtlicher Zeit. Sie weist auf Katastrophen der Vergangenheit – und vielleicht auch der Zukunft. Denn unter dem Yellowstone-Gebiet brodelt die gewaltige Magmakammer eines Supervulkans. Diese Vulkane existieren weltweit. Ihre genaue Zahl ist noch nicht bekannt. Sie brechen selten aus, aber wenn sie es tun, dann heftig. Deshalb bilden Supervulkane in der Regel keine Berge, sondern hinterlassen nur gewaltige Krater, sogenannte Calderen.

Die Magmakammer des Yellowstone-Vulkans erstreckt sich in etwa acht Kilometern Tiefe über eine Fläche von 3200 Quadratkilometern. Sie misst 80 Kilometer in der Länge, 40 Kilometer in der Breite und ist etwa zehn Kilometer tief. Drei gewaltige Ausbrüche dieses schlafenden Riesen sind bislang bekannt. Jeweils vor 2,1 und 1,3 Millionen sowie vor 640 000 Jahren barst die Erdkruste über der Magmablase. Die Caldera, die durch diese apokalyptischen Ereignisse entstand, ist 80 Kilometer lang und 55 Kilometer breit.

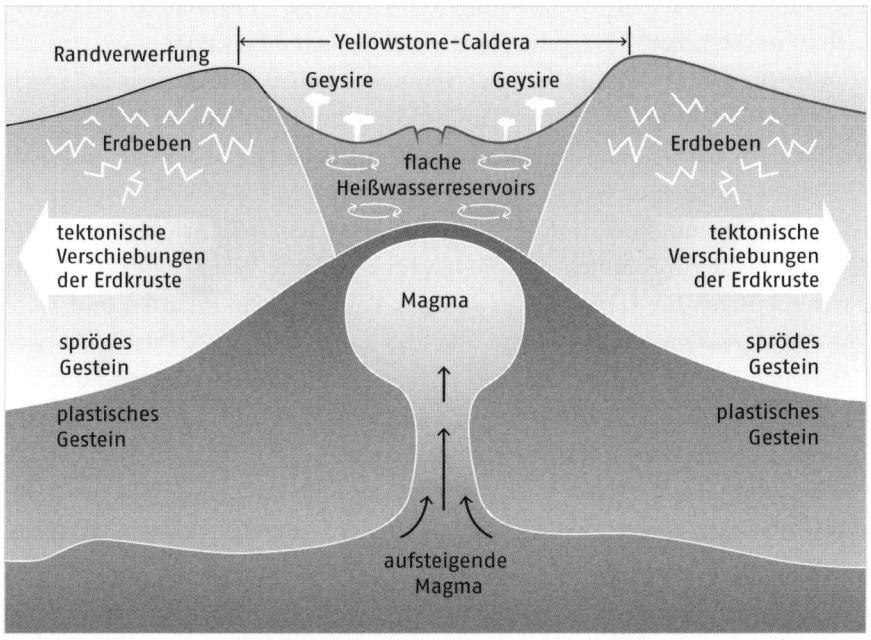

○ Querschnitt durch den Yellowstone-Vulkan. Unter dem Krater, in dem der Yellowstone-Nationalpark zu großen Teilen liegt, brodelt eine riesige Magmakammer. Mit gewaltigen Ausbrüchen schuf sie ein Rückzugsgebiet für unberührte Natur.

Die unvorstellbare Gewalt dieser Ausbrüche schleuderte immense Massen an Material in die Atmosphäre, manchmal mehr als 1000 Kubikkilometer, eine Menge, die theoretisch ausreichen würde, um den gesamten nordamerikanischen Kontinent mit einer im Schnitt zehn Zentimeter dicken Schicht zu bedecken. Allerdings verteilten Winde die Asche nicht gleichmäßig, so dass sich mancherorts überhaupt keine Spuren der Ausbrüche finden lassen. Andere Fundorte von Vulkangestein liegen dagegen beachtlich weit von Yellowstone entfernt. Immerhin haben Forscher Schlacken der letzten bekannten Eruption in mehr als 1500 Kilometern Entfernung an der Küste Kaliforniens entdeckt. Wo die Asche auf den Boden fiel, dürfte sie alle Pflanzen erstickt haben.

Noch viel schlimmer könnten die klimatischen Auswirkungen des Ausbruchs gewesen sein, denn nicht alle Partikel, die dabei in die Luft geschleudert wurden, fielen wieder zu Boden, sondern gelangten bis in sehr hohe Schichten, zum Beispiel die sogenannte Stratosphäre.

Das geschieht bei Vulkanausbrüchen beispielsweise mit Aerosolen, einem Gemisch aus festen oder flüssigen Schwebeteilchen. In der Stratosphäre reflektieren sie dann unter anderem das Sonnenlicht, was das Klima auf der Erde drastisch abkühlen kann. Die sogenannte Kleine Eiszeit in Europa – eine Periode relativ kühlen Klimas vom 15. bis zum 19. Jahrhundert – oder das „Jahr ohne Sommer" 1816 gehen unter anderem auf dieses Phänomen zurück.

Allerdings beförderten die dafür verantwortlichen Vulkanausbrüche weit weniger Material in die Atmosphäre als die letzte Eruption des Yellowstone-Vulkans vor 640 000 Jahren. Wahrscheinlich hatten alle Lebewesen auf dem Globus in irgendeiner Weise mit den Folgen dieses Ausbruchs zu kämpfen.

So vernichtend die Katastrophe auch gewesen sein mag, schuf sie doch die Grundlage für ein Paradies – zumindest für die Natur. Wie in einer Art Arche Noah schützten die Hänge des gewaltigen Vulkankraters Pflanzen und Tiere vor der Menschenschwemme, die über das Land schwappte. Das Gebiet war derart unzugänglich, dass sich außer Trappern und Jägern niemand dorthin wagte. So wurde Yellowstone zur einzigen Region der USA, in der bis zum heutigen Tag kontinuierlich Bisonherden leben.

Die Schönheit der Natur überzeugte letztendlich genügend Parlamentarier des US-Kongresses, so dass sie eine auf den 4. Dezember datierte Gesetzesurkunde verabschiedeten. Der Yellowstone National Park Protection Act sollte das Gebiet zum ersten Nationalpark der Welt erheben. Am 1. März 1872 unterschrieb Präsident Ulysses S. Grant die Urkunde und das Gesetz trat in Kraft.

Seither genießen in Yellowstone etwa 186 Flechten-, 2000 Pflanzen-, 16 Fisch-, fünf Amphibien-, sechs Reptilien-, 300 Vogel- und 67 Säugtierarten besonderen Schutz. Weitere Attraktionen schafft die Hitze aus dem Erdinneren. Sie sorgt unter anderem für etwa 10 000 heiße Quellen und 3000 Geysire, der bekannteste unter ihnen ist „Old Faithful", der mit zuverlässiger Regelmäßigkeit alle anderthalb Stunden kochendes Wasser Richtung Himmel schleudert.

Der erste Nationalpark der Welt verdankt seine Existenz vor allem seiner besonderen natürlichen Entstehungsgeschichte, seiner einmaligen Schönheit und dem menschlichen Bestreben, eine ursprüngliche Natur zu erhalten. Als weiterer menschlicher Faktor dürften allerdings auch wirtschaftliche Überlegungen einen Teil dazu beigetragen haben, denn unter anderem die Eisenbahngesellschaft Northern Pacific Railroad hoffte, der Nationalpark würde für eine bessere Auslastung ihrer Züge durch natursuchende Zeitgenossen sorgen. Nicht zuletzt eine Passage des Gesetzestextes zum Yellowstone Nationalpark sah ja bereits vor, dass das Schutzgebiet „ein öffentlicher Park oder Vergnügungspark zu Nutzen und Vergnügen der Menschen" sein sollte.

Anfänglich erwies sich die Idee, mit Touristen Geld zu verdienen, allerdings als Flop. In den ersten Jahren durchstreiften kaum 1000 Besucher den Park. Erst mit dem Ausbau des Schienennetzes bis an die Grenzen des Schutzgebietes entdeckten immer mehr Menschen die Natur des Yellowstone als lohnendes Ziel. Heute stürmen jährlich mindestens 2,8 Millionen Gäste in den Park. Im Jahr 2016 waren es sogar mehr als 4,25 Millionen.

Touristen sind nicht die einzige Möglichkeit, um mit der Natur von Yellowstone Geld zu verdienen, denn die heißen Quellen beherbergen noch einen weiteren Schatz: Bakterien und Algen mit ganz besonderen Eigenschaften. So wurde dort erst vor wenigen Jahren eine Alge entdeckt, die giftiges Arsen bindet. Aus einem Bakterium konnten Forscher ein Enzym isolieren, mit dem sich die Erbsubstanz DNA vervielfältigen lässt. Es findet weltweit reißenden Absatz.

Die Idee, mit Nationalparks wertvolle Naturschätze zu bewahren, fand seit jenem denkwürdigen 1. März 1872 Anhänger rund um den Globus. Australien bekam 1879 seinen ersten Nationalpark, Europa 1909, Asien 1912 und Afrika 1925. In Deutschland sollte es allerdings noch fast 100 Jahre dauern, bis 1970 mit dem Bayerischen Wald das erste derartige Schutzgebiet ins Leben gerufen wurde. Heute, Stand 2016, existieren etwa 4000 Nationalparks weltweit, die die Internationale Naturschutzunion (IUCN) anerkennt, 18 davon liegen in Deutschland.

Jeder dieser Parks mahnt zur Demut gegenüber der Natur. Ganz besonders aber der erste seiner Art. Einerseits durch seine Schönheit, andererseits durch die Katastrophen, die ihn schufen.

Ob ein vergleichbar verheerender Ausbruch des Yellowstone wie vor gut 600 000 Jahren erneut stattfinden wird, bleibt ungewiss. Sicher ist dagegen, dass er Auswirkungen auf uns alle hätte. Weite Teile Nordamerikas würden verwüstet, unzählige Menschen stürben, die Weltwirtschaft erlebte eine Krise bislang ungesehenen Ausmaßes und das Klima würde sich wohl deutlich abkühlen. Deshalb wird der Supervulkan genau überwacht. Die beruhigende Botschaft des zuständigen U.S. Geological Surveys lautet: derzeit keine Gefahr. Wir, die Bisons und all die anderen Tiere des Nationalparks dürfen also vorerst ruhig schlafen.

Tor zu Glück und Unglück

36° 36′ 37″ N, 83° 43′ 24″ W. Auf diesen Koordinaten liegt das etwa 10 000 Seelen zählende Städtchen Middlesboro im US-Bundesstaat Kentucky. Auf den ersten Blick lässt die idyllische Gegend nicht vermuten, dass sie Teil eines Gründungsmythos der USA ist. Und dennoch hat sich hier ein wichtiger Teil der amerikanischen Geschichte abgespielt. Es war kein Einzelereignis, das hier stattfand, sondern ein Prozess, der das Land der unbegrenzten Möglichkeiten prägte.

Dass er hier und nirgendwo anders stattfand, hat natürliche Ursachen. Im Osten der USA zieht sich nämlich eine gewaltige Mittelgebirgskette über eine Länge von 2400 Kilometern und eine Breite von bis zu 200 Kilometern von Nordosten bis nach Südwesten. Jahrzehnte hielt die undurchdringliche Wildnis der Appalachen die Siedler an der Ostküste davon ab, weiter ins Landesinnere vorzudringen. Wozu auch? Bot das Gebiet, auf dem die 13 Gründungsstaaten der USA lagen, doch genügend Raum. Und erzählten nicht wagemutige Entdecker immer wieder von einem schier endlosen Labyrinth aus Schluchten in dem Gebirge, in dem man sich formidabel verirren konnte?

Doch als immer mehr Menschen von Europa in die neue Welt strömten, avancierte das bis über 2000 Meter hohe Mittelgebirge vom vernachlässigbaren Hinterland zu einem lästigen und ärgerlichen Hindernis auf dem Weg zu neuem Siedlungsraum. Die Suche nach geeigneten Pässen begann. Es musste sich doch eine sichere Passage finden lassen, auf der nicht nur Trapper mit ihrem Pferd und einem Lastenmaultier vorwärtskommen konnten, sondern ganze Wagenkolonnen mit Siedlern, die gen Westen aufbrachen, um dort ihr Glück zu machen.

1750 stieß dann endlich Thomas Walker, ein Entdecker aus Virginia, auf eine Stelle, die es auch Planwagen möglich machte, den Gebirgsriegel vergleichsweise komfortabel von Osten nach Westen zu passieren. Zu Ehren des Prinzen Wilhelm August, des Duke of Cumberland und dritten Sohnes des damaligen britischen Königs Georg II., nannte er die Passage Cumberland Gap.

Die 19 Kilometer lange Querung verdankt ihre Existenz gleich mehreren Naturgewalten, vor allem der Erosion, welche die Schluchten und Täler entstehen ließ, die den Durchgang in weiten Teilen bilden. Dazwischen aber liegt eine etwa 4,5 Kilometer breite Ebene, die die beiden Schluchten der Cumberland Gap verbindet. Vier wesentliche Abschnitte bilden den Durchlass von Ost nach West: ein Einschnitt im Cumberland-Höhenzug, besagte Ebene, ein Tal und schließlich ein Einschnitt im Gebirgszug des Pine Mountain.

Anders als die übrigen Etappen geht die Ebene nicht auf geologische Phänomene wie Plattentektonik, Erdkrustenverwerfungen und Erosion zurück. Sie ist astronomischen Ursprungs, denn sie entstand vor etwa 300 Millionen Jahren durch den Einschlag eines Meteoriten. Der Durchmesser des Himmelsgeschosses soll etwa 100 Meter betragen haben. Die Explosion muss unvorstellbare Auswirkungen gehabt haben. Sie hämmerte einen gewaltigen Krater in die Appalachen, gerade dort, wo heute das Städtchen Middlesboro liegt. Viel bedeutsamer aber war, dass die Kraterebene eine Verbindung zwischen den zwei Schluchtenabschnitten bildete und so die Cumberland Gap vollendete, das Tor zum Westen.

Das entdeckten Menschen nicht als Erste – bereits Jahrtausende vor ihnen stapften Elche, Bisons, Wapitis, Wölfe und viele andere Tiere durch den Durchlass. Ihnen folgten die Ureinwohner Nordamerikas, namentlich Cherokee und Shawnee. So beliebt und vergleichsweise komfortabel die Trasse auch war, entwickelte sie sich noch lange nicht zu einem Massenverkehrsweg.

Das änderte sich erst Mitte des 18. Jahrhunderts, vor allem als nach Thomas Walker der Pionier David Boone 1769 die Cumberland Gap erstmals passierte und 1775 dort im Auftrag der Transylvania Company die Wilderness Road erschloss. Sie war die erste Ost-West-Verbindung durch die Appalachen, auf der Siedler von den Küstenebenen am Atlantischen Ozean in den Mittleren Westen gelangen kontern. Ein halbes Jahrhundert lang war sie auch die einzige Verbindung zwischen den Gebieten der heutigen Bundesstaaten Virginia und Kentucky.

Die Wilderness Road löste eine wahre Massenbewegung aus. Bereits bis 1792 hatten auf ihr etwa 100 000 Menschen die Appalachen durchquert, bis 1810 waren es schon mehr als 300 000. Viele von ihnen haben sicher ihr Glück auf einer kleinen Farm gefunden.

Doch dieses Glück bedeutete gleichzeitig das Unglück anderer Menschen, denn der Strom der landhungrigen Siedler riss die Indianer und ihre Kultur mitleidlos fort wie ein Tsunami. Bis in die 1870er wurden zahlreiche sogenannte Indianerkriege ausgefochten, in denen die Ureinwohner letztlich allesamt unterlagen.

Zwischen 1778 und 1871 schlossen US-Regierungen mit den Stämmen 370 Verträge, unter anderem um Land von ihnen für Siedler zu bekommen, den Frieden zu stabilisieren oder Jagd- und Fischereirechte zu klären. Die meisten Kontrakte wurden in irgendeiner Weise durch die Regierung gebrochen. Von geschätzten sieben Millionen Indianern auf dem Territorium der heutigen USA vor der Besiedlung durch Europäer waren um 1900 nur noch etwa 250 000 übriggeblieben.

Heute erkennen die USA 561 Volksgruppen als sogenannte Native Americans an. Etwa 2,5 Millionen Menschen in den Vereinigten Staaten bezeichnen sich selbst als zu einem dieser Stämme gehörig.

Der Meteoriteneinschlag öffnete also zugleich das Tor zu Glück und Unglück. Nur wenige einzelne Treffer durch Weltraumgeschosse dürften ähnlich weitreichende Folgen gehabt haben. Der Asteroid, der die Dinosaurier auslöschte oder zumindest entscheidend zu ihrem Aussterben beitrug, ist einer davon.

Heute führt ein Highway durch den Einschnitt in den Appalachen. Bereits 1908 wurde die Trasse durch den Gebirgszug als eine der ersten Fernstraßen der USA makadamisiert, das heißt in einem besonderen Dreischichtverfahren ausgebaut. In den 1950er Jahren brandete dann so viel Verkehr über die alte Passstraße, dass sie aufgrund der zahlreichen Unfälle den Spitznamen Massacre Mountain erhielt. Die Planungen für einen 1400 Meter langen Tunnel begannen. Im Jahr 1996 wurde dann endlich der Cumberland Gap Tunnel eröffnet.

Heute fahren täglich etwa 32 000 Fahrzeuge durch seine Röhren, das sind elf Millionen Fahrzeuge jährlich. Der Tunnel bringt neben mehr Sicherheit weitere positive Effekte. Durch die Verbannung des Verkehrs unter die Erde können Besucher heute den 1940 gegründeten Cumberland Gap National Historical Park und seine Natur wieder ungestört genießen. Gleichzeitig war es möglich, die ehemalige Wilderness Road wieder in einen ursprünglicheren Zustand zu versetzen, um Besuchern einen besseren Eindruck zu vermitteln, was es bedeutet haben mag, sich über diese Route in einem Planwagen gen Westen vorzukämpfen.

Glaubensfundament aus Sand

Wohl kein anderes Lebewesen beschäftigt sich so sehr mit seinem eigenen ganz persönlichen Ende wie der Mensch. Der Tod als Gewissheit des Lebens lässt uns nicht los, tatsächlich und in Gedanken. Jeder muss einen Weg finden, damit umzugehen, will er nicht panisch oder krank werden. Und so hat *Homo sapiens* im Laufe seines evolutionären Weges unzählige Methoden entwickelt, dem Tod ein Schnippchen zu schlagen – und sei es auch nur in seiner Vorstellung. Der Glaube an eine Existenz nach dem irdischen Leben ist eine der beliebtesten Spielarten dabei. Rund um den Globus hoffen und bauen Menschen darauf, von Angehörigen der Jäger- und Sammlerkulturen bis zu Mitgliedern sogenannter Hochkulturen. Von manchen dieser Glaubensspielarten wissen wir nichts, da ihre Anhänger keine auffindbaren Belege dafür hinterlassen haben, andere haben dagegen beeindruckende Zeugnisse ihres Glaubens geschaffen, sei es in Form von Zeichnungen, Schriften oder Monumenten. Eines der bekanntesten dürften die Pyramiden von Gizeh in Ägypten sein. Getrost darf man sie als eine Art Denkmal der Menschheit allgemein bezeichnen, denn sie stehen nicht nur für die weit verbreitete Hoffnung auf und Sehnsucht nach einem Leben nach dem Tod, sondern auch für die erstaunlichen Leistungen, zu denen Menschen dadurch angetrieben werden.

Die größte und deshalb auch bekannteste unter ihnen ist die Cheops-Pyramide. Die Seiten ihres Grundrisses messen heute noch gut 225 Meter, ihre heutige Höhe beträgt noch knapp 139 Meter. Mehr als 2,3 Millionen Steinblöcke mit einem durchschnittlichen Gewicht von 2,5 Tonnen bilden ihren eleganten Körper, der geschätzt etwa 6,2 Millionen Tonnen auf die Waage brächte, wenn es denn ein derart gigantisches Wiegeinstrument gäbe.

Selbst wenn sich im weiten Umkreis hauptsächlich Wüste erstrecken mag, so ist die Cheops-Pyramide wie die benachbarten Bauwerke keinesfalls auf Sand gebaut, sondern auf ein solides Felsplateau. Andernfalls hätten sie kaum die zurückliegenden 4500 Jahre überdauert. Das religiöse Fundament der gewaltigen Konstruktionen hat seinen Ursprung dagegen genau in diesem feinkörnigen, instabilen Material. Auch in dieser Hinsicht symbolisieren die Pyramiden den Dualismus aus der harten, realen Welt und dem vagen, unsicheren Kosmos des Glaubens.

Schon ab etwa 5000 vor Christus, zu einer Zeit als die letzten Mammuts auf der sibirischen Insel Wrangel noch beinahe 2000 Jahre von ihrem endgültigen Aussterben entfernt waren, pflegten die Ägypter ihre Toten im heißen Wüstensand mit allerlei Beigaben zu begraben. Hin und wieder werden Sandstürme eine der letzten Ruhestätten aufgedeckt haben. Was dabei zutage gefördert wurde, muss erstaunlich und befremdlich zugleich auf die damaligen Menschen gewirkt haben. Der heiße Sand hatte die Leichname, die er umhüllte, derart ausgetrocknet, dass sie intakt und vergleichsweise lebensnah erhalten geblieben waren. Für glaubenshungrige Gemüter dürfte nichts näher gelegen haben, als aus dieser natürlichen Mumifizierung ein Zeichen aus dem Jenseits herauszulesen. Irgendwie lebte man also doch weiter. Wahrscheinlich brauchte man dafür sogar seinen Körper. Weshalb sollte er sonst so gut konserviert werden?

Misslicherweise trieben damals Grabräuber der besonderen Art ihr Unwesen. Hungrige Schakale und andere Aasfresser nutzten jede Gelegenheit, wenn sie auf ein frisches Grab stießen. Sie buddelten die Leiche aus und walteten ihres von der Natur verliehenen Amtes. Ein derart verstümmelter Körper war für die Sandtrocknung verloren und damit wohl auch für das Leben nach dem Tod.

Also verfielen findige Geister auf die Idee, Verstorbene vor den tierischen Grabschändern zu schützen und sie in Holzkisten zu bestatten. Nun konnten sich keine hungrigen Mäuler mehr an den Toten sattfressen, aber auch der Sand konnte sich den Leichen nicht mehr nähern. Die Natur nahm ihren Lauf, Verwesung setzte ein und hinterließ schließlich nur noch ein Skelett. Auch dieses war wohl völlig unbrauchbar für ein ewiges Leben. Da war es fast besser, die Toten wieder ungeschützt zu bestatten und zu riskieren, dass sie aufgefressen würden.

Den Ägyptern war der Zusammenhang zwischen dem Sand und der Mumifizierung wohl nicht bekannt, denn sie taten, was Menschen gerne tun: Sie wählten einen dritten Weg. Auf die Schutzhülle für die Beigesetzten wollten sie keinesfalls verzichten. Also musste eine Methode her, mit der sich der Körper eines Verstorbenen konservieren ließ. Dass es möglich war, hatten die Leichen aus dem Sand ja eindeutig bewiesen. Es galt ein Verfahren zu entwickeln, das dieselbe Wirkung erzielte.

Zunächst versuchten Bestatter den natürlichen Verfall der Körper mit Lappen und Binden zu verhindern, die sie zuvor mit Pflanzensäften oder Harz getränkt hatten. Neuen Untersuchungen zufolge begannen sie bereits im fünften Jahrtausend vor Christus damit. Einige der nachgewiesenen Substanzen auf den Leichentüchern besitzen eindeutig antimikrobielle Wirkung und dürften den Prozess der Verwesung zumindest verlangsamt haben. Endgültig aufhalten konnten sie ihn sicher nicht.

In der Natur des Menschen liegt allerdings auch, nach Verbesserungsmöglichkeiten eines einmal entwickelten Verfahrens zu suchen. Das taten die

Ägypter und so verfeinerten sie die Technik der künstlichen Mumifizierung immer weiter. Sie entdeckten, dass es ratsam war, die inneren Organe aus der Leiche zu entfernen. Das Gehirn wurde mit einem Haken durch die Nasenöffnung aus dem Schädel geholt, der zurückbleibende Hohlraum mit heißem Harz und Pech gefüllt. Organe wie Lunge, Leber, Gedärme und Magen verließen den Körper durch einen Bauchschnitt und fanden ihre letzte Ruhe in gesonderten Gefäßen, den sogenannten Kanopen. Herz und Nieren blieben dagegen in der Regel im Körper. Brust und Bauchhöhle wurden anschließend mit verschiedensten Substanzen zur Trocknung oder Konservierung versiegelt. Der ganze Körper wurde mit Pottasche eingerieben und anschließend in harzgetränkte Binden gewickelt.

Um die unvermeidlichen strengen Gerüche zu übertünchen, die bei den Ritualen auftraten, kamen allerlei Hilfsmittel wie Myrrhe, Weihrauch, Öle, Zedernharz, Fette und Bienenwachs zum Einsatz. Wiederholte Waschungen des Leichnams während dieser Prozedur erwiesen sich ebenfalls als nützlich.

Schließlich, nach etwa 3000 Jahren, hatte die Kultur der Mumifizierung ihren Höhepunkt erreicht. 70 Tage dauerte die Einbalsamierung im Idealfall. Ausgeführt wurde sie von Spezialisten, die damit ihren Lebensunterhalt verdienten. Priester begleiteten den Vorgang mit magischen Ritualen und sollten so eine gute Existenz im Jenseits für den Verstorbenen sichern.

Das Privileg, nach dem Tod als Mumie weiter zu existieren, war anfänglich nur den höchsten Würdenträgern vorbehalten. Doch das ließ sich über die Jahrhunderte selbstverständlich nicht durchhalten. Immer mehr Menschen strebten nach dieser Verewigung. Das brachte zweierlei mit sich. Erstens trieb es wohlhabende und mächtige Personen dazu an, immer aufwändigere und kostspieligere Verfahren für sich zu beanspruchen. Eine Beerdigung de luxe wurde zum Statussymbol. Zweitens professionalisierten sich in der Folge die Bestatter und es entstand ein regelrechter Industriezweig der Mumifizierung, was wiederum die Preise drückte.

Der Glaube an ein Leben nach dem Tod, den ursprünglich einmal trockener, heißer Sand befördert hatte, trieb immer seltsamere Blüten und gipfelte unter anderem im Bau der beeindruckenden Pyramiden von Gizeh. Bis zu 5000 Arbeiter sollen Schätzungen zufolge in Spitzenzeiten die Cheops-Pyramide errichtet haben. Die wollten verpflegt und vor allem auch anständig bestattet werden. Nicht zuletzt ein gutes Geschäft für diejenigen, die sich damit auskannten.

Und warum eigentlich sollten nur Menschen für die Ewigkeit konserviert werden? Waren nicht Tiere sehr nützliche oder angenehme Zeitgenossen im

Diesseits? Weshalb sollten sie nicht auch im Jenseits gute Dienste leisten? Ein weiterer Geschäftszweig für die Bestatter war eröffnet.

Mehr als 70 Millionen Tiermumien haben Forscher bislang entdeckt. Katzen, Hunde und Vögel, vor allem Ibisse, führten die Favoritenliste der Ägypter zahlenmäßig an. Aber auch Affen, Falken, Eidechsen, Schlangen, Fische, Gazellen, Krokodile oder Käfer endeten als Mumien. Die tierischen Begleiter sollten jene Götter wohlgesonnen stimmen, die mit bestimmten Tieren in Verbindung gebracht wurden.

Und auch hierbei geht das Leben seinen gewohnten Gang, denn zu allen Zeiten locken gute Geschäfte meist zwielichtige Gestalten an, die ihren gutgläubigen Opfern Sand in die Augen streuen. So fanden Forscher heraus, dass bis zu einem Drittel der Tiermumien komplett leer war und noch nicht einmal Teile von Tierkörpern enthielt.

Fester Glaube hin, Betrüger her – auch der altägyptischen Religion war kein ewiges Leben beschieden. Ihre letzten Reste verlieren sich in der zweiten Hälfte des ersten Jahrtausends nach Christus.

Doch selbst heute noch verbinden wir mit ihr die Pyramiden und Mumien als ganz wesentliche Bestandteile dieser Zivilisation. Obschon auch auf allen anderen Erdteilen das Phänomen der Mumifizierung in mancher Kultur eine Rolle spielte, bleiben Mumien das Sinnbild für das alte Ägypten. Daran ändern selbst die Kapuzinergruft von Palermo mit ihren mehr als 2000 natürlich entstandenen Mumien oder die in der jüngeren Vergangenheit gezielt angefertigten Mumien der Potentaten Lenin, Mao Zedong, Kim Il-Sung oder Kim Jong-il nichts. Und auch der spektakuläre Fund der Gletschermumie Ötzi in den europäischen Alpen konnte seinen ägyptischen Artverwandten nicht den Rang ablaufen.

Insofern haben die konservierten Leichname der alten Ägypter doch dazu beigetragen, dass zumindest das Andenken an sie die Zeiten überdauerte, und sogar immer wieder auflebt. Wenn beispielsweise Horrorfilme wie *Die Mumie*, *Die Mumie kehrt zurück* und *Die Mumie: Das Grabmal des Drachenkaisers* oder Komödien wie *Nachts im Museum* Teil 1 und 2, in denen die altägyptische Religion, Mystik und eben auch Mumien eine wichtige Rolle spielen, über die Kinoleinwände rund um den Globus flimmern, dann geht mit ihnen die Erinnerung an die längst zerfallene Zivilisation des alten Ägypten ebenfalls auf Weltreise.

Stadt, Pflanze, Buch

Wohl kein Buch hat den Lauf der Geschichte mehr und nachhaltiger beeinflusst als die Bibel. So unterschiedlich die einzelnen Konfessionen auch sein mögen, das Buch der Bücher bleibt der Kern des Christentums. Gerne wird daraus zitiert, um damit allerlei Sinniges, viel zu oft aber Unsinniges zu begründen. Die Übersetzung Martin Luthers hat sogar zahlreiche Redewendungen im Deutschen geprägt. „Perlen vor die Säue werfen", „Hochmut kommt vor dem Fall" oder „Wer anderen eine Grube gräbt, fällt selbst hinein" sind nur drei der gebräuchlichsten.

Wie durchschlagend die kulturelle Wirkung dieser über beinahe zwei Jahrtausende vorherrschenden Religion vor allem in Europa wirkte, lässt sich auch daran ablesen, dass die meisten Menschen, ob bewusst oder unbewusst, in ihrem Leben immer wieder Bezug auf die Bibel nehmen. Seien es Rituale, Verhaltens- oder Ausdrucksweisen oder ethische und moralische Vorstellungen. Auch wenn die Säkularisierung in vielen europäischen Gesellschaften immer weiter fortschreitet, ist die Bibel dadurch unterschwellig immer noch präsent.

Doch der eigentliche Ursprung des Wortes, mit dem die Heilige Schrift bezeichnet wird, ist weder europäisch noch kommt die Bezeichnung vom Himmel. Im Gegenteil, genau genommen wurzelt sie sogar im Morast. Die Wiege des Wortes Bibel steht bis heute jedenfalls an der Mittelmeerküste des Libanon. Der Ort gilt als einer der ältesten durchgehend besiedelten Plätze der Erde: die antike Stadt Byblos. Heute heißt sie in Arabisch Dschubail, aber der Name Byblos wird ebenfalls noch benutzt.

Schon 5000 Jahre vor Christus wohnten dort Menschen. Jahrhunderte später legten deren Nachfahren einen Hafen an. Seine günstige Lage, quasi auf halbem Weg zwischen Ägypten und Griechenland – zwei Zentren vorchristlicher Hochkulturen im östlichen Mittelmeerraum – ließ die Stadt zu einer pulsierenden Handelsmetropole werden. Im ersten Jahrtausend vor Christus entwickelte sich Byblos deshalb zu einem der wichtigsten Stützpunkte der Phönizier im östlichen Mittelmeer.

Das wichtigste Handelsgut der Stadt war das Holz der Zedern aus dem Libanon-Gebirge, welches die alten Ägypter für den Schiffsbau, aber auch für den Bau von Häusern oder für die Herstellung von Möbeln und Einrichtungsgegenständen nutzten. Kein Wunder, dass die Phönizier die Quelle ihres besten Geschäftes so sehr schätzten, dass die Zeder für sie zur Königin der Pflanzen avancierte. Selbst in der Bibel fand der in der Antike so verehrte Baum an mehreren Stellen des Alten Testaments Platz, wie beispielsweis in Psalm 92, wo es in „Ein Lied für den Sabbattag" heißt: „Der Gerechte wird grünen wie ein Palmbaum, er wird wachsen wie eine Zeder auf dem Libanon."

Byblos selbst hat sich allerdings mit einer anderen Ware verewigt. Denn die schon erwähnte Lage auf halbem Weg von Ägypten nach Griechenland machte die Hafenstadt zum perfekten Umschlagplatz für Papyrus. Der Vorläufer unseres heutigen Papiers war Hightech der Antike. Die ältesten Funde dieses revolutionären Schreibmaterials datieren auf etwa 3000 Jahre vor Christus. Bis weit ins erste Jahrtausend nach Christus hinein diente es der schriftlichen Übermittlung von Informationen.

Rohstoff für dieses fabelhafte Material war der Echte Papyrus (*Cyperus papyrus*). Das Sauergras wächst bis zu 4,6 Meter in die Höhe und bevorzugt feuchten Untergrund als Standort, beispielsweise Flussufer oder Sümpfe. Ägypten mit seinen alljährlich wiederkehrenden Nilfluten bot dem Papyrus also ein ideales Terrain. Die Flussanrainer wurden zu Meistern in der Herstellung von beschreibbarem Papyrus und versorgten den ganzen Mittelmeerraum damit.

Dabei bedienten sie sich der natürlichen Eigenschaft der Pflanze, einen sehr faserigen Stängel zu besitzen. Die Ägypter nutzten die Robustheit dieser Fasern, unter anderem um Taue und Textilien herzustellen oder sogar Schiffe aus Papyrus zu bauen. Trotzdem steht Papyrus bis heute vor allem als Synonym für beschreibbares Material. Nicht zuletzt unser Wort Papier stammt genau von ihm ab.

Besonders der untere Schaft der Pflanze eignet sich hervorragend dafür, eine glatte Fläche zu erschaffen. Dazu wird der Stängel geschält und sein Inneres in passende Stücke geschnitten. Die Faserbündel werden plattiert und anschließend kreuzweise übereinandergelegt, bis man ein Blatt oder gar eine ganze Papyrus-Bahn erhält. Durch Pressen erreicht man, dass sich die einzelnen Faserplättchen fest miteinander verbinden, zumal der Saft des Gewächses sehr klebrig ist.

Plinius der Ältere, der römische Gelehrte, der im ersten Jahrhundert nach Christus seine enzyklopädische, 32 Bücher umfassende Naturgeschichte verfasste, beschreibt das Verfahren der Herstellung eines Papyrus und der durch Zusammenkleben gefertigten Rollen. Er unterscheidet sechs Qualitätsstufen, von sehr feinem Papyrus, der sogenannten Hieratica, die ausschließlich für heilige Schriften verwendet wurde, bis zur Emporetica, die nicht zur Beschriftung geeignet war, sondern lediglich als eine Art Packpapier Einsatz fand.

Die Phönizier erkannten, dass sie hier ein ideales Schreibmaterial vor sich hatten. Anders als die alten Ägypter, die Information in Form von Hieroglyphen festhielten, entwickelte das Seefahrervolk eine Lautschrift mit einem

○ Männer bei der Papyrusverarbeitung in Ägypten, ca. 1479–1458 vor Christus (Kopie eines Freskos aus dem Grab des Puimre)

Alphabet, in dem jedes Zeichen für einen Laut stand. Es bot den Vorteil, dass man mit vergleichsweise wenigen Zeichen eine unendliche Fülle von Wörtern bilden konnte. Diese geniale Erfindung, das Alphabet, verbreitete sich schnell. So entwickelten die Griechen aus dieser Vorlage im neunten Jahrhundert vor Christus ihr eigenes Buchstaben-Arsenal, welches wiederum als Vorbild für alle anderen europäischen Alphabete diente.

Beinahe zwangsläufig stieg damit auch bei den Griechen die Nachfrage nach Papyrus und die Phönizier lieferten gerne Nachschub, vornehmlich aus besagter Hafenstadt Byblos. Ihr Name wurde zum Deonym, wurde also gleichgesetzt mit Papyrus. Die Griechen nannten die Schriftrollen deshalb *biblion*, was auf Deutsch so viel bedeutet wie Büchlein. Und von diesem Wort leitet sich wiederum unsere Bezeichnung der Bibel ab. So oder so ähnlich lautet in den meisten europäischen und weiteren Sprachen anderer Kontinente das Wort für die Heilige Schrift. Der Wortstamm findet sich noch in einigen anderen Begriffen wie Bibliothek, Bibliographie oder bibliophil. Trotzdem bleibt Bibel das eindrücklichste all dieser Wörter.

Die Papyruspflanze erlebt heutzutage wieder eine Renaissance, allerdings nicht als Rohstoff für Beschreibmaterial, sondern als Produzent von Biomasse für die Gewinnung von Energie. Anders als Kulturpflanzen ist sie nämlich anspruchslos und wächst zudem auf Flächen, die für herkömmliche Landwirtschaft nicht gut geeignet sind. Aber selbst das wird – zumindest sprachlich und geistesgeschichtlich – wahrscheinlich nicht so nachhaltig wirken wie die Kausalkette, die vom Papyrus über Byblos bis zur Bibel führt.

Verhängnisvoller Mond

Von Anfang an hatte er geahnt, dass die ganze Unternehmung kein gutes Ende nehmen würde. Wie grässlich Recht der athenische Stratege Nikias haben sollte, konnte er nicht wissen, als er im Sommer 415 vor Christus mit seiner Flotte aus dem Hafen von Athen auslief, um zu einer gewaltigen Militärexpedition aufzubrechen. Sein Ziel lag weit entfernt, auf Sizilien. Dort befehdeten sich die Bewohner der Städte Syrakus und Selinunt auf der einen sowie Segesta auf der anderen Seite. Aus letzterer Stadt waren im Herbst des Vorjahres Gesandte nach Athen gekommen und hatten die mächtige Metropole um Hilfe gebeten. Das war in der kriegsfreudigen Antike zwar nichts Ungewöhnliches, aber dieser Fall war heikel. Syrakus befand sich in einem Bündnis mit Sparta, jener Stadt, die den Süden der griechischen Halbinsel Peloponnes beherrschte und die wenige Jahre zuvor noch Krieg gegen Athen geführt hatte.

431 vor Christus war der Peloponnesische Krieg ausgebrochen, in dem sich der Attische Seebund unter der Führung Athens und der Peloponnesische Bund unter der Führung Spartas mit allen Grausamkeiten bekämpften, die die damalige Kriegsführung zu bieten hatte. Zehn Jahre dauerte das Gemetzel, ohne dass eine Seite eine endgültige Entscheidung herbeiführen konnte. Zu mächtig war die attische Flotte, zu stark das Heer des Peloponnesischen Bundes.

An den Kampfhandlungen nahm unter anderem auch der griechische Historiker Thukydides teil. Er verfasste später eine genaue Schilderung des Peloponnesischen Krieges und gilt damit als Begründer der Geschichtsschreibung, die einem analytischen, objektiv-wissenschaftlichen Anspruch verpflichtet ist.

Vorerst aber tobte der Krieg zehn Jahre. Erst nachdem die eifrigsten Befürworter des Krieges allesamt gefallen, von Seuchen dahingerafft waren oder anderweitig das Zeitliche gesegnet hatten, einigte man sich auf einen Friedensvertrag, den entscheidend besagter Nikias aushandelte.

Doch dieser sogenannte Nikiasfrieden war brüchig. Nicht alle Mitglieder des Attischen Seebundes und des Peloponnesischen Bundes trugen ihn mit, da sie ihre Interessen nicht ausreichend berücksichtigt glaubten. Auf Nebenkriegsschauplätzen wurde deshalb weitergekämpft.

Und nun waren also, im Herbst 416 vor Christus, jene Boten aus Segesta nach Athen gekommen und baten um militärischen Beistand.

Die Reaktion der Griechen auf dieses Anliegen fiel zwiespältig aus. Die Fraktion, die sich gegen ein derartiges militärisches Abenteuer aussprach, darunter auch der berühmte Philosoph Sokrates, versammelte sich hinter Nikias. In zwei engagierten Reden vor der athenischen Volksversammlung führte er triftige Gründe an, weshalb eine Kriegsführung auf Sizilien nicht ratsam war: Wie sollte Athen auf einer so weit entfernten Insel militärisch erfolgreich agieren, wenn es doch schon im näheren Umkreis des Attischen Seebundes nicht oder nur äußerst schwer gelungen war, alle aufrührerischen Bundesgenossen zu unterwerfen? Waren die Athener überhaupt in der Lage, eine so große Flotte, so viele Reiter und andere Kämpfer auszurüsten, damit ein Erfolg möglich schien? Wie sähe ein solcher Erfolg überhaupt aus, wenn man Sizilien niemals in Gänze und dauerhaft besetzen könne? Weshalb wollte man sich dann in die Streitigkeiten fremder Städte einmischen, was noch dazu die Gefahr eines erneuten Krieges mir Sparta heraufbeschwor?

Doch alle Vernunft nutzte nichts, denn als Nikias' Rivale, der Stratege Alkibiades, eine feurige Gegenrede hielt, kippte die Stimmung endgültig zugunsten eines Waffengangs. Zu Hilfe kam dem Kriegstreiber, dass eine athenische Abordnung, die nach Segesta geschickt worden war, zurückkehrte. Sie hatte prüfen sollen, ob die Boten dieser Stadt die Wahrheit über deren Reichtum gesagt hatten. Da sich die Athener auf Sizilien durch Tricks der Bürger Segestas hatten täuschen lassen – beispielsweise liehen sich die Stadtbewohner von Nachbargemeinden Geld, Geschirr und Schmuck –, bestätigten sie, dass die Segester wohlhabend und in der Lage seien, den Feldzug zu finanzieren. Für Krieg sprach auch, dass Syrakus, wenn es schließlich ganz Sizilien unterworfen hätte, mit seinem Bundesgenossen Sparta sicher gegen Athen kämpfen würde. Eine Militärexpedition auf die Insel käme also einem Präventivschlag gleich.

Kurzum, die Athener wählten den Krieg.

134 Kriegsschiffe, weit mehr als 100 Begleitschiffe und Kähne und mehr als 6000 Kämpfer brachen im Sommer 415 vor Christus unter dem Befehl der drei Anführer Nikias, Alkibiades und Lamachos auf. Schon die Abfahrt stand unter keinen guten Vorzeichen, denn in der Nacht zuvor hatte Hermenfrevel stattgefunden, die Schändung von Bildsäulen mit aufgesetztem Kopf unter anderem zu Ehren des antiken Gottes Hermes. Es ging das Gerücht um, dieser Frevel sei auf Betreiben des Alkibiades geschehen. Obwohl eine derartige Angelegenheit zwingend einen Prozess erforderte, schickte man die Flotte und mit ihr Alkibiades dennoch los und begnügte sich mit der Aussicht, diesen Prozess nach der Rückkehr des Feldherrn zu führen.

Die Überfahrt nach Italien verlief reibungslos, aber mit der fremden Küste näherten sich auch die Probleme. Anders als erhofft, boten die griechischen Siedlungen auf dem italienischen Festland keine Unterstützung an. Nach Segesta vorausgeschickte Schiffe kamen mit schlechten Nachrichten an Bord zurück, denn nun war doch offenbar geworden, dass die Stadt nicht das Geld besaß, um den Feldzug zu finanzieren.

Zu allem Überfluss wurde auch noch Alkibiades in seine Heimatstadt zurückbeordert, weil man nun doch einen Prozess gegen ihn führen wollte. Auf dem Rückweg floh der Stratege aber und schloss sich den Feinden Athens in Sparta an.

Unterdessen segelte die Flotte nach Sizilien und dort kam es zur ersten Schlacht mit den Syrakusern. Die Athener siegten zunächst. Allerdings, so hatten es Nikias und Lamachos befürchtet, waren ihre lediglich 30 Reiter der Kavallerie von Syrakus hoffnungslos unterlegen. Also schickten die Feldherren nach Verstärkung und überwinterten mit ihrem Heer in den befreundeten Städten Naxos und Katane.

Die Atempause nutzten die Bürger von Syrakus, um ebenfalls bei ihren Bundesgenossen Hilfe zu organisieren. Aber lediglich die griechische Stadt Korinth schickte Schiffe, aus Sparta kam nur ein General, wenn auch ein sehr erfahrener.

Im folgenden Frühjahr begannen dann die Athener, tatsächlich mit 250 Reitern verstärkt, Syrakus zu belagern. Dazu nahm die Flotte zunächst den Hafen ein. Die Fußtruppen errichteten Forts und wollten die Stadt mit einer doppelten Ringmauer vom Festland abschneiden. Dem konnten die Syrakuser selbstverständlich nicht tatenlos zusehen und so kam es immer wieder zu kleineren Gefechten, in deren Verlauf der Feldherr Lamachos fiel. Nun hatte Nikias den alleinigen Oberbefehl inne.

Gerade als die Griechen kurz davorstanden, den Mauerring zu vollenden, traf Gylippos, eben jener General aus Sparta, mit eilig rekrutierten sizilianischen Truppen am Schauplatz ein. Das Entsatzheer eroberte ein Fort der Griechen und vereitelte mit einer siegreich geführten Schlacht die Rückeroberung. Die Schließung des Belagerungsrings war damit endgültig vereitelt.

Daraufhin zogen sich die Griechen hinter ihre Mauern zurück, wo sie nun ihrerseits zu Belagerten wurden. Nikias erkannte die verzweifelte Lage und schickte einen Brief nach Athen, in dem er die Erlaubnis einforderte, die Unternehmung abzubrechen, wenn ihm nicht weitere Verstärkung geschickt würde.

Über den erneut heraufziehenden Winter trafen zwar neue Truppen und Schiffe aus Athen ein, aber auch Syrakus erhielt Verstärkung von seinen Bundesgenossen. Als im Frühjahr die Kämpfe zu Land und zu Wasser wieder aufflammten, lachte den Athenern anfänglich noch das Glück, aber bald schon gewannen die Syrakuser unter Anführung des Gylippos die Oberhand. Ein Rückzug schien unvermeidlich.

Ausgerechnet Nikias, der dem Feldzug von Anfang an skeptisch gegenübergestanden hatte, zögerte nun, den Befehl zum Aufbruch zu geben. Er fürchtete, in Athen würde man ihm die Schuld für die Niederlage geben. Eine Anschuldigung, die durchaus dazu geeignet war, ihm die Todesstrafe einzubringen, wie bei Thukydides nachzulesen ist, wenn er über Nikias' Motivation in dieser Lage schreibt: „Da er die Sinnesart der Athener kenne, so wolle er lieber für seine Person, wenn es sein müsse, durch die Hand der Feinde fechtend fallen, als wegen schmählicher Anklage unschuldig durch die Athener umkommen."

Und dann ereignete sich auch noch ein Naturschauspiel, das den Zaudernden endgültig davon überzeugte, dass ein Rückzug keine gute Idee sein könne: In der Nacht des 27. August 413 vor Christus fand eine Mondfinsternis statt. Zwar hatten bereits babylonische Astronomen mehr als ein Jahrhundert zuvor ein solches Naturschauspiel vorhergesagt, sie wussten also um die naturgesetzliche Regelmäßigkeit des Ereignisses. Auch im antiken Griechenland hatte sich dieses Wissen verbreitet. Viele Menschen hielten das nächtliche Himmelsspektakel trotzdem noch für ein Zeichen der Götter. Nikias war ebenfalls nicht frei von diesem Aberglauben und beging, nach Rücksprache mit seinen Sehern, den entscheidenden fatalen Fehler.

Aufgrund düsterer Vorahnungen ob des vermeintlich göttlichen Fingerzeigs verzögerte der Feldherr den Abzug seiner Truppen um einen ganzen Monat. Das nutzten wiederum die Syrakuser und versperrten mit Kriegsschiffen die Einfahrt zu dem Hafenbecken, in dem die Flotte der Athener vor Anker lag. Trotz heftiger Kämpfe gelang es den so Eingeschlossenen nicht, die Sperre zu durchbrechen, denn die Syrakuser hatten ihre Schiffe unter anderem durch die Verstärkung des Rammsporns am Bug aufgerüstet. Das machte sie ihren Gegnern im Nahkampf mindestens ebenbürtig, wenn nicht gar überlegen. Die Griechen mussten sich schließlich zum Strand und in ihre eigentlich als Belagerungsmauer erbaute Wehranlage zurückziehen.

Da der Seeweg versperrt war, ersann Nikias den Plan, einen Rückzug über Land zu wagen. So konnte seine Truppe vielleicht das Territorium der Sikeler erreichen, eines neutralen Volks, das seiner Armee Zuflucht gewähren könnte. Doch auch dazu sollte es nicht kommen.

Als die Griechen nach zwei Tagen endlich aufbrachen, setzte sich mit geschätzten 40 000 Männern eine immer noch beachtliche Streitmacht in Bewegung. Aber die Syrakuser hatten während der erneuten Verzögerung auf der vermuteten Route ihrer Feinde Engpässe verlegt oder Hinterhalte aufgebaut. Tagelang marschierten die Griechen und immer wieder kam es zu blutigen Gefechten, bis die Eindringlinge schließlich zermürbt und geschlagen

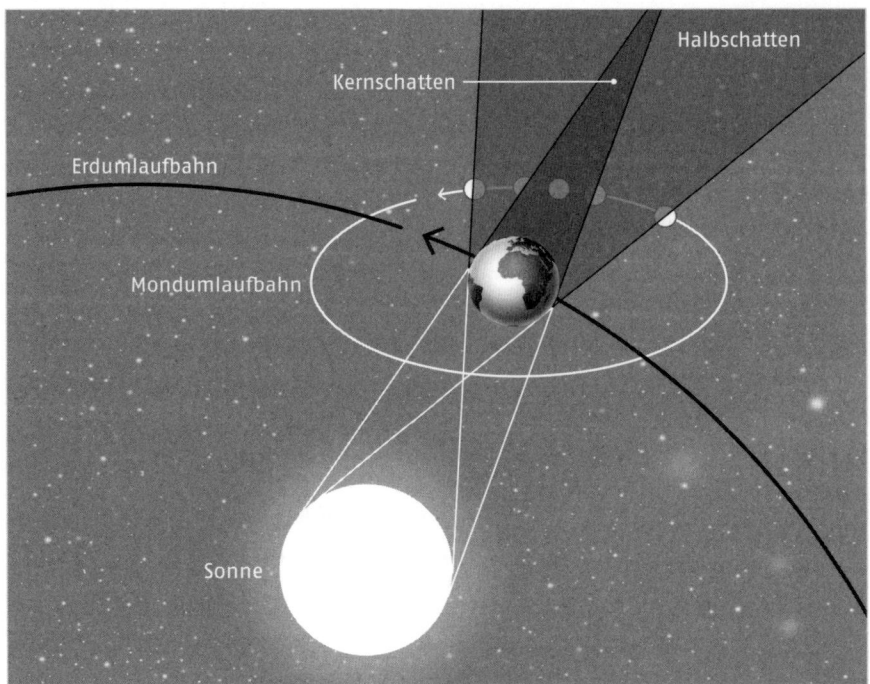

Halbschatten

Kernschatten

Erdumlaufbahn

Mondumlaufbahn

Sonne

o Bei einer Mondfinsternis wandert der Mond durch den Kernschatten der Erde und verdunkelt sich. Deckt der Kernschatten den Mond komplett ab, handelt es sich um eine totale Mondfinsternis.

waren. Nikias kapitulierte und ging mit noch etwa 7000 Männern in die Gefangenschaft. Doch seine Gegner ließen keine Gnade walten. Sie richteten den Feldherren hin. Kaum mehr Glück hatten Nikias' Gefolgsleute. Sie starben entweder in der Gefangenschaft oder wurden als Sklaven verkauft.

Diese Niederlage war für Athen und seine Verbündeten ein derart schwerer Schlag, dass sie sich nicht so bald davon erholen konnten. Letztlich bedeutete sie den Anfang vom Ende der athenischen Dominanz. 404 vor Christus endete der Peloponnesische Krieg nach 27 Jahren mit der endgültigen Niederlage Athens. Ob die Geschichte ohne Mondfinsternis eine andere Wendung genommen hätte, bleibt Spekulation.

Wenn sich der Erdtrabant durch den Erdschatten verdunkelt, muss das aber nicht immer Düsteres ankündigen. Es kann sogar Leben retten. Der Entdecker Christoph Columbus würde das bestätigen. Als zwei seiner Schiffe auf seiner vierten und letzten Expedition nach Amerika im Sommer 1503 völlig von Schiffsbohrmuscheln durchlöchert waren und er auf Jamaika strandete, konnten er und seine Mannschaft nur überleben, weil die Einheimischen Lebensmittel gegen allerlei Tand eintauschten. Als es aber zu Streitigkeiten zwischen den Seefahrern und den Eingeborenen kam, endete dieser Handel. Die Insulaner weigerten sich, die Fremden weiter zu versorgen. Da Columbus entsprechende astronomische Literatur mit sich führte, wusste er, dass sich am 1. März 1504 eine totale Mondfinsternis ereignen würde. Am Vortag verkündete er den Indianern deshalb, er werde sie für ihr Verhalten bestrafen und seine Macht dadurch demonstrieren, dass er den Mond verschwinden lassen würde. Da sich die Gestirne an den errechneten Zeitplan hielten, war das schlitzohrige Manöver des Seefahrers von durchschlagendem Erfolg gekrönt.

Wenigstens einen Teil dieses Glücks hätte sich gewiss auch der unglückliche Stratege Nikias gewünscht.

Die gewaltige Spur des Mists

Bis heute gilt sie als eine der herausragenden Leistungen der Militärgeschichte: die Überquerung der Alpen durch das karthagische Heer unter seinem Anführer Hannibal Barkas im Spätherbst des Jahres 218 vor Christus. Mit ihr steuerte der Konflikt zwischen der nordafrikanischen Metropole und Handelsmacht Karthago sowie der antiken Römischen Republik auf ihren Höhepunkt zu. Die tollkühne Unternehmung war der entscheidende Teil in der Strategie des Feldherrn Hannibal. Tatsächlich ließen sich die Römer von ihren Feinden, die sie als Punier bezeichneten, überraschen.

Bereits 264 vor Christus hatten Rom und Karthago zu Land und zu Wasser gegeneinander Krieg geführt. Dieser Erste Punische Krieg dauerte bis 241 vor Christus und endete mit einem Sieg der Römer. Die Karthager verloren durch die Niederlage unter anderem ihre Stützpunkte auf der Insel Sizilien und wenige Jahre später, als mittelbare Folge des ungünstigen Kriegsverlaufs und der harten Friedenbedingungen, auch noch die Inseln Korsika und Sardinien.

Die Geschlagenen suchten deshalb nach Möglichkeiten, neue Handelsstützpunkte und neue Kolonien zu gewinnen. Von ihrem Kernland, das im heutigen Tunesien lag, schickten sie Schiffe und Soldaten aus, um geeignete Territorien ausfindig zu machen. Buchstäblich nahe lag die Iberische Halbinsel, denn der Seeweg dorthin war nicht weit und das Gebiet des heutigen Andalusien lockte mit fruchtbaren Böden und vor allem Silbervorkommen. Allerdings wollten sich die dort wohnenden Völker, allen voran die Turdetaner, nicht freiwillig unterwerfen. Erst nachdem ein Heer unter dem bereits damals legendären Feldherren Hamilkar Barkas in der Schlacht am Rio Tinto 237 vor Christus gesiegt hatte, durfte die neue Kolonie als gesichert gelten. Keine zehn Jahre später fiel der Stratege in einem Gefecht. Da ahnte noch niemand, dass der älteste seiner drei Söhne einer der berühmtesten Menschen aller Zeiten werden sollte, dessen Name immer noch im Schulunterricht genannt wird.

219 vor Christus belagerte dieser Sprössling Hamilkars, Hannibal, die auf karthagischem Gebiet liegende, aber dennoch mit Rom verbündete Stadt Sagunt. Nach acht Monaten ergaben sich deren Bewohner und wurden getötet oder versklavt. Das war allerdings nur der Auftakt, denn Hannibal Barkas hatte einen kühnen Plan gefasst. In Erwartung, dass die Römer die karthagische Kolonie sowieso irgendwann angreifen würden, ging er in die Offensive. Ohnehin erzählte man sich von ihm, dass ihn sein Vater aufgefordert habe, Rom ewige Feindschaft zu schwören.

Auf See waren die Römer durch die Karthager allerdings nicht zu schlagen. Deshalb blieb nur der Landweg für einen Angriff. Der führte über drei Hindernisse. Erstens war da der Fluss Ebro im Nordosten Spaniens. Diesen Fluss sah ein Vertrag zwischen Karthago und Rom als Grenze der beiden Einflusssphären vor. Eine Überschreitung dieser Demarkationslinie kam einer Kriegserklärung gleich. Da Hannibal einen Waffengang aber als unvermeidlich ansah, dürfte die Überquerung des Flusses – und damit einhergehend ein eklatanter Vertragsbruch – nur ein organisatorisches, aber kein moralisches Hindernis dargestellt haben. Nicht zuletzt hatten die Römer ja auch Sagunt unterstützt, und die Stadt lag unzweifelhaft auf karthagischem Gebiet.

Die zweite Barriere war schon weitaus schwerer zu überwinden, denn die Küste, die wir heute Côte d'Azur nennen, war damals bereits von Römern besiedelt. Sie hatten längst erfahren, dass ein gewaltiges Heer auf sie zumarschierte. Hilfe aus dem Mutterland war bereits in Form zweier Legionen unter dem Konsul Publius Cornelius Scipio unterwegs. Gerade als Hannibals Truppen am Fluss Rhone ankamen und begannen überzusetzen, schlugen die Legionen ihr Lager am Mündungsdelta des Stroms auf.

Hannibal, der fernab von Italien keine Schlacht schlagen und stattdessen den Krieg ins Kernland des Feindes tragen wollte, hatte das vorausgeahnt und ließ seine Männer vier Tagesmärsche nördlich der Küste den Fluss überschreiten. Diesen Vorsprung konnten die Römer auch bei noch so guter Marschleistung nicht mehr aufholen. Kurzerhand schickte Scipio seine Soldaten unter einem neuen Befehlshaber nach Spanien und kehrte nach Italien zurück.

Währenddessen schickte sich Hannibal Ende Oktober an, die letzte und schwierigste Hürde auf dem Weg in Richtung Rom zu überwinden: die Alpen. Es sollte ihm gelingen, wie wir wissen. Doch so bekannt dieses Husarenstück auch sein mag, bis heute sind noch entscheidende Fakten ungeklärt. Führte der Karthager 40 000 oder 50 000 Krieger an? Befanden sich darunter 9000 oder 12 000 Reiter? Begleiteten den Zug tatsächlich 37 Kriegselefanten? Und vor allem: Wo kämpfte sich das Heer Ende Oktober, Anfang November vor mehr als 2200 Jahren über den Gebirgszug?

Glaubt man den beiden antiken Geschichtsschreibern Polybios und Titus Livius, den Hauptquellen zu Hannibals Alpenüberquerung, so dauerte der Aufstieg neun Tage. Von dem Pass, den die Kämpfer danach erreichten, konnte man die Po-Ebene sehen. Die Passhöhe bot außerdem ausreichend Platz für ein Heerlager, denn Hannibals Soldaten mussten dort drei Tage ausharren, bis der Weg hinab von Geröll befreit worden war. Der Abstieg dauerte dann noch einmal drei Tage. Anhand dieser und noch einiger weiterer Kriterien lassen sich drei mögliche Routen für den Heerzug identifizieren:

- die Nordroute entlang der Isère durch die Schluchten Pontcharra und La Rochette sowie über den Col du Mont Cenis oder den Col de Clapier,
- die mittlere Route vom Tal der Isère über das Pelvoux-Massiv zur Durance und über den Col de Montgenèvre oder
- die Südroute durch das Tal der Drôme über den Col de Grimone und entlang der Queyras-Schlucht über den Col de la Traversette.

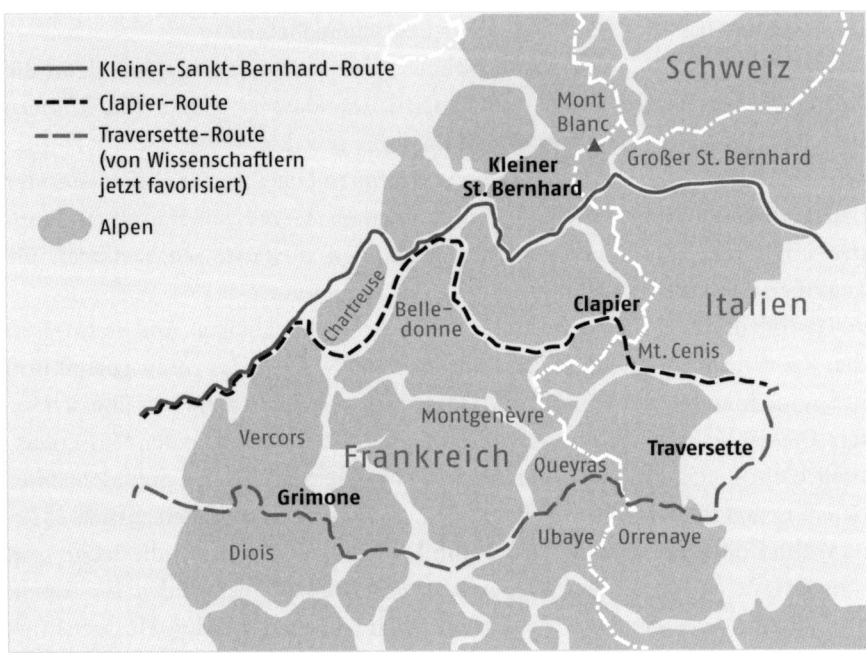

o Hannibals mögliche Alpen-Routen

Bei der Klärung dieser Frage half vor noch gar nicht allzu langer Zeit die Natur, vor allem die Natur der Pferde. Die bringt es mit sich, dass die Tiere täglich eine gewaltige Menge Pferdeäpfel produzieren. Bis zu 50 Kilogramm können das im Extremfall pro Ross sein. Bei knapp kalkulierten zehn Kilogramm pro Tag und etwa 10 000 Pferden macht das immerhin bereits 100 Tonnen Pferdemist – täglich. Dagegen nehmen sich die rechnerisch möglichen 15 Tonnen menschlichen Kots und die gut fünf Tonnen Elefantendung, die das Heer täglich hinterlassen haben dürfte, geradezu mickrig aus. Man darf also getrost vermuten, dass Hannibals Truppe nicht nur ihre Spur in der Geschichte hinterlassen hat, sondern auch eine kaum zu übersehende – und wohl auch nicht zu überriechende – Mistfährte durch das Gebirge zog. Nach dieser suchte vor einigen

Jahren ein internationales Forscherteam und wurde auf einer der drei bislang favorisierten Routen fündig.

In der Nähe des Col de la Traversette stießen die Forscher auf eine Stelle, an der in der Antike ein See und ein Feuchtgebiet gelegen haben mussten. Zu Hannibals Zeiten war dies wohl einer der wenigen guten Plätze in der Gegend, um eine große Zahl von Menschen und Tieren mit Trinkwasser zu versorgen.

Untersuchungen der Sedimente des ehemaligen Sees förderten außerdem eine große Menge Dung zutage. Mit Hilfe der sogenannten Radiocarbonmethode konnten die Forscher die Entstehungszeit der Misthaufen datieren. Tatsächlich stammten sie aus der Zeit Hannibals. Außerdem konnten die Wissenschaftler genetisches Material aus den antiken Hinterlassenschaften isolieren. Die Analyse zeigte, dass es überwiegend von Bakterien stammte, die Mikrobiologen als Clostridien bezeichnen. Mikroben in Pferdedung zählen üblicherweise zu 70 Prozent zu dieser Gruppe.

Die gewaltige Spur des Mists, die Hannibal und sein Heer durch die Alpen zogen, hilft deshalb dabei, das Geheimnis um die tatsächliche Route der Alpenüberquerung zu lüften. Obwohl die südliche Streckenführung als die schwierigste gilt, scheint die karthagische Truppe tatsächlich diesen Weg genommen zu haben. Nach insgesamt 16 Tagen erreichte sie im November die Po-Ebene. Fast 16 Jahre sollte Hannibal Krieg in Italien führen. Das Ziel, seine Feinde in deren Heimat zu bekämpfen, hatte er damit zwar erreicht, doch letztendlich konnte er die Römer nicht bezwingen, denn sie schlugen ihrerseits zurück, besiegten die Karthager in Spanien und griffen schließlich Karthago selbst an. Hannibal kehrte nach Nordafrika zurück und unterlag 202 vor Christus in der Schlacht bei Zama einem römischen Heer unter dem Befehl des Publius Cornelius Scipio Africanus, dem Sohn jenes Konsuls, den er Jahre zuvor an der Rhone ausgetrickst hatte.

Nach dem Ende des zweiten Punischen Krieges bestimmte Hannibal noch einige Jahre die Politik in seiner Heimatstadt Karthago, machte sich dabei aber vor allem unter Aristokraten viele Feinde. 195 vor Christus musste er schließlich fliehen und diente danach noch einigen Königen im östlichen Mittelmeerraum, meist im Kampf gegen die Römer. In die Enge getrieben und kurz vor einer Auslieferung an die alten Feinde beendete er sein Leben auf der nahe dem heutigen Istanbul gelegenen Festung Libyssa 183 vor Christus.

Sein Zug über die Alpen hat ihm Ruhm bis heute beschert. Vor allem die Tatsache, dass er Elefanten mit sich führte, bleibt offensichtlich ein Faszinosum und spornt Forscher zu Experimenten an. So überquerte im Juli 1935 der amerikanische Abenteurer Richard Halliburton auf einem Elefanten namens Dally den Großen Sankt Bernhard. 1959 überwand die Cambridge Alpine Elephant Expedition mit einem Dickhäuter namens Jumbo den Pass am Mont Cenis. Das Tier verlor durch die Strapazen auf der zehntägigen Tour 230 Kilogramm Körpergewicht. 1979 schließlich bezwang der amerikanische Publizist Jack Wheeler die Alpen über den Pass des Col du Clapier mit zwei Elefanten.

Doch all diese experimentellen archäologischen Expeditionen konnten die tatsächliche Route, die Hannibal genommen hatte, nicht aufspüren. Das, so sieht es zumindest derzeit aus, schaffte erst das Aufspüren der Mistfährte des karthagischen Heeres.

Zittriger Sieg

Der Coup war geglückt. Der Karthager Hannibal hatte sein Heer samt Elefanten über die Alpen geführt und war im November des Jahres 218 vor Christus in der Po-Ebene angekommen. Wie der Stratege gehofft hatte, konnte er einige der dort lebenden gallischen Stämme überzeugen, sich ihm anzuschließen. Etwa 43 000 Kämpfer folgten nun seinen Befehlen.

Der römische Konsul und Feldherr Publius Cornelius Scipio, der den Feind eigentlich im Süden des heutigen Frankreich hatte aufhalten sollen, änderte seine Pläne, die Karthager auf der Iberischen Halbinsel anzugreifen, und kehrte nach Italien zurück. Im November 218 vor Christus kam es zu einem ersten Gefecht am Fluss Ticinus zwischen Spähtrupps der Kontrahenten, bei dem einige Tausend Krieger aufeinandertrafen. Die Verluste waren auf beiden Seiten zwar gering, aber der römische Konsul wurde schwer verletzt, und er befahl den Rückzug in die befestigte Stadt Placentia. Nicht nur wegen seiner Verwundung, sondern auch aus strategischen Überlegungen wollte Scipio nun auf Verstärkung warten.

Inzwischen suchte allerdings der zweite Konsul Tiberius Sempronius Longus, der eigentlich Karthago in Afrika hatte angreifen sollen, ebenfalls den Schauplatz des Geschehens auf. Er drängte auf eine Schlacht, weil er glaubte, noch im Dezember eine Entscheidung herbeiführen zu können. Kurzerhand übernahm er das Kommando.

Hannibal, dem durchaus bewusst war, dass zur Kriegsführung auch Psychologie gehört, hatte durch einige Vorgeplänkel gelernt, dass sich der Konsul Tiberius leicht provozieren ließ. Deshalb schickte er gallische Späher aus, um ein geeignetes Terrain für eine Schlacht und vor allem einen Hinterhalt zu finden. Nahe der Einmündung des Flusses Trebia in den Po entdeckten sie ein ideales Gelände dafür: eine kleine Ebene am Flussufer sowie etwas abseits davon eine verbuschte, teilweise bewaldete, erhöhte Fläche mit zahlreichen Hügeln und Senken. Nach genauer Inspektion der Lage hatte Hannibal seinen Plan gefasst.

Tiberius hatte das Lager für seine etwa 45 000 Krieger an einer vermeintlich vorteilhaften Position aufgeschlagen. Rechter Hand den Strom Po, hinter sich die Festung Placentia, linker Hand den Gebirgszug des Apennins, vor sich die Trebia. Genau hinter dem Fluss lag die Stelle, die Hannibal ausgekundschaftet hatte. Die Trebia schlängelte sich in diesen kalten Dezembertagen träge genau zwischen den beiden Armeen durch die Landschaft. Optisch markierte der Fluss zwar eine Trennlinie, de facto war er aber leicht zu überwinden.

Wie viele Kämpfer sich an jenem Tag um die Wintersonnenwende auf beiden Seiten gegenüberstanden, lässt sich nicht mehr genau klären. Auf römischer Seite sollen es mehr als 40 000 gewesen sein, auf karthagischer Seite deutlich weniger. Alle Quellen erzählen jedenfalls, dass Hannibals Truppe zahlenmäßig klar unterlegen gewesen sei.

Vielleicht war das der entscheidende Vorteil des karthagischen Feldherrn, denn es verführte seinen Gegner zum Leichtsinn.

Am Tag der Schlacht schickte Hannibal in aller Frühe Teile seiner Kavallerie über den Fluss. Sie sollte einen Angriff auf das Lager des Tiberius vortäuschen. Wie von Hannibal erwartet, reagierten die Römer prompt und formierten sich zum Gegenangriff. Die karthagischen Reiter kehrten um und zogen sich über die Trebia zurück.

Tiberius, im sicheren Gefühl der Überlegenheit und wohl auch aus Ruhmsucht, schickte seine geballte Streitmacht hinterher. Dabei hatten die Legionäre noch nicht einmal gefrühstückt. Die beiden Geschichtsschreiber Livius und Polybios, deren Werke die Hauptquellen zu den damaligen Ereignissen darstellen, sind sich einig, dass das ein schwerwiegender Nachteil für die Römer gewesen sei. Vielleicht diente die Betonung dieses Faktums aber auch nur als wohlfeile Ausrede für die nun folgende Niederlage. Mit leerem Magen schickte sich das römische Heer jedenfalls an, die Trebia zu durchqueren.

Jetzt kam die Natur ins Spiel; in der Nacht zuvor hatte es am Oberlauf des Flusses heftig geregnet. Ungewöhnlich große Wassermassen fluteten das Kiesbett der Trebia. Statt bis zu den Knien stand den Legionären das Wasser nun bis zur Brust. Jahreszeitlich bedingt war es auch noch eiskalt. Mühsam mussten sich die Römer und ihre Bundesgenossen durch die Fluten kämpfen. Als sie endlich am anderen Ufer ankamen, waren sie steifgefroren und erschöpft.

Dort warteten aber schon Hannibals ausgeruhte und vor allem auf Betriebstemperatur laufende Soldaten. Die Schlacht begann.

Trotz ihrer Nachteile konnten die Römer das Gemetzel zunächst ausgeglichen gestalten. Dann ließ Hannibal die Falle zuschnappen. Am Vortag hatte er nämlich seinen Bruder Mago beauftragt, sich mit je 1000 Reitern und Infanteristen auf der erwähnten Anhöhe zu verstecken. Jetzt, im entscheidenden Moment, griff diese Truppe an der Flanke und im Rücken der Römer an.

Die waren somit nahezu umzingelt. Ein Ausweg führte entweder durch die karthagischen Truppen vor ihnen oder zurück durch die eiskalte Trebia. Die Legionäre traten buchstäblich die Flucht nach vorne an. Etwa 10 000 von ihnen gelang es tatsächlich, eine Bresche in die Linie der Karthager zu schlagen und zu entkommen. Die meisten der anderen wurden in der Umzingelung oder beim Versuch, über den Fluss zu fliehen, getötet. Tausende gerieten in Gefangenschaft.

20 000 Männer sollen an diesem Tag auf römischer Seite gefallen sein. Die Karthager beklagten dagegen nur bis zu 5000 Opfer. Es war der erste große Sieg, den Hannibal im römischen Stammland erringen konnte, und noch bedeutendere Siege sollten im Laufe seines Feldzuges folgen. Vor allem die Schlachten am Trasimenischen See und von Cannae gelten bis heute als militärische Glanzleistungen. 15 000 und bis zu 80 000 Römer ließen bei diesen Gefechten im Jahr 217 und 216 vor Christus ihr Leben.

In beiden Schlachten stellte Hannibal sein großes taktisches Geschick unter Beweis. Glaubt man allerdings Livius und Polybios, so kam ihm die Natur zumindest am Trasimenischen See ebenfalls zu Hilfe. Am Tag der Schlacht soll dichter Nebel geherrscht haben, was den römischen Feldherren den Überblick über die tatsächliche Lage und Hannibals Falle, die er auch dort seinem Feind stellte, verhindert haben soll

Die Natur war dem Strategen aber nicht nur wohlgesonnen. Nach der Schlacht an der Trebia verendeten durch den eisigen Winter oder durch Krankheiten bis zum darauffolgenden Frühjahr fast alle Elefanten, die die Alpenüberquerung gemeistert hatten. Ein einziger namens Surus überlebte und Hannibal ritt auf ihm während seines Marsches auf die Stadt Arretium durch unwegsame Sümpfe. Dort zog er sich eine schwere Infektion zu, die ihn auf einem Auge erblinden ließ. Trotz dieses Handicaps konnte er den Römern noch vernichtende Niederlagen zufügen. Bis zu seinem Suizid im Jahr 183 vor Christus bekämpfte er seinen Erzfeind, doch nie wieder sollte ihm die Natur so hilfreich zur Seite stehen wie bei der Schlacht an der Trebia.

Untergang für die Ewigkeit

Ein beschauliches Plätzchen war diese Stadt wahrlich nicht. Das stellten die Einwohner des antiken Pompeji 59 nach Christus mal wieder unter Beweis, als sich von der städtischen Arena, in der am 5. Februar Gladiatorenkämpfe veranstaltet wurden, schwere Unruhen ausbreiteten. Wer genau die an einen Bürgerkrieg erinnernden Tumulte vom Zaun brach, ist nicht überliefert. Es begann nach dem römischen Geschichtsschreiber Tacitus damit, dass sich ein zunächst unbedeutender Streit zwischen Bürgern aus den benachbarten Städten Nuceria und Pompeij aufschaukelte: „Mit kleinstädtischem Mutwillen, sich gegenseitig neckend, gingen sie zu Beschimpfungen über, griffen dann zu Steinen, zuletzt zum Schwert, wobei die Plebs von Pompeji, wo die Spiele abgehalten wurden, die Oberhand behielt. So brachte man viele von den Nucerinern durch Wunden entstellt in die Stadt, und sehr viele hatten den Tod von Kindern oder Eltern zu beklagen."

Eine solch unerhörte Angelegenheit konnte selbst der gottgleiche Kaiser in Rom nicht ignorieren. Zur Strafe verhängte der damalige Machthaber, Kaiser Nero, ein zehnjähriges Verbot derartiger Spiele über Pompeji. Doch die Stadt sollte nicht zur Ruhe kommen – nur diesmal tobte sich kein menschlicher Furor aus, sondern die Gewalt aus dem Inneren der Erde. Im Jahr 62 nach Christus erschütterte nämlich ein schweres Erdbeben die Region um die Stadt.

Deren Bewohner, als Anrainer des sehr aktiven Vulkans Vesuv, waren es gewohnt, dass die Erde unter ihren Füßen hin und wieder bockte und sie ordentlich durchschüttelte. Aber diesmal fielen die Stöße ungewöhnlich heftig aus und richteten große Schäden in der Stadt an, die man noch jahrelang sehen sollte. Aber selbst diese Naturgewalt konnte die Pompejer nicht aus ihrer Heimat vertreiben.

Langsam erholten sich die bis zu 10 000 Einwohner wieder von der Katastrophe. Niemand konnte ahnen, dass das Erdbeben nur eine Art Vorspiel für das Schicksal darstellen sollte, das die Stadt 17 Jahre später ereilen würde.

Ob das Unglaubliche im August oder im Oktober des Jahres 79 nach Christus geschah, ist noch nicht zweifelsfrei geklärt. Jedenfalls hatte die Erde schon tagelang gebebt. Eingedenk des Unglücks von 62 waren zahlreiche Bürger so beunruhigt, dass sie die Stadt vorsichtshalber verließen. Das war eine gute Entscheidung, denn schon bald sollte ein Inferno über diejenigen hereinbrechen, die sich eine Flucht nicht leisten konnten oder wollten.

Es begann mit einer mächtigen Explosion. Eine riesige Säule aus Rauch und Asche stieg über dem Gipfel des Vesuvs in den Himmel. Die Partikel, die die Detonation mit Geschwindigkeiten bis zu 100 Metern pro Sekunde in die Höhe schleuderte, rieben aneinander, luden sich auf und erzeugten bei der Entladung der dadurch aufgebauten Spannung gigantische Blitze. Der antike Geschichtsschreiber Plinius der Jüngere war Augenzeuge des Ereignisses und berichtete: „Eine schaurige schwarze Wolke, kreuz und quer von feurigen Schlangenlinien durchzuckt, die sich in lange Flammengarben spalteten, Blitzen ähnlich, nur größer."

So mancher Pompejer wird erschrocken und gebannt zum Gipfel des Vulkans geblickt haben, ob des überwältigenden Schauspiels, das sich dort abspielte. Dann regnete es plötzlich Steine. Bomben aus Lava und zerrissenem Fels – und Bimsstein. Letzterer war zunächst weiß, gegen Nachmittag hagelte dagegen dunkelgrauer Bims herab. Ein unheilvolles Zeichen, denn es kündigte das Zusammenbrechen der Aschesäule über dem Vulkan an. Sogenannte pyroklastische Ströme würden die Folge sein, gewaltige Ansammlungen von heißer Luft und Asche, die die Hänge herabrasen würden. Heißer als 500 Grad Celsius und mehr als 100 Kilometer pro Stunde schnell, würden sie alles versengen, das auf ihrem Weg lag. Wer sich innerhalb der Schneise eines dieser pyroklastischen Ströme befand, starb schnell, innerhalb weniger Sekunden. Sein Leichnam verdampfte wenige Augenblicke später.

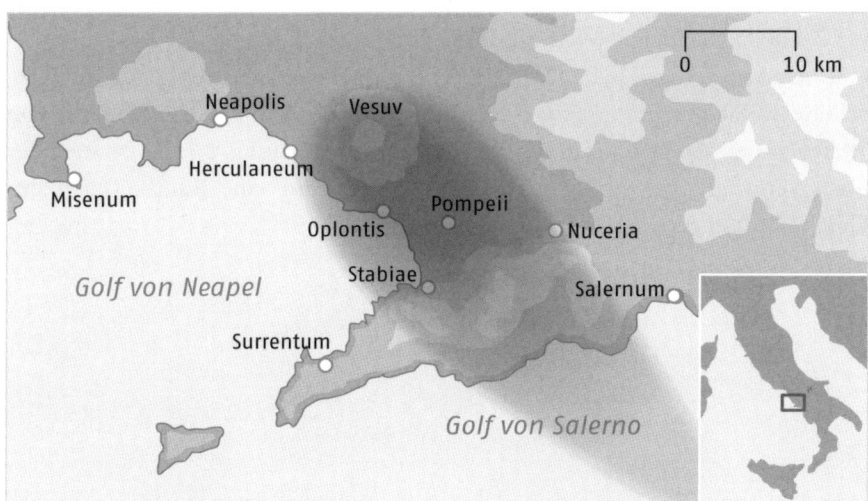

o Karte der Region, die durch den Ausbruch des Vesuvs 79 nach Christus verwüstet wurde

Am Tag nach dem Ausbruch fiel das Sonnenlicht auf die Verwüstungen. In der Nacht hatte es auch noch stark geregnet und Schlammlawinen waren die Hänge des Feuerberges herabgedonnert. Die Landschaft im Umkreis von 15 Kilometern um den Vulkan wirkte wie die eines anderen Planeten.

Neben Pompeji waren auch die Städte Herculaneum, Stabiae und Oplontis vollständig verschüttet. Alleine in Pompeij waren etwa 2000 Menschen ums Leben gekommen. Ihre Überbleibsel und auch ihre Habe sollten über Jahrhunderte dort ruhen, wo sich einst quirliges städtisches Treiben abgespielt hatte.

Doch spätestens im 18. Jahrhundert war es vorbei mit der vermeintlich ewigen Ruhe. Zwar hatten bereits in den Jahrhunderten zuvor immer wieder Grabräuber die Stätten der Katastrophe heimgesucht und nach Wertvollem oder zumindest Verwertbarem gesucht, aber im Jahr 1748 begannen Grabungen mit der offiziellen Genehmigung des neapolitanischen Königshauses, auf dessen Herrschaftsgebiet die Ruinenstätte lag. Bis heute ist die Erforschung dieses einmaligen Fundortes nicht abgeschlossen.

Die Tragödie vor beinahe 2000 Jahren ermöglicht uns heutzutage einmalige Einblicke in das alltägliche Leben antiker Bürger im Imperium Romanum. Besondere Bekanntheit erlangten unter anderem die Ausgüsse der Hohlräume, die die Leichname der Pompejer im Gestein hinterlassen hatten. Eine zugleich makabre und schaurig-faszinierende Attraktion. Mindestens ebenso berühmt dürften die Wandmalereien an den freigelegten Wänden der ehemaligen Wohn- oder Gewerbehäuser sein. Nicht zuletzt die vielen pornografischen Darstellungen, einige aus dem Haus, das als bislang einziges überhaupt als antikes Bordell identifiziert werden konnte, fesseln das Interesse der Besucher.

Doch Archäologen haben Pompeij und die bei der Katastrophe mit ihm verschütteten Siedlungen noch viel mehr zu erzählen. Somit ist die Tragödie von 79 heutzutage ein Glücksfall für die historische Forschung, die den Namen der Stadt verewigt. Ansonsten wäre Pompeji wohl nur eine Randnotiz in der Geschichte des römischen Reichs geblieben.

Die Sonne wie der Mond

Die Sonne schien „das ganze Jahr so schwach wie der Mond und glomm so ungewöhnlich wie bei einer Sonnenfinsternis, gar nicht so, wie man es von ihr gewohnt ist". So beschreibt Prokopius von Caesarea, der letzte große antike Historiker, das Wetter im Jahr 536 nach Christus im Mittelmeerraum. Eine mysteriöse Wolke verdüsterte den Himmel. Die Temperaturen sanken auf außergewöhnliche Tiefstände und sogar im Sommer fiel Schnee. Am schlimmsten war, dass diese Misere anhielt und nicht vorüberzog wie ein Gewitter.

In Konstantinopel, der Hauptstadt des Oströmischen Imperiums, ging Kaiser Justinian I. in sein zehntes Regierungsjahr und es versprach strahlender zu werden als alles, was man die letzten Jahrhunderte gesehen hatte. In Nordafrika war das Reich der Vandalen niedergeworfen worden. Ende des Jahres gelang es, das von den Ostgoten besetzte Rom zurückzuerobern. Und an der östlichen Grenze, die sich vom Kaukasus bis in den Nahen Osten erstreckte, hatten die Truppen ebenfalls einige Schlachten gewonnen. Friede mit dem persischen Sassanidenreich war der Lohn dafür. Selbst wenn der entsprechende Vertrag vorsah, dass Ostrom 11 000 Pfund Gold an die Sassaniden für den „Ewigen Frieden" zu zahlen hatte, so schien die Gefahr an dieser Grenze zunächst gebannt.

Und nun die unerklärliche Verdunkelung des Himmels. Abgesehen von dem Schrecken, der die Menschen sicher erfasste, zeitigte die klimatische Abkühlung konkrete, spürbare Folgen auf der Erde.

Wie sich das Klima tatsächlich verändert hat, lesen Forscher heutzutage nicht nur aus antiken Quellen heraus, sondern auch aus Holzproben von Bäumen. Mit Hilfe der sogenannten Dendrochronologie vergleichen sie deren Jahresringe und ermitteln so, wann es gute Jahre für das Pflanzenwachstum gab und wann nicht. Demnach hat sich vor etwa 1500 Jahren tatsächlich eine kleine Eiszeit auf der Nordhalbkugel ereignet. Weitere Indizien für die Kälteperiode liefern Bohrkerne aus dem grönländischen Eisschild. Genau in den Schichten, die sich in der Zeit Justinians I. ablagerten, finden sich vermehrt Schwefelverbindungen. Diese stammen in der Regel von gewaltigen Vulkanausbrüchen. Von feuerspeienden Bergen ausgestoßenes Material machen Forscher auch für die von Prokopius und anderen beschriebene Wolke verantwortlich.

Neueste Klimasimulationen für die Zeit um die Mitte des sechsten Jahrhunderts legen nahe, dass es mindestens zwei große Eruptionen gegeben haben muss. Demnach wäre 536 und 540 jeweils einer der Feuerberge der Erde ausgebrochen. Das Klima in Europa könnte sich um zwei Grad Celsius abgekühlt haben. Das muss unweigerlich zu Ernteausfällen geführt haben, da die Wetterkapriolen, die mit solchen Klimaveränderungen verbunden sind, weitaus heftiger ausfallen als die moderat erscheinende durchschnittliche Abkühlung um zwei Grad vermuten lässt. Die Berichte antiker Autoren von Schneefällen mitten im Sommer und Missernten von Irland und Skandinavien bis nach China verdeutlichen, wie durchgreifend diese schleichende Katastrophe gewesen sein muss.

Überall konnten die Landwirte nicht mehr genug Nahrung produzieren, um die Bevölkerung satt zu machen. Hungersnöte grassierten im gesamten Gebiet des Mittelmeeres. Wer sie überlebte, ging ermattet und körperlich erschöpft daraus hervor.

Wo viele derart ausgelaugte Menschen leben, breiten sich häufig Seuchen aus, weil Krankheitserreger in den geschwächten Körpern ideale Opfer finden. So war es auch, nachdem die Sonne ein ganzes Jahr lang nur so schwach wie der Mond geschienen hatte.

Selbst wenn die meisten Menschen der Spätantike ein hartes Leben gewohnt waren, überstiegen die Geschehnisse ab dem Jahr 541 selbst ihr Fassungsvermögen. Es schien, als ob „die ganze Menschheit ausgelöscht werden sollte", wie Prokopius notierte. Laut ihm und anderen Historikern nahm das Unglück in Form einer „Pestilenz" seinen Anfang in Ägypten und breitete sich von dort über Palästina schließlich „in die ganze Welt aus". Prokopius beschrieb sowohl die Ausbreitung als auch den Verlauf der Krankheit sehr genau. Unter anderem beobachtete er, dass die Seuche immer an der Küste begann und von dort die Bewohner des Hinterlandes befiel. Auch Konstantinopel blieb nicht verschont und so konnte der Geschichtsschreiber, der sich gerade dort aufhielt, das ganze Elend aus nächster Nähe betrachten.

Jeden konnte die Epidemie dahinraffen. Wer sich infizierte, schöpfte zunächst keinen Verdacht, da sich keine auffälligen Symptome zeigten. Aber noch am selben Tag oder spätestens wenige Tage später traten die Zeichen des herannahenden Todes auf: beulenartige Schwellungen überall am Körper, vor allem am Bauch und unter den Achseln, an den Schenkeln, manchmal sogar hinter den Ohren. Dann starben die meisten der Befallenen.

Prokopius berichtete allerdings auch von Überlebenden. Und er machte noch eine weitere wichtige Beobachtung: Die Krankheit sprang nicht direkt von Mensch zu Mensch. „Weder Ärzte noch andere Personen übertrugen die Krankheit durch Kontakt mit Kranken oder Toten", hielt er fest.

Trotzdem hörte das Sterben nicht auf. In Konstantinopel wurde eigens ein Beamter eingesetzt, der mit eigenem Budget für eine würdige Bestattung der Verstorbenen sorgen sollte – und damit auch für die Aufrechterhaltung der öffentlichen Ordnung. Die noch lebenden verzweifelten Bürger sollten nicht den Eindruck bekommen, der Staat sei machtlos. Anfangs gelang es zwar, den Schein zu wahren, aber die Zahl der Toten war so groß, dass man Massengräber ausheben musste. Prokopius wurde Zeuge, wie man die Leichen sogar in Türmen stapelte und die Bauwerke anschließend zuschüttete.

Sie war eine apokalyptische Erfahrung, diese größte Pestepidemie der Antike. Bis zu 50 Millionen Menschenleben könnte sie ausgelöscht haben. Dass es sich tatsächlich um die Pest gehandelt hat, belegten genetische Analysen an exhumierten Toten aus jener Zeit. In den Gebeinen fanden Forscher Reste des Erregers *Yersinia pestis*. Sie konnten sogar dessen Erbgut vollständig rekonstruieren. Demnach stammte das Bakterium ursprünglich aus China und kam nicht, wie antike Autoren vermuteten, aus Ägypten.

Die Vulkane, die mit ihren Ausbrüchen für das Desaster wenigstens in Teilen verantwortlich sein könnten, wurden indessen noch nicht zweifelsfrei identifiziert. Bei einem Kandidaten sind sich einige Wissenschaftler mittlerweile aber sicher, dass er zumindest das von Prokopius skizzierte Himmelsschauspiel verursacht hat. Der im heutigen mittelamerikanischen El Salvador gelegene Ilopango wäre demnach 536 ausgebrochen und hätte nicht nur die „Spätantike Kleine Eiszeit" ausgelöst, sondern auch noch den Untergang der Stadt Teotihuacán im zentralen Hochland von Mexiko angestoßen.

In Europa markiert die Mitte des sechsten Jahrhunderts jedenfalls den Übergang von der Antike zum Mittelalter. Dazu haben die klimatischen Veränderungen infolge von Vulkanausbrüchen und die anschließende Pestepidemie zumindest beigetragen.

Zweifellos neigen viele Menschen dazu, sich an höhere Mächte zu wenden, wenn es auf Erden nicht gut läuft. Justinian, der ohnehin wollte, dass man glaubte, er habe sein Amt von Gott, reagierte ebenso. Damit und mit seinen Rechtssammlungen legte er eine wichtige Grundlage für das „christliche Zeitalter", das Mittelalter.

Die Katastrophe der Eiszeit und der Pest hatte aber noch weitere Folgen.

Manche Gegenden, beispielsweise im Gebiet des Balkans, entvölkerten sich regelrecht. Das unbewohnte Land besiedelten schnell andere Völker und begründeten, so zumindest die gängige These, den slawischen Sprachraum.

Aber nicht überall wirkte sich die Abkühlung des Klimas verheerend aus.

Auf der Arabischen Halbinsel etwa fielen vermehrt Niederschläge, es gab mehr Futterpflanzen – was zu mehr Reit- und Lasttieren geführt haben und so die arabische und islamische Expansion im Mittleren Osten begünstigt haben soll. Auch wenn derart eindimensionale Kausalzusammenhänge in der

Geschichte fast nie unzweifelhaft zu belegen sind, werfen sie doch ein Schlaglicht auf die Zerbrechlichkeit von menschlichen Konstrukten wie Staaten oder Gesellschaften und ihre Abhängigkeit von natürlichen Gegebenheiten.

Tödliche Neunaugen

Essen hält Leib und Seele zusammen, lautet eine bekannte Redewendung. Mag das generell auch zutreffend sein, so hatte in einem Fall eine einzige Mahlzeit katastrophale Auswirkungen. Wahrscheinlich ist jener Schmaus, um den es geht, sogar der folgenreichste in den vergangenen 2000 Jahren. Das konnte Heinrich I. von England selbstverständlich nicht ahnen, als er an einem Novemberabend des Jahres 1135 in einer Jagdhütte in der Normandie sein Dinner bestellte.

Der im Alter dickleibig und kahl gewordene König ging auf sein 70. Lebensjahr zu und blickte auf eine bewegte Vergangenheit zurück. Sein Vater, Wilhelm der Eroberer, war 1066 von der Normandie aufgebrochen und hatte sich auf der britischen Hauptinsel seinen Beinamen verdient, weil er im Oktober desselben Jahres in der Schlacht bei Hastings die Angelsachsen besiegt hatte. Nach einem kurzen Eroberungszug ließ er sich bereits im Dezember in London zum König von England krönen.

Als Wilhelm der Eroberer 1087 starb, war Heinrich der jüngste seiner drei noch lebenden Söhne. Der älteste der Brüder, Robert II. Curthouse, hatte gegen den Vater rebelliert und war von diesem auf dem Sterbebett lediglich zum Herzog der Normandie gemacht worden. Der Mittlere wurde als Wilhelm II. sein Nachfolger auf dem englischen Thron. Heinrich wurde dagegen mit 5000 Pfund förmlich abgespeist.

Erst als im Jahr 1100 sein Bruder Wilhelm starb und sich Robert Curthouse noch auf einem Kreuzzug befand, ergriff Heinrich die Chance und ließ sich gegen weitreichende Zugeständnisse von den Adeligen Englands zum neuen Herrscher küren.

Zu seiner Krönung proklamierte er die Charter of Liberties, in der er Fehler seines Vorgängers eingestand und Abhilfe versprach. So sollten die Nachkommen eines Adeligen nicht mehr besteuert werden, damit sie ihren Titel behalten durften. Auch dem Ämterkauf und der absichtlich verlängerten Vakanz von Kirchenämtern, um die damit verbundenen Steuern in den Staatsschatz zu leiten, wollte er ein Ende bereiten. Zwar ignorierten nachfolgende Könige die Charter weitgehend, aber gut 100 Jahre später diente sie als entscheidendes Vorbild für die Magna Carta Libertatum, die König Johann Ohneland 1215 besiegeln musste und die als eines der wichtigsten Rechtsdokumente auf dem Weg zur modernen Demokratie gilt. Die Bedeutung der Magna Carta und damit der von Heinrich proklamierten Charter of Liberties drückt sich auch dadurch aus, dass die allgemeine Erklärung der Menschenrechte durch die

Vereinten Nationen im Jahr 1948 als Magna Carta für die ganze Menschheit bezeichnet wird.

Heinrich I. plagten hingegen ganz andere Sorgen, nachdem er König geworden war. Wie oft im Leben, gab es Streit ums Erbe. Sein Bruder Robert wollte nämlich nicht ohne Weiteres hinnehmen, dass nicht er die Krone Englands tragen sollte. Also führte er Krieg gegen Heinrich und landete mit einer Invasionsarmee auf der Insel. Doch die Unternehmung scheiterte. Robert sicherte seinem Bruder 1101 vertraglich zu, die Königswürde nicht mehr zu beanspruchen, und kassierte im Gegenzug regelmäßig Geld von Heinrich. Dieser brüchige Friede hielt bis 1105, dann marschierte Heinrich in die Normandie ein und nahm seinen Bruder ein Jahr später gefangen. Bis zu seinem Tod 28 Jahre später kam Robert nicht mehr frei.

Heinrich schlug sich noch mit manch anderem kapitalen Problem herum. Da waren die Adeligen, die keine Steuern bezahlen wollten. Dann die Kirche, die selbst bestimmen wollte, wer Bischof wird. Auch Feinde von außerhalb bedrohten seine Herrschaft, wie in Frankreich, wo er ein Fürstentum an einen ehrgeizigen französischen Grafen verlor. Nicht zuletzt führte er selbst Eroberungsfeldzüge durch, vor allem in Wales.

Insgesamt darf er als fortschrittlicher mittelalterlicher Herrscher betrachtet werden, denn er führte neben der Charter of Liberties weitere soziale und juristische Reformen durch, beispielsweise installierte er eine zentrale Finanzverwaltung. Damit modernisierte er die Verwaltung, mit der hohe Beamte wie die Sheriffs nun besser zu kontrollieren waren. Deshalb soll ihm der mittelalterliche Historiker Geoffrey von Monmouth posthum den Beinamen „Löwe der Gerechtigkeit" gegeben haben.

Gegen Ende des Jahres 1135 nun befand sich Heinrich in der Normandie, um auch hier einen Aufstand niederzuschlagen. Er muss bei guter Gesundheit gewesen sein, denn andernfalls hätte er sich nicht dazu entschlossen, einen Jagdausflug in die Gegend um das Dorf Lyons-la-Forêt zu unternehmen. Allenfalls seine Stimmung dürfte schwermütig gewesen sein, denn dem Aufstand, dessentwegen er in der Normandie weilte, hatten sich seine Tochter Matilda und ihr Ehemann angeschlossen. Das, so berichten einige Autoren, habe Heinrich sehr bedrückt.

Vielleicht trug diese Verstimmung dazu bei, dass der König an besagtem Novemberabend in der Jagdhütte nicht auf seine Ärzte hören wollte, als er nach einer seiner Lieblingsspeisen verlangte: Neunaugen. Die Rundmäuler galten im Mittelalter als königliche Delikatesse.

Dabei darf der Lebenswandel von Neunaugen durchaus als wenig royal bezeichnet werden. Die 20 bis 40 Zentimeter langen aalförmigen Tiere ernähren sich parasitär. Mit ihren runden kieferlosen Mäulern saugen sie sich an Fischen fest, raspeln mit der Zunge Fleischstücke aus ihren Opfern und saugen deren Blut. Ihr etwas merkwürdig wirkender Name rührt von der Tatsache her, dass sie an jeder Seite acht rundliche Kiemenöffnungen tragen, die bei flüchtiger Betrachtung wie Augen aussehen. Zusammen mit dem einen echten Auge kann der Eindruck entstehen, die Tiere besäßen auf jeder Seite neun Augen.

o Flussneunauge

Für die Ärzte des Mittelalters galten Neunaugen als kalte feuchte Speise. Diese Kategorisierung fußte auf der Humoralpathologie, der sogenannten Vier-Säfte-Lehre. Die in der Antike entwickelte Theorie ging davon aus, dass der menschliche Körper im Wesentlichen durch vier Säfte bestimmt werde: gelbe Galle, schwarze Galle, Blut und Schleim. Diesen Körpersäften wurden Temperamente zugewiesen. So galt ein Choleriker als von zu viel gelber Galle beeinflusst, schwarze Galle sollte eher Melancholiker hervorbringen. Als entscheidend galt, die vier Säfte in Einklang und Gleichgewicht miteinander zu bringen. Das, so die Gelehrten, gelinge am besten durch eine geeignete Ernährung. Das mag zwar an die Fitness- und Ernährungsprediger heutiger Zeiten erinnern, doch im Gegensatz zu heute hatten die damaligen Menschen kaum Möglichkeiten, Sinn oder Unsinn solcher Lehren zu überprüfen.

Die Ärzte in der Zeit Heinrichs I. klassifizierten Lebensmittel jedenfalls nach der Vier-Säfte-Lehre und den davon abgeleiteten vier Eigenschaften als kalt, warm, feucht, trocken. Neunaugen galten als feucht und kalt. Daraus leiteten sich wiederum Empfehlungen für die Küche ab. Heiß und trocken sollten sie zubereitet werden, zum Beispiel im Ofen gebacken. Eine solche Speise war für einen aufbrausenden, cholerischen Charakter gut geeignet, denn aufgrund ihrer Natur sollte sie mäßigend und kühlend auf die entsprechende Person wirken.

Heinrich, für damalige Verhältnisse ein Greis und zusätzlich durch seine abtrünnige Tochter niedergeschlagen, wäre nach dem Dafürhalten seiner Mediziner also eher ein Kandidat für eine heiße, trockene Speise gewesen. Deshalb rieten sie ihrem Herrscher von den Neunaugen ab. Doch wie gekrönte Häupter nun einmal oft sind, scherte sich Heinrich nicht um den gutgemeinten Rat und ließ es sich schmecken. Der Chronist Henry of Huntingdon aus dem elften Jahrhundert schreibt von einer „Überdosis Neunaugen". Von einer weiteren Besonderheit der Wasserwesen konnte er nichts wissen.

In den Adern der Tiere fließt nämlich nicht nur Blut, sondern auch Gift. Die Wirkung dieses sogenannten Ichthyotoxins wurde erst gegen Ende des 19. Jahrhunderts wissenschaftlich untersucht, allerdings nicht mit Neunaugen, sondern mit Aalen, deren Blut ebenfalls giftige Substanzen enthält. Als beispielsweise der italienische Physiologe Angelo Mosso Hunden das Serum von Aalen injizierte, stellte er fest, dass sie daran elend zugrunde gingen.

Sowohl bei Aalen als auch bei Neunaugen lässt sich das Gift durch eine geeignete Zubereitung unschädlich machen. Entscheidend dafür ist ausreichendes Erhitzen und Durchgaren. Andernfalls kann der Verzehr von Neunaugen unangenehme Folgen nach sich ziehen, wie Brechdurchfall, Übelkeit, Bauchschmerzen, unregelmäßigen Puls, beschleunigte Atmung, Blausucht, Blutdruckabfall, Fieber, Schwindel und Ohnmacht.

Zu allem Übel sondern die Tiere auch noch Gift über die Haut ab, so dass man den Schleim auf ihrem Körper vor dem Kochen entfernen muss, zum Beispiel durch Einlegen in Salz.

Niemand weiß, ob der Küchenchef, der Ende November für seinen König eine ordentliche Portion Neunaugen zubereitete, sich an alle notwendigen Prozeduren gehalten hat. Vielleicht waren die Tiere auch nicht mehr ganz frisch. Liebhaber von Verschwörungstheorien könnten sogar ein Komplott vermuten. Jedenfalls ließ es sich seine Majestät schmecken.

Diese Mahlzeit bekam Heinrich allerdings schlecht. Schon bald nach dem Verzehr der Neunaugen verschlechterte sich sein gesundheitlicher Zustand zusehends. Er war verwirrt, sein Gemüt versank in Trübsal, sein Körper schien gegen etwas zu kämpfen. Schließlich brach er zusammen und ein heftiges Fieber breitete sich in seinem Körper aus. Nach einer Woche war der Tod nicht mehr aufzuhalten. Der König erhielt die letzte Ölung und regelte seine Nachfolge. Für diese sah er, trotz des vorangegangenen Zwistes, seine Tochter Matilda vor. Schließlich, in der Nacht vom 1. auf den 2. Dezember 1135, starb Heinrich.

Da Matildas Cousin, Stephan von Blois, für sich die englische Krone beanspruchte, kam es nach dem Tod des Herrschers zu einem langwierigen Bürgerkrieg, den die englische Geschichtsschreibung als „The Anarchy" betitelt. Erst 1153 erlangte Heinrichs Enkel und Sohn Matildas als Heinrich II. die Anerkennung als König und begründete mit seinem Sohn, den wir heute als Richard Löwenherz kennen, die fast 250 Jahre herrschende Dynastie der Plantagenets.

Schon deren Gründer, die Brüder Richard Löwenherz und Johann Ohneland, haben jeweils dauerhafte Spuren in der Geschichte hinterlassen. Richard ist bis heute Gegenstand von romantisierenden Darstellungen eines wahlweise heldenmütigen, weisen, gerechten mittelalterlichen Herrschers in Literatur und Film. Johann, wie bereits erwähnt, musste 1215 die Magna Carta Libertatum anerkennen und ratifizieren. Außerdem hat er für eines der vielen Kuriosa in der britischen Tradition gesorgt. Im Oktober des Jahres 1201 mussten die Bürger der englischen Stadt Gloucester 40 Mark Strafe zahlen, was heutzutage vielen Tausend Euro entspräche. Der Grund: König Johann hatte Neunaugen geordert, aber die Stadtbewohner hatten nicht geliefert. Ob ihm das Schicksal seines Urgroßvaters nicht bewusst war oder ob er es einfach darauf ankommen lassen wollte, ist nicht bekannt.

Was es nun zu bedeuten hat, dass es sich die Gemeinde von Gloucester seither nicht nehmen lässt, jedem britischen Herrscher zu seiner Krönung und jedem Krönungsjubiläum eine riesige Pastete aus Neunaugen zu schenken, kann man, angesichts der Todesumstände von Heinrich I., getrost entweder Verschwörungstheoretikern oder intimen Kennern britischen Humors zur Interpretation überlassen.

Zum diamantenen, also 60-jährigen Thronjubiläum im Jahr 2012 erhielt auch Queen Elizabeth II. eine Neunaugenpastete, wie bereits zur ihrer Krönung und dem silbernen und goldenen Jahrestag. Die Neunaugen, die man dafür brauchte, mussten erstmals aus Kanada herbeigeschafft werden, denn in Großbritannien stehen die Tiere mittlerweile unter Schutz, weil sie so selten geworden sind. Zudem ist das Fleisch der Tiere häufig stark mit Schadstoffen belastet. Das wiederum kann man als Todesursache von Heinrich I. mit hoher Wahrscheinlichkeit ausschließen.

Wunder und Irrsinn

Da kann man schon mal ins Grübeln kommen: Ein Stück Gebäck soll zu Fleisch werden und Wein zu Blut. Das, so lehrt die katholische Kirche, passiere jedenfalls beim Abendmahl während der heiligen Messe. Dabei verwandelten sich Brot oder Hostie sowie Wein während der Eucharistie tatsächlich in Fleisch und Blut Christi. Seit dem 12. Jahrhundert hat sich dafür der Begriff Transsubstantiation eingebürgert und auf dem vierten Laterankonzil im Jahr 1215 legte die katholische Kirche diese Bezeichnung als offizielle Sprachregelung fest.

Nun ist alleine dieses Wort schon schwer auszusprechen, noch schwerer fällt es vielen Menschen hingegen, an das zu glauben, was es benennt. Das war zu allen Zeiten so.

Auch einen aus Böhmen stammenden Priester zwickte im 13. Jahrhundert der Zweifel an dieser Lehre. Um doch noch eine rechter Gläubiger zu werden, machte er sich auf eine Pilgerreise nach Rom. Dort wollte er das Grab des Apostels Petrus aufsuchen. Sein Weg führte ihn entlang der Via Francigena auch über das gut 100 Kilometer nördlich von Rom gelegene Städtchen Bolsena. Dort suchte er die Basilica di Santa Cristina mit der Grablege der heiligen Cristina auf. Vielleicht würde er ja hier erleuchtet. Es war das Jahr des Herrn 1263. Der exakte Tag ist nicht überliefert, aber es wird wohl im Spätsommer gewesen sein, und was sich nun, vielleicht Mitte oder Ende August abspielte, sollte Geschichte schreiben.

Als der Priester, der Peter von Prag geheißen haben soll, die Messe zelebrierte und zum Abendmahl kam, hielt er eine Hostie in die Höhe und sprach die Wandlungsworte: „Das ist mein Leib, der für euch hingegeben wird." Da sah er, so zumindest die Überlieferung, wie sich die Hostie rot färbte und Blut von ihr herabtropfte. Peter wird es gerührt haben wie der Donner. Ein Wunder!

Als er sich wieder gefasst hatte, unterbrach er die Messe, klärte die Anwesenden über das Geschehen auf, hüllte die Hostie in das blutbefleckte Altartuch und lief in die Sakristei. Dabei fielen einige Tropfen des vermeintlichen Blutes auf die Stufen des Altars. Was sollte er nun machen?

Das Schicksal wollte es, dass im nur etwa 20 Kilometer entfernten Orvieto der damalige Papst Urban IV. residierte. Also eilte Peter dorthin, um dem Pontifex von dem Wunder zu berichten. Der Papst war zumindest so beeindruckt, dass er eine Abordnung nach Bolsena schickte, um den Fall zu überprüfen.

Als die Männer schließlich mit dem blutigen Altartuch zurückkamen, erkannte Urban die Gelegenheit. Schon lange forderten Mitglieder der Kirche, man müsse einen neuen Feiertag einführen, und zwar zu Ehren des heiligen Abendmahls. Insbesondere seit der Vision der heiligen Juliana von Lüttich im

Jahr 1209 wurden die Forderungen danach immer drängender. Juliana wollte nämlich eine nächtliche Erscheinung gehabt haben, bei der ihr Christus erklärt habe, der Mond, den sie sähe, stelle das Kirchenjahr dar, und der dunkle Fleck auf dem Erdtrabanten symbolisiere das Fehlen eines Festes für das Abendmahl. Da kam Urban das Wunder von Bolsena gerade recht.

Eine Institution wie die katholische Kirche, die nach eigenem Verständnis schon damals viel älter als 1000 Jahre war, entscheidet für gewöhnlich nicht über Nacht. Aber diesmal mahlten die Verwaltungsmühlen doch außerordentlich schnell. Schon am 11. August 1264 erließ Papst Urban IV. die Bulle „Transiturus de hoc mundo" und verfügte: „Wir haben es daher, um den wahren Glauben zu stärken und zu erhöhen, für recht und billig gehalten, zu verordnen, dass außer dem täglichen Andenken, das die Kirche diesem heiligen Sakrament bezeigt, alle Jahre auf einen gewissen Tag noch ein besonderes Fest, nämlich auf den fünften Wochentag nach der Pfingstoktav, gefeiert werde, an welchem Tag das fromme Volk sich beeifern wird, in großer Menge in unsere Kirchen zu eilen, wo von den Geistlichen und Laien voll heiliger Freude Lobgesänge erschallen."

Fronleichnam war offiziell geschaffen. In Orvieto wurde zu Ehren des Altartuches mit den Blutstropfen ein Dom gebaut. Bolsena musste sich mit den Überresten der Hostie und den Blutflecken auf den Altarstufen zufriedengeben.

Das Ereignis beziehungsweise seine Legende war immerhin so eindrücklich, dass die Wirkung die Jahrhunderte überdauerte. Noch 1512 stellte der italienische Maler Raffaello Sanzio da Urbino, kurz Raffael genannt, sein Bild *Die Messe von Bolsena* im Auftrag des damaligen Papstes Julius II. fertig. Und bis heute ziehen die Fronleichnamsprozessionen durch die Gemeinden katholisch geprägter Gebiete in ganz Europa.

Ein sogenanntes Blutwunder, wie es Peter in Bolsena erlebte, stellt allerdings keinen Einzelfall dar. Schon im achten Jahrhundert soll sich ein derartiges Mirakel im italienischen Lanciano ereignet haben. Aus beinahe ganz Europa sind zahlreiche dieser Erscheinungen überliefert. Bis heute stoßen Gläubige auf Brot oder Hostien mit blutroten Flecken. Erst 2015 fiel in der Kirche Saint Francis Xavier in Kearns im Bistum Salt Lake City des US-Bundesstaates Utah eine vermeintlich blutende Hostie auf.

Zwar behauptet die Kirche, dass sich solche Wunder tatsächlich ereignet hätten, in letzterem Fall aus den USA ist die eigentliche Ursache aber so profan wie wohl bei den anderen Begebenheiten. Eine Untersuchung der Hostie ergab nämlich, dass die Färbung von einem Schimmelpilz namens *Neurospora crassa* herrührte.

o Das Fresko *Die Messe von Bolsena* fertigte der italienische Maler Raffael 1512. Es zeigt das Blutwunder von 1263, dem links des Altars Peter von Prag und rechts Papst Julius II. samt Gefolge beiwohnen.

Bei den meisten übrigen, nicht mikrobiologisch überprüften Fällen dürfte es sich dagegen eher um einen anderen Übeltäter gehandelt haben: das Bakterium *Serratia marcescens*. Es befällt bevorzugt unsachgemäß gelagerte Getreideprodukte. Der Einzeller enthält den leuchtend roten Farbstoff Prodigiosin. Die Zellhaufen, die das Bakterium bildet, erinnern deshalb tatsächlich an Blutstropfen. Sehr gut möglich, dass auch Peter von Prag Ansammlungen dieser Mikrobe gesehen hat. Zumindest die katholische Christenheit wird es ihm nicht verübeln, denn schließlich verdanken sie dem Einzeller einen zusätzlichen Feiertag.

So vergleichsweise harmlos oder sogar erfreulich waren die Folgen einer von *Serratia marcescens* befallenen Hostie leider nicht immer. Zahlreiche Pogrome gegen Juden gingen ebenfalls darauf zurück. In diesem Fall sprachen die Christen nicht von einem Wunder, sondern von der Hostienschändung durch die Andersgläubigen. Angeblich hätten sich Juden in den Besitz der Hostien gebracht und sie beispielsweise gestochen, um Christus erneut zu peinigen. Vom Standpunkt eines Gläubigen keine abwegige Behauptung, denn wenn die Hostie tatsächlich zum Leib Christi werden konnte, so konnte man sie auch quälen.

Besonders berüchtigt waren zwei jeweils nach ihren Rädelsführern benannte Pogrome aus Bayern: die Rintfleisch-Verfolgung von 1298 und die Armleder-Verfolgungen 1336–1338, die Tausende Opfer forderten. Aber auch in anderen Teilen Deutschlands und im restlichen Europa wurden ungezählte Juden mit dem Vorwurf der Hostienschändung verfolgt und getötet. So hanebüchen diese Anschuldigung auch sein mochte, selbst damit nahm man es nicht so genau, denn gerne wurde die Hostienschändung erst nach den Ausschreitungen als Grund erfunden. Das war den Tätern wohlfeil, denn eigentlich hatten sie sich nur ihrer Schulden entledigen wollen, da Juden im Mittelalter häufig als Geldverleiher arbeiteten.

Ebenfalls unfreiwillig unrühmlich ging *Serratia marcescens* in die neuzeitliche Geschichte ein. Seit den 1950er Jahren experimentierten nämlich die Militärs rund um den Globus damit und machten die eigene Bevölkerung zum Versuchskaninchen. Dass es sich dabei nicht um harmlose Experimente handelte, offenbart bereits ein Blick auf die möglichen Komplikationen, die der Keim durch eine Infektion des Menschen auslösen kann. Entzündungen der Harnwege, der Lungen, der Herzinnenhaut und der Hirnhaut gehören genauso dazu wie eine Sepsis, landläufig auch als Blutvergiftung bezeichnet.

Im September 1950 versprühte die Mannschaft eines Minenräumbootes der US-Navy in der Bucht von San Francisco den Keim über sechs Tage lang. Experten hatten berechnet, dass die verteilte Dosis ausreichen würde, um jeden der damals 800 000 Einwohner der Stadt mit der Mikrobe in Berührung zu bringen. Das sollte ein aussagefähiges Szenario für einen Angriff mit biologischen Kampfstoffen liefern.

In den darauffolgenden Tagen stieg die Zahl der Lungenentzündungen im Stadtgebiet auffällig an. Außerdem meldeten sich elf Patienten im Stanford Hospital. Sie litten unter anderem an einer seltenen Infektion des Urogenitaltraktes durch *Serratia marcescens*. Zehn Patienten erholten sich wieder, aber Edward J. Nevin, der gerade eine Prostata-Operation hinter sich hatte, starb am 1. November im Alter von 75 Jahren.

Die militärische Operation „Sea Spray" wurde erst 1976 offengelegt. In einigen Anhörungen des amerikanischen Senats im Jahr 1977 stellte sich dann heraus, dass die US-Armee zwischen 1949 und 1969 insgesamt 239 Feldversuche mit biologischen Substanzen durchgeführt hatte. In 80 davon kamen lebende Mikroorganismen zum Einsatz, unter anderem in New York, Washington D. C., Florida und Panama.

1981 führte der Urenkel Nevins, jenes Mannes, der 1950 in San Francisco mutmaßlich wegen der versprühten *Serratia*-Zellen gestorben war, einen Prozess, in dem er die US-Regierung auf Schmerzensgeld verklagte. Er bekam nicht Recht.

Erst 2001 räumte dann die britische Regierung in einem Report ebenfalls ein, dass sie bis 1979 etwa 100 vergleichbare Experimente durchgeführt hatte. Neben anderen Bakterien kam dabei *Serratia marcescens* zum Einsatz.

So führt denn ein winziger Organismus seit Jahrhunderten die gewaltigen und schrecklichen Dimensionen des menschlichen Irrens und Irrsinns vor. Nicht nur während einer Fronleichnamsprozession ein Grund mehr zur Selbstreflexion.

Göttlicher Wind

Er war einer der mächtigsten Männer, die jemals gelebt haben: Kublai Khan, Enkel des legendären Dschingis Khan. 1260 hatte er sich zum Großkhan des Mongolischen Reiches aufgeschwungen und in einem vier Jahre dauernden Bürgerkrieg alle Rivalen besiegt. Sein Herrschaftsgebiet erstreckte sich über 25 Millionen Quadratkilometer, das größte zusammenhängende Imperium, das je existiert hat. 140 Millionen Untertanen mussten sich seinen Befehlen beugen. 1271 gründete er sogar die chinesische Kaiserdynastie Yuan, die mehr als 80 Jahre das Reich der Mitte regieren sollte.

Und nun das: Auf Inseln vor dem chinesischen Festland lebte doch tatsächlich ein Volk, das sich ihm nicht unterwerfen wollte – die Japaner. Das konnte und durfte sich der Großkhan nicht gefallen lassen. Also ließ er eine Flotte ausrüsten, und das schon zum zweiten Mal. Bereits 1274 hatte er einen Versuch unternommen, Japan zu erobern; damals hatten sich die Inselbewohner nach anfänglichen Erfolgen der Mongolen erfolgreich gewehrt. Die von Kublai gesandten Landungstruppen, vielleicht 40 000 Mann, hatten sich auf ihre 900 Schiffe zurückgezogen. Dann schlug das Schicksal in Form eines Taifuns zu. Der Wirbelsturm wütete so heftig, dass die meisten Schiffe sanken und eine unbekannte Zahl der Invasoren ums Leben kam.

Eine derart schmähliche Niederlage, so hatte sich Kublai Khan geschworen, würde er nun, sieben Jahre später, nicht noch einmal erleiden. Die neue Invasionsflotte war gewaltiger als die erste. Insgesamt mehr als 4000 Schiffe und etwa 140 000 Mann sollten den Sieg gewiss machen.

Zwei getrennte Verbände steuerten im Sommer 1281 die Hakata-Bucht auf der japanischen Insel Kyūshū an. Der kleinere kam schon im Juni genau dort an, wo sieben Jahre zuvor die erste Invasion gescheitert war. Wie beim ersten Mal gelang es den Angreifern, die beiden vorgelagerten Eilande Tsushima und Iki zu erobern und erneut Kyūshū anzusteuern, die drittgrößte Insel des japanischen Archipels. Ohne die Ankunft des größeren Teils der Streitmacht abzuwarten, befahl der Kommandeur die Landung.

Doch die Insulaner waren vorbereitet, denn sie hatten die Zeit zwischen den beiden Invasionsversuchen genutzt, um Befestigungen zu bauen oder zu verstärken. Sie waren wild entschlossen, sich bis zum Letzten zu verteidigen. Sobald die ersten Feinde den Strand betraten, stürmten ihnen die japanischen Kämpfer entgegen.

Es gelang den Aggressoren nicht, einen Brückenkopf zu bilden, und so zogen sie sich zurück. Die hereinbrechende Dunkelheit nutzten die Japaner, um Überfälle auf die feindlichen Schiffe durchzuführen. Die Mongolen wichen deshalb auf eine der vorgelagerten Inseln aus. Hier, bei Tsushima, wollten sie auf die Hauptstreitmacht warten. Endlich, am 12. August, hatte die Flotte ihre volle Stärke erreicht.

Für die störrischen Insulaner gab es diesmal wenig Aussicht auf Erfolg, da die Zahl der Angreifer mindestens doppelt so groß war wie ihre. Es muss für die Japaner ein furchterregender Anblick gewesen sein, dieses gewaltige Heer mit einer riesigen Flotte zu sehen. Gut möglich, dass sie um himmlischen Beistand beteten. Und der sollte tatsächlich auch dieses Mal kommen. Bevor das mongolische Aufgebot seine ganze Schlagkraft entfesseln konnte, traf es wie schon sieben Jahre zuvor auf einen übermächtigen Gegner. Wieder erhob sich ein gewaltiger Taifun, peitschte das Meer auf und packte die mongolischen Schiffe, versenkte bis zu 4000 von ihnen. Etwa 80 Prozent der Männer riss der Wirbelsturm in die Tiefe oder gab sie der Gnadenlosigkeit der japanischen Krieger preis. Auch diese Invasion war gestoppt.

Konnte das mit rechten Dingen zugehen? Zweimal hatte ein Sturm die Eroberung Japans verhindert. Selbst heute wären Menschen versucht, darin das Werk einer höheren Macht zu sehen. Umso mehr die Japaner des 13. Jahrhunderts. Der göttliche Wind, der Kamikaze, hatte sie gerettet.

Tatsächlich fanden Forscher unter anderem durch die Untersuchung von Sedimenten in einer Lagune etwa 200 Kilometer südlich der Hakata-Bucht deutliche Belege dafür, dass zu der Zeit, zu der Kublai Khan Japan erobern wollte, besonders viele und besonders heftige Wirbelstürme auftraten. Sie wühlten auch das Meer vor der Lagune auf und große Mengen Salzwasser überschwemmten die Ufer. Das lässt sich bis heute an den Ablagerungen am Grund der Bucht ablesen. Schwere Taifune führen nämlich zu besonders dichten Ablagerungsschichten aus marinem Material. Dieses lässt sich wiederum durch erhöhte Konzentration des Elements Strontium nachweisen. Wissenschaftler nehmen an, dass zur damaligen Zeit eine Klimaveränderung stattgefunden hat, die die Entstehung besonders starker Stürme begünstigte.

Anders als die Japaner vermuteten, handelte es sich bei den beiden Taifunen also um sehr irdische Stürme. Doch der als göttlich interpretierte Wind richtete nicht nur in der mongolischen Flotte verheerende Schäden an, sondern auch in den Köpfen von Menschen. Der Mythos der Unbesiegbarkeit, dank bedingungslosen Einsatzwillens und göttlichen Beistands, stachelte gegen Ende des Zweiten Weltkriegs mehr als 3000 junge Japaner dazu an, sich ab 1944 selbstmörderisch mit Flugzeugen auf feindliche Schiffe zu stürzen. Den Ausgang des Krieges beeinflusste dieser menschliche „göttliche Wind", in Japan eher als Tokkotai oder Shimpu Tokkotai denn als Kamikaze bekannt, jedoch nicht. Genauso erfolglos verliefen ähnliche japanische Angriffe mit durch Soldaten gesteuerten Torpedos, den sogenannten Kaiten.

Die Idee, durch derlei Attacken das Kriegsglück zu wenden, ist beileibe keine japanische Besonderheit. Zwar mögen die Kamikaze-Flieger das bekannteste Beispiel sein, aber auch die deutsche Luftwaffe stellte gegen Ende des Zweiten Weltkriegs ein entsprechendes Geschwader auf. 300 Freiwillige sollten im „Sonderkommando Elbe" alliierte Bomber rammen. Auch wenn offiziell vorgesehen war, dass sich die Piloten mit einem Fallschirm retten sollten, wurde ihr Tod zumindest billigend in Kauf genommen. Am 7. April 1945 kam es zu einem einzigen derart grausig sinnlosen Einsatz. 180 Maschinen griffen einen Verband von 1300 strategischen Bombern der 8. US-Luftflotte an. 133 Flugzeuge wurden abgeschossen, 23 amerikanische Bomber gerammt. Nicht alle davon schafften den Rückflug. Auf deutscher Seite kehrten nur 15 Piloten von dem Himmelsfahrtkommando zu ihrer eigenen Truppe zurück, die anderen starben beim Absprung oder gerieten in Kriegsgefangenschaft.

Schon im Ersten Weltkrieg brachte der russische Pilot Pyotr Nikolajevich Nesterov während eines Luftkampfes im Sommer 1914 ein österreichisches Beobachtungsflugzeug durch einen Rammstoß zum Absturz. Er selbst kam dabei ums Leben. Dieser selbstlose Einsatz, im Russischen „taran" genannt, wurde zum Vorbild für viele junge sowjetische Piloten im Zweiten Weltkrieg.

Es braucht also nicht immer Legenden von göttlichen Winden, um Menschen zum Äußersten zu verleiten. Die japanischen Kamikaze-Piloten bleiben trotzdem das Sinnbild für das Menschenverachtende und die Widersinnigkeit von Kriegen allgemein – und dafür, wie unselig manches Naturereignis in der Geschichte wirken kann.

Tödliche Flut und Kanzlerrettung

„… und die Schleusen des Himmels waren offen, und es fiel Regen auf die Erde wie im 600. Jahre von Noahs Leben, wie man die Sintflut im siebten Kapitel der Genesis […] lesen kann." So beschreibt ein Chronist die Wetterlage um den 22. Juli 1342 in Würzburg, dem St.-Maria-Magdalena-Tag.

Das Jahr hatte mit einem harten Winter begonnen, der teilweise bis in den April dauerte. Schon im Dezember war vielerorts reichlich Schnee gefallen, der bis Ende Januar liegen blieb. Dann kam eine kurze Wärmephase, die den Schnee schmolz, erneut gefolgt von hartem Frost. Als endlich Tauwetter kam, war der Boden schwer vom Wasser, das er aufgesogen hatte. Und dann noch dieser nasse Sommer. Es regnete in Strömen. Und die Bauernregeln zum Wetter am 22. Juli verhießen wenig Gutes: „Regnet's am St.-Magdalen-Tag, folgt gewiss mehr Regen nach" oder „An Magdalena regnet's gern, weil sie weinte um den Herrn".

Tagelang fiel vom Himmel, was wir heute Starkregen nennen. Nach Definition des Deutschen Wetterdienstes bedeutet das für Deutschland, dass mehr als 17,1 Millimeter Wasser pro Stunde herabregnen, wobei ein Millimeter einem Liter Wasser pro Quadratmeter und Stunde entspricht. Um heftigen Starkregen handelt es sich demnach dann, wenn in einer Stunde mehr als 25 Liter pro Quadratmeter auf die Erde prasseln.

Mitte des 14. Jahrhunderts führten die Menschen noch keine regelmäßigen flächendeckenden Wetteraufzeichnungen durch. Man darf aber mit großer Wahrscheinlichkeit davon ausgehen, dass es sich im Juli 1342 um einen tagelangen heftigen Starkregen gehandelt hat, der über Mitteleuropa niederging. Die Aufnahmefähigkeit des Bodens war längst erschöpft, überall quoll Wasser hervor. Flüsse und Bäche schwollen an und es schien kein Ende nehmen zu wollen mit den Wassermassen. In deutschen Gebieten traten unter anderem Rhein, Main, Donau, Mosel, Elbe, Weser, Werra und Unstrut über die Ufer.

Kein Wunder, dass die Menschen in dieser Zeit, da es noch keine verlässliche Wettervorhersage oder -analyse gab, an die Sintflut aus der Bibel dachten. Wollte Gott alle ertränken und die Erde reinwaschen von allen Sünden? Ganz so schlimm sollte es zwar nicht kommen, aber was sich in jenem Juli abspielte, war schon schrecklich genug.

Mauerwerk wurde unterspült, so dass Brücken und Türme einstürzten. Die meist an Flüssen errichteten Städte wurden großflächig überflutet. In Mainz stand das Wasser des Rheins so hoch, dass es den Dom erreichte und dort einem ausgewachsenen Mann bis zum Gürtel reichte. Anderen Berichten zufolge soll es die Innenstadt sogar drei Meter unter Wasser gesetzt haben. In

Köln, so ist zu lesen, fuhr man mit Kähnen über die Stadtmauer. In Würzburg trat der Main bis an die erste steinerne Säule an den Domgreden, einem hallenartigen Vorbau zur Domstraße. Der Flusspegel könnte dort also zehn Meter über dem Normalstand betragen haben. Aus dem flussabwärts gelegenen Frankfurt ist ein Pegelstand von 7,85 Metern überliefert. Daraus errechneten Wasserbauexperten, dass dort pro Sekunde 3700 bis 4000 Kubikmeter Wasser durch das Flussbett geströmt sein müssen, also bis zu vier Millionen Liter pro Sekunde.

Doch damit nicht genug: Die Fluten rissen wertvollen und fruchtbaren Boden mit sich. Im Tiefen Tal bei dem niedersächsischen Dorf Obernfeld wusch der Regen bis zu 100 000 Kubikmeter Boden fort. Es entstand eine Schlucht von einem Kilometer Länge, fünf Metern Tiefe und bis zu 16 Metern Breite. Insgesamt schätzen Experten die Bodenmenge, die durch Erosion verlorenging, auf bis zu 13 Milliarden Tonnen, so viel wie ansonsten in 2000 Jahren. Mancherorts waren die Schäden so heftig, dass dort bis heute kein Ackerbau mehr betrieben wird.

Zu allem Überfluss verloren auch noch ungezählte Menschen ihr Leben. So soll das Hochwasser alleine im österreichischen Abschnitt der Donau für bis zu 6000 Tote verantwortlich sein. Auf der Spitze des Kirchturms von St. Albani in Göttingen prangt ein Kruzifix, unter dem eine Tafel mit einer Inschrift prangt. Sie erzählt von einem ganz konkreten Flutopfer: „an(no) mcccxlii do ver drank hermen goltsmet in der groten vlot to sente margret(en) dage". In modernem Deutsch also: „Im Jahr 1342, da ertrank Hermann, der Goldschmied, in der großen Flut zum Sankt-Margreten-Tag." In der Stadt an der Leine entwickelte das Hochwasser also bereits am 20. Juli tödliche Gewalt.

Neben den Menschen ertrank auch das Vieh zu Tausenden. Die allgemein als Magdalenenhochwasser bezeichnete Überschwemmung von 1342 war vielerorts das mit Abstand schlimmste Flutereignis der vergangenen 2000 Jahre. Das kann man an manch historisch vermerkten Pegelständen ablesen, zum Beispiel an den Wasserstandsmarken am Packhof im südniedersächsischen Hannoversch-Münden, wo Fulda und Werra zusammenfließen und die Weser bilden. Der Höchststand aus dem Jahr 1342 liegt in gut drei Metern Höhe.

Als das Wasser endlich abfloss, war der Schrecken aber noch nicht vorbei. Überall fehlte Vieh und aufgrund des vielerorts erodierten Bodens fielen Ernten aus oder waren so mager, dass Hungersnöte folgten. Das könnte dazu beigetragen haben, dass die Pestepidemie, die von 1347 bis 1353 in Europa wütete, mit geschätzt bis zu 25 Millionen Toten besonders schwerwiegende Auswir-

kungen hatte und etwa ein Drittel der damaligen Bevölkerung Europas dahin-
raffte.

Auch wenn diese Folgen des schweren Regens und der resultierenden Fluten
apokalyptisch waren, brauchte es, anders als viele damalige Zeitgenossen
annahmen, kein göttliches Wirken. Es genügte eine sogenannte Vb-Wetterlage,
sprich Fünf-b-Wetterlage. Bei dieser Wetterkonstellation schaufelt ein Tiefdruckgebiet über dem Mittelmeer feuchte Luft nach Mitteleuropa und sorgt für
außergewöhnlich heftige Niederschläge. Da es sich bei diesen Tiefdruckge-
bieten um dynamische Gebilde handelt, sprechen Wetterkundler auch von
Zyklonen. Die Vb-Zyklone treten im Schnitt zwei bis drei Mal pro Jahr in West-
und Zentraleuropa auf und sind deshalb seltene Großwetterlagen.

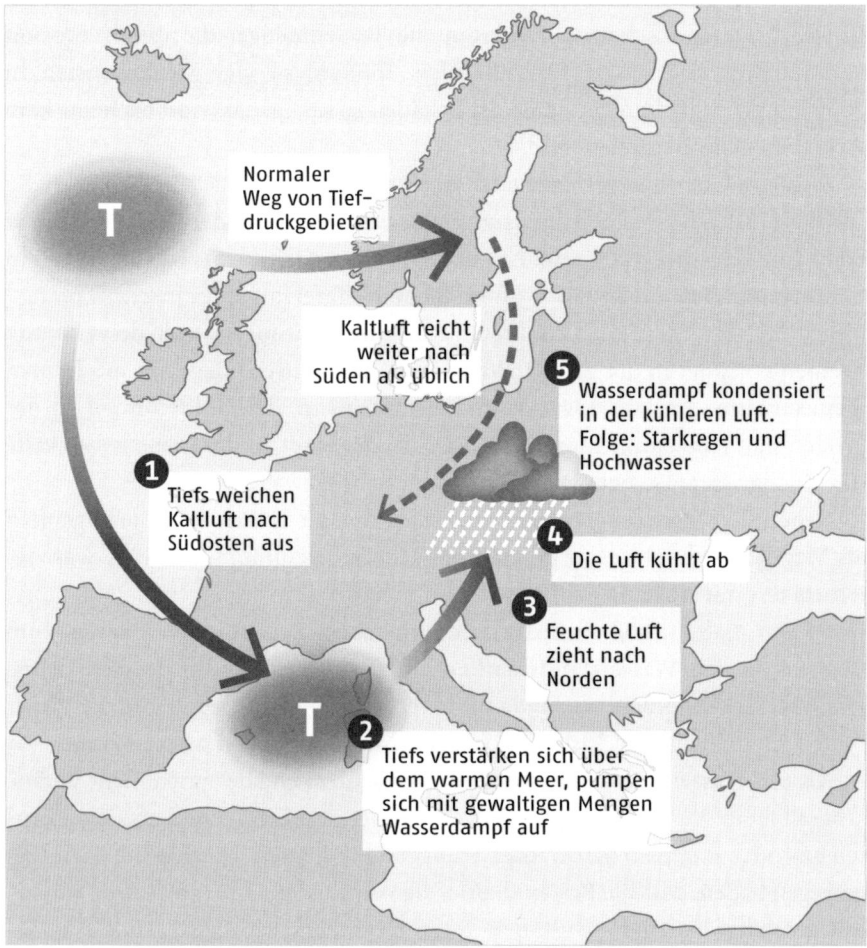

o So kommt es zu sintflutartigen Regenfällen.

In Europa vergeht trotzdem kaum ein Jahrzehnt, in dem eine Vb-Wetterlage nicht für extreme Hochwasser-Ereignisse sorgt. In Deutschland brachte sie beispielsweise 1997 das verheerende Oderhochwasser oder 2013 Fluten an Elbe und Donau. Auch 2002 war eine solche Konstellation dafür verantwortlich, dass die Elbe ihr Bett verließ und weite Gebiete überschwemmte. Dieses Hochwasser kostete 20 Menschen das Leben. Der Sachschaden wurde auf etwa sechs Milliarden Euro geschätzt. An der Donau wurden 2013 weite Landstriche überschwemmt. Insgesamt starben in Mitteleuropa 45 Menschen und es entstand ein Schaden von 15 Milliarden Euro.

Zumindest einer profitierte allerdings von dieser Flutwelle. Der Wahlkampf für die Bundestagswahl am 22. September 2002 lief gerade auf Hochtouren. Im Juli und Anfang August lagen CDU und CSU mit ihrem Spitzenkandidaten Edmund Stoiber in Umfragen deutlich vor der SPD. Deren Spitzenkandidat und Bundeskanzler Gerhard Schröder erkannte die Chance, die sich bot.

Entschlossen zeigte sich der Kanzler an den Orten des Geschehens, demonstrierte handfestes Zupacken und inszenierte gekonnt „Leadership in Gummistiefeln", wie in Zeitungen zu lesen war. Die medienwirksamen Auftritte Schröders verfehlten ihre Wirkung jedenfalls nicht. Prompt besserten sich die Umfragewerte und die SPD und ihr Kanzler gewannen die Wahl.

Man muss allerdings kein Prophet sein, um mit einiger Sicherheit vorherzusagen, dass das Jahrtausendhochwasser rund um den Magdalenen-Tag im Jahr 1342 weit länger in Erinnerung bleiben wird.

Pest, Pass, Papierkram

War das die Strafe Gottes für alle Sünden der Menschheit? Oder bedeutete es den Sieg der Hölle auf Erden? War das Ende aller Zeiten gekommen und würde nun Gericht gehalten werden über die Lebenden und die Toten? Solche und ähnliche Fragen dürften die Menschen in Europa gequält haben angesichts der Katstrophe, die sich rund um sie abspielte. Der Tod wälzte sich über den Kontinent und schien niemanden zu verschonen.

Angefangen hatte es in Sizilien. Im Oktober 1347 landeten im Hafen von Messina zwölf Schiffe an, die aus dem Osten kamen. Das war nicht ungewöhnlich, denn der Handel mit tief in Asien liegenden Gebieten war eine Quelle des Wohlstandes in europäischen Städten. Doch diese Schiffe trugen Flüchtlinge an Bord. Sie kamen aus Kaffa, einer 1266 von Genuesen gegründeten Siedlung auf der Halbinsel Krim. Dort belagerte ein mongolisches Heer die Stadt und würde sie wohl auch erobern. Da war es besser, sich in Sicherheit zu bringen. Unter den Belagerern wütete eine furchtbare Krankheit und als die Zahl der Toten wuchs und wuchs, schleuderten die Mongolen die Leichen mit Katapulten über die Mauern von Kaffa.

Nun liefen also Schiffe von der bedrängten Stadt in den Hafen von Messina ein. Allerdings löste ihre Ankunft keine Freude aus, sondern war Grund für blankes Entsetzen. Den Bürgern, die sich auf den Kaimauern versammelt hatten, um zu sehen, welche Ladung wohl an Bord war, fuhr ein gewaltiger Schrecken in die Glieder. Der Großteil der Besatzungen war tot. Wer überlebt hatte, war in einem erbärmlichen Zustand und schwer krank. Alle Körper waren von schwarzen, eitrigen Beulen bedeckt.

Die Gerüchte, die schon seit Wochen und Monaten umherliefen, im Osten wüte eine schreckliche Pestilenz und töte massenhaft Menschen, waren also wahr und das Grauen war nun nach Sizilien gekommen. In Panik entschieden die Stadtoberen, dass die „Todesschiffe" den Hafen zu verlassen hätten. Nichts und niemand dürfe von Bord. Doch es war zu spät, der Tod war schon an Land gekommen.

Eigentlich begann die Krankheit vergleichsweise harmlos. Infizierte fühlten sich ein wenig schwach, unwohl, so als ob sie eine Erkältung bekommen würden. Das Unheil schritt allerdings schnell voran. Wen morgens eine derartige Anwandlung befiel, der konnte abends schon tot sein. Doch vor dieser Erlösung kamen Schmerzen im ganzen Körper, Schwellungen in den Achseln, den Leisten oder auch an anderen Stellen. Manche schienen, bevor sie endlich starben, dem Wahnsinn zu verfallen, schrien, liefen ziellos umher und redeten wirr. Andere fielen in Apathie und verloschen wie eine Kerze, deren Wachs aufgebraucht ist.

Panisch versuchten einige Bürger, sich vor dieser Apokalypse zu retten, und flohen in Dörfer oder in andere Städte. Jedem war jeder Fluchtweg recht, ob nun zu Land oder zu Wasser. Doch damit machten sie die Sache nur noch schlimmer, denn mit ihnen gelangte das Verderben auch zu ihren Fluchtpunkten. Zum Jahreswechsel trat die seltsame Krankheit in Venedig, Genua und Marseille auf. Von den Hafenstädten breitete sich das Verhängnis immer weiter aus, nach Frankreich, Spanien, Portugal, England, in deutsche Lande und schließlich bis nach Russland und Skandinavien. Wie ein dunkler, alles verschlingender Schatten fiel die Pest auf beinahe ganz Europa. Die Lage schien

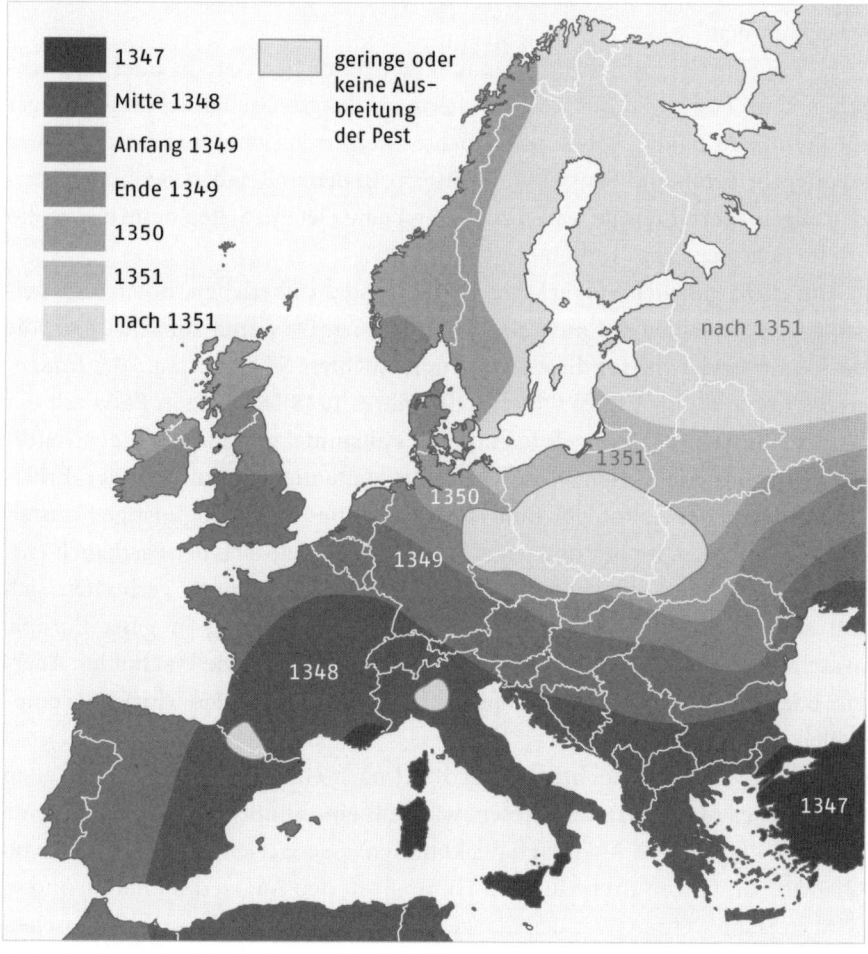

○ Ausbreitung der Pest in Europa 1347–1351

ausweglos. So grässlich und gewaltig hämmerte das Schicksal auf die Menschen ein, dass sie bald wie betäubt waren und beinahe keine Kraft mehr zur Verzweiflung hatten.

Wie schlimm es war, verdeutlicht unter anderem die Aussage des Chronisten Agnolo di Tura del Grasso, der die Ereignisse dieser Jahre beschrieb: „Und sie starben zu Hunderten, Tag und Nacht, und alle wurden in Gruben geworfen und mit Erde bedeckt. Und sobald die Gruben voll waren, wurden neue ausgehoben und ich, Agnolo di Tura, genannt der Fette, habe mit eigenen Händen meine fünf Kinder begraben. Da waren auch jene, die so spärlich mit Erde bedeckt waren, dass die Hunde sie herauszerrten und überall in der Stadt ihre Leichname fraßen. Und es gab niemanden, der um die Toten weinte, denn alle erwarteten den Tod. Es starben so viele, dass alle glaubten, das Ende der Welt sei gekommen.“

Es war eine Grenzerfahrung der außergewöhnlichen Art, die über die Menschen kam. Für kurze Zeit zertrümmerte sie die gesellschaftlichen und sogar die familiären Bande. Söhne oder Töchter weigerten sich, ihre kranken Eltern zu pflegen. Türen und Fenster von Häusern, in denen Befallene wohnten, wurden zugemauert. Fremde waren zuallererst eine Gefahr. Selten hatte das Motto „Rette sich, wer kann“ wohl mehr Gültigkeit.

Um nicht gänzlich verrückt zu werden und zu überleben, boten sich verschiedene Strategien der mentalen Verarbeitung. Da waren zunächst jene, die nach einer Erklärung für diese Katastrophe suchten. So beauftragte der französische König Philip VI. im Oktober des Jahres 1348 Gelehrte in Paris mit der Ursachenforschung. Mangels technischer Hilfsmittel und naturwissenschaftlicher Erkenntnisse griffen sie zu einem bis heute nicht auszurottenden Erklärungsmuster: der Astrologie. Eine seltene, aber besonders ungünstige Konstellation von Saturn, Jupiter und Mars habe bewirkt, dass sich der Pesthauch entwickelt hatte. Diese Interpretation fand schnell Anhänger und verbreitete sich mit allerlei Ratschlägen zur Prävention der Erkrankung in ganz Europa. Waschungen mit Essig, das Abbrennen von Dufthölzern wie Wacholder, Aderlass oder das Ansetzen von Schröpfköpfen auf den Pestbeulen wurden da empfohlen.

Andere wiederum suchten in der Bibel nach einer Erklärung. Im Zweiten Buch Mose konnte man doch lesen, wie Gott eine ähnliche Krankheit als eine der zehn Plagen über Ägypten hatte kommen lassen: „Nehmet eure Fäuste voll Ofenruß, und Mose streue ihn gen Himmel vor den Augen des Pharao; und er wird zu Staub werden über dem ganzen Lande Ägypten und wird an Menschen und Vieh zu Geschwüren werden.“

Wollte der Herr die Menschen also, gleich dem Pharao, für ihre Sünden strafen? Wenn das so wäre, dann könnte man den Allmächtigen vielleicht besänftigen, indem man harte Buße leistete. Also hüllten sich Gläubige in dunkle Gewänder zogen in Scharen von Stadt zu Stadt und sangen düstere Lieder. Vor den Kirchen der Siedlungen, die sie erreichten, entblößten sie sich, warfen sich auf den Boden und schlugen sich anschließend mit Geißeln so lange auf den Rücken, bis ihre Haut in Fetzen herabhing und das Blut in Strömen floss. Nur so, behaupteten sie, sei der Zorn Gottes zu besänftigen.

Wer nicht durch dieses spirituelle Schlupfloch zumindest geistig der Misere entfliehen wollte, dem bot sich ein anderer irrationaler Ausweg, der allerdings nicht weniger mit Raserei verbunden war. Ein Schuldiger musste her, und wer lag da näher als wieder einmal die Juden. Diesen Heilandsmördern war schließlich alles zuzutrauen. Überall kam es zu Pogromen und Tausende Juden fielen ihnen zum Opfer. Wie bei allen Verfolgungen dieser Art war es vielen der Häscher wohl nicht unrecht, sich mit einer derartigen Menschenjagd gleichzeitig ihrer Schulden bei jüdischen Geldverleihern zu entledigen.

Eine weitere, beinahe modern anmutende Strategie der Bewältigung einer solchen Krise war dagegen der rationale Zugang. Wenn man schon nicht genau wusste, was das für eine Krankheit war, die so massenhaft tötete, woher sie kam und wie sie sich ausbreitete, so konnte man doch durch genaue Beobachtung und sachliche Analyse einige Vorsichtsmaßnahmen ergreifen.

War es nicht so, dass sich die Krankheit mit den Menschen ausbreitete? Konnte man also dem Unheil entgehen, wenn man niemanden in die eigene Stadt ließ, der aus einem Pestgebiet kam? Musste man sich nicht zumindest versichern, dass beispielsweise ein Händler, den man doch hereinlassen wollte, die Krankheit nicht in sich trug?

Ähnlich nüchternen Überlegungen folgend beschloss der Rat von Venedig schon 1348: „Wir haben deshalb ein Gebiet festgelegt, das in einer Gegend liegt, die San Leonardo Fossamala und San Marco Bocamala heißt und noch ein weiteres. Dorthin muss man die Leichen aller bringen samt den Armen, die mit dem Tod ringen, aber keine Unterkunft haben und nur von Almosen leben …"

Dieses Dekret belegt einerseits die Herzlosigkeit der Stadträte gegenüber wirtschaftlich und sozial schwachen Menschen. Es lässt aber auch den Willen erkennen, sich der scheinbar übermächtigen Seuche nicht kampflos zu ergeben. Weitere Erlasse folgten bald. So sollte kein Kranker mehr die Stadt betreten und vor allem kein Schiff mit Kranken im Hafen anlegen. Falls dies doch geschehe, so drohte den Schuldigen Gefängnis. Die betreffenden Schiffe sollten dagegen umgehend verbrannt werden.

Trotz dieser ersten Maßnahmen grassierte die Pest beinahe ungebremst. Nur wenige Gebiete blieben verschont. Erst 1353 ebbte die erste große Ausbreitungswelle ab. Wie viele Leben sie gekostet hatte, lässt sich nicht mehr genau sagen. Es werden wohl um die 25 Millionen Tote gewesen sein, ein Drittel der Bevölkerung Europas war gestorben. Vergleichbares hatte es zuvor nur noch während der Justinianischen Pest im sechsten Jahrhundert gegeben – und es sollte sich bis heute nicht mehr wiederholen. Immer wieder traten Pest-Epidemien auf, aber nie wieder so verheerend wie 1347 bis 1353.

Das mag auch an den Gegenmaßnahmen gelegen haben, die kluge Köpfe ersannen und die immer mehr Nachahmer fanden. So kamen die Einwohner der italienischen Stadt Reggio nell'Emilia auf die Idee, niemanden, der aus der Fremde kam, so einfach in ihre Stadt zu lassen, sondern zunächst zehn Tage zu beobachten, ob er krank würde. Bald zogen die Behörden anderer Städte nach, Dubrovnik etwa oder Venedig. Sie verlängerten die Beobachtungszeit auf 30 Tage. Schließlich galten 40 Tage als Standard. Und nach dem italienischen Wort für diese Zahl „quaranta" heißt diese besondere Form der Seuchenvorbeugung Quarantäne.

Eine noch viel allgemeinere Spur in unserer Geschichte hat die Pest für beinahe jeden in ganz anderer Form hinterlassen. In Venedig verfiel die Verwaltung 1374 auf die Idee, sogenannte Pestbriefe einzuführen. Die Stadtrepublik stationierte dazu vertrauenswürdige Mitarbeiter in jenen Städten und Häfen, von wo aus in der Regel Handelsware in die Lagunenstadt geliefert wurde. Diese Beamten stellten dort Schriftstücke aus, die bestätigten, dass das Gebiet, aus dem ein Reisender kam, frei von der Pest war.

Auch wenn diese Maßnahme nicht verhindern konnte, dass allein bis 1575 die Pest 20 Mal in Venedig ausbrach, verbreitete sich dieser Vorläufer des Passwesens doch über ganz Europa. Die Unbedenklichkeitsbescheinigungen erfreuten sich bald solcher Beliebtheit, dass es immer üblicher wurde, ein entsprechendes Dokument bei sich zu tragen. Schließlich belegte es glaubhaft, wer man war und woher man kam.

Doch wo ein Bedarf ist, da ist nicht nur das passende Angebot meist nicht weit, sondern auch der Betrug. Fälscher entdeckten das Nachahmen entsprechender Papiere als lukratives Betätigungsfeld. Deshalb ersannen die Behörden immer aufwändigere Merkmale für ihre Pässe, beispielsweise Siegel, die das Fälschen erschweren sollten. Zusätzlich floss in das jeweilige Dokument eine möglichst genaue Beschreibung seines rechtmäßigen Inhabers ein. Die ersten Schritte zu unserem heutigen Passwesen waren gemacht.

Heutzutage sind Pässe mit Hightech gespickt, um sie möglichst fälschungssicher zu machen – vom biometrischen Foto bis zu funkenden Chips und Hologrammen. Trotzdem können die Einreiseformalitäten in so manches Land nervenaufreibend und mit aufwändigem Papierkram verbunden sein. Wer an die Schrecken der ersten großen Pestepidemie des ausgehenden Mittelalters denkt, wird sich damit wahrscheinlich leichter tun.

Bis heute ist die Pest nicht endgültig besiegt. Zwar gelingt es mit Hilfe moderner Antibiotika, eine flächendeckende Ausbreitung zu verhindern, aber jedes Jahr sterben Menschen daran. Von 2010 bis 2015 registrierte die Weltgesundheitsorganisation weltweit 3248 Pest-Fälle und 584 Pest-Tote. Im Jahr 2017 brach die Pest wie schon häufiger auf Madagaskar aus. Etwa 2500 Fälle wurden diagnostiziert und 209 Infizierte starben.

Heute weiß man, wie die Krankheit übertragen wird. Glücklicherweise geschieht das kaum von Mensch zu Mensch, anders als beispielsweise bei einer Erkältung. Der Erreger benötigt einen Zwischenwirt, in der Regel den Rattenfloh. Deshalb gilt als eine wirkungsvolle Bekämpfungsmaßnahme gegen die Pest die Kontrolle der Rattenpopulation. Allerdings können auch andere Nager als Reservoir und Rückzugmöglichkeit für die Mikrobe dienen. So treten immer wieder Pestfälle in den USA auf, bei denen Erdhörnchen als Ausgangspunkt für die Krankheit gelten. Das dürfte kaum jemanden davon abhalten, in das Land zu reisen, die ausufernden Formalitäten und Kontrollen bei der Einreise aber vielleicht schon.

Wenn das so ist ...

Es war ein guter Plan, den Akhmat Khan gegen den russischen Zaren Iwan III. ausgeheckt hatte. Der Khan der Goldenen Horde war seit seinem Amtsantritt 1465 der Herrscher über ein riesiges Gebiet, das von den Nordufern des Schwarzen Meeres und des Kaspischen Meeres bis weit nach Sibirien reichte – und damit einer der Haupterben des mongolischen Reiches aus dem 13. Jahrhundert. Ein Bündnis mit dem polnischen König und Litauischen Großfürsten Kasimir IV. sowie Kontakte zu zwei abtrünnigen Brüdern des Zaren machten ihn zuversichtlich, diesem aufmüpfigen Russen eine Lehre erteilen zu können.

Immerhin leistete Iwan schon seit Jahren keine Tributzahlungen mehr, obwohl er doch dazu verpflichtet war. Zu allem Überfluss wollte der Zar auch noch ein Bündnis mit den Krimtataren schmieden. Die hatten sich von der Goldenen Horde abgespalten und auf der Krim 1466 ihr eigenes Khanat gegründet. Zwar hatte Akhmat Khan deren Anführer 1475 kurzfristig vertrieben, das Krimkhanat hatte sich aber dem Schutz des Osmanischen Reiches unterstellt und so wieder an Bedeutung gewonnen. 1478 kehrte sogar der Khan auf die Krim zurück. Wenn dieser nun mit dem Zaren paktierte, konnte das für den Herrscher der Goldenen Horde gefährlich werden – eigenes Bündnis mit Kasimir IV. hin oder her.

Also rüstete Akhmat Khan für den Krieg und marschierte mit seinem Heer von Osten in Richtung Moskau. Iwan hatte die Stadt an der Moskwa zu einer fürstlichen Residenz ausbauen lassen. Der Fluss, der sich durch die Hauptstadt schlängelt, mündet gute 100 Kilometer südöstlich der Stadtgrenze in die Oka, einen großen Nebenstrom der Wolga. An diesem Fluss trafen sich zu jener Zeit die Interessensphären von Akhmat Khan, Iwan III. und Kasimir IV.

Der Oberlauf der Oka fließt zunächst gute 300 Kilometer nach Norden, bis er plötzlich nach Osten abknickt. An dieser Flussbiegung mündet der Fluss Ugra von Nordwesten kommend in die Oka. Für Russen eine bis heute geschichtsträchtige Stelle.

Während des Sommers 1480 rückte Akhmat Khan mit 80 000 bis 90 000 Kriegern dorthin vor. Schließlich, Anfang Oktober, erreichte er das Ufer der Oka an jener Flussbiegung mit der Ugramündung. Von Osten kommend setzte er über die Oka und wartete, wie verabredet, auf Verstärkung durch Kasimir. Seine Männer hatten nur noch die Ugra vor sich und sahen, wie sich an deren Nordufer die russische Streitmacht formierte.

Akhmat Khan reagierte sofort und ließ sein Heer stromaufwärts ziehen, um dort so bald wie möglich den Fluss zu überqueren, bevor der Feind noch stärker werden würde. Doch die Russen durchschauten seinen Plan und ließen die

Invasoren nicht aus den Augen. Schließlich erstreckte sich die Front über 60 Kilometer entlang des Flusses. Akhmat Khan erkannte, dass er mit Taktieren nicht weiterkam. Also befahl er den Übergang über die Ugra.

Am 8. Oktober, um die Mittagszeit, begann das Kämpfen. Doch die Mongolen, gefürchtete Reiter und Bogenschützen, konnten bei der Flussquerung ihre Vorteile naturgemäß nicht nutzen, denn die überraschenden Attacken zu Pferde waren mit dem Fluss als Hindernis nicht möglich. Außerdem lag das andere Ufer mindestens 120 Meter entfernt, was Treffgenauigkeit und Durchschlagskraft abgefeuerter Pfeile deutlich minderte.

Die Russen, die sich auf Verteidigung beschränkten, setzten dagegen Kanonen und Arkebusen ein, eine frühe Art des Gewehres. In dieser Lage ein unschätzbarer Vorteil.

Vier Tage wurde heftig gekämpft, aber keine Seite konnte eine Entscheidung erzwingen. So standen sich denn, nur durch das Wasser der Ugra getrennt, die zwei Heere gegenüber und belauerten sich. „Das große Stehen an der Ugra" hatte begonnen. Gelegentlich, so berichten Chronisten, hätten sich die Gegner über den Fluss angebrüllt und Schmähungen zugerufen, aber zu weiteren Kämpfen kam es nicht mehr. Das ging drei Wochen so und hätte noch viel länger dauern können, wenn die Natur nicht eingegriffen hätte.

Der Oktober neigte sich dem Ende entgegen und die Temperaturen fielen. Anfang November kam der erste Frost – in dieser von kontinentalem Klima geprägten Region nichts Ungewöhnliches. Schon tanzten die ersten Eisschollen auf den Wellen der Ugra und jedem war klar, dass der Fluss zufrieren würde. Dann wäre auch das gegenseitige Belauern vorbei und die entscheidende Schlacht stünde an. In dieser Situation handelte Akhmat Khan überraschend. Am 11. November befahl er den Rückzug.

Man könnte sich an einen Sketch des legendären Humoristen Loriot erinnert fühlen, in dem ein Beleidigter den Beleidiger fragt, ob er die Flegelei eventuell zurücknehmen würde. Als dieser jedoch barsch ablehnt, sagt der Verunglimpfte nur: „Na, dann ist die Sache für mich erledigt."

Doch der Herrscher der Goldenen Horde avancierte durch seine Entscheidung keinesfalls zur Witzfigur, sondern hatte nachvollziehbare Motive für seine Entscheidung. Die erhoffte Verstärkung durch Kasimir war immer noch nicht eingetroffen. Dagegen hatte sich Iwan während des großen Stehens mit seinen Brüdern ausgesöhnt und die Prinzen waren mit frischen Truppen angerückt. Außerdem waren die Mongolen nicht für eine Winterkriegsführung ausgerüstet. Drei gute Gründe, der bevorstehenden Bataille auszuweichen, die durch das Zufrieren der Ugra unvermeidlich gewesen wäre.

Obwohl das Ende dieser historischen Begebenheit wenig Heroisches zu bieten hat und reichlich unspektakulär verlief, feiern vor allem russische Nationalisten diesen Vorfall bis heute als endgültiges Abschütteln des mongolischen Jochs und als entscheidendes Gründungsereignis des russischen Imperiums.

Dass ein Wintereinbruch Kriege beeinflusst oder gar entscheidet, nicht zuletzt in den Weiten diesseits des Urals, ist in der Geschichte beileibe kein Einzelfall. Ein glimpflicher Abgang wie beim Stehen an der Ugra leider schon. So tobte während des Zweiten Weltkriegs an den Ufern des Flusses 1942/43 etwa ein Jahr lang eine blutige Schlacht zwischen Roter Armee und Wehrmacht. Tausende verloren auf beiden Seiten ihr Leben.

Akhmat Khan brachte das große Stehen an der Ugra und sein kampfloser Rückzug allerdings ebenfalls Verderben. Keine zwei Monate später wurde er von einem konkurrierenden Khan getötet. Sein Nachfolger, Scheich Ahmed, war der letzte Herrscher der Goldenen Horde und wurde 1505 in Litauen hingerichtet.

Schatten am Nachthimmel

Es ist etwas zutiefst Menschliches und wohl immer hat es *Homo sapiens* getan: in den nächtlichen Himmel starren und sich fragen, was er da sieht. Das ist bis heute so geblieben, trotz aller Fortschritte in der Technik, der Astronomie, der Physik und aller anderen Wissenschaften, mit deren Hilfe wir den Weltraum erforschen. Wahrscheinlich wird das All immer ein großes Rätsel für uns bleiben, obwohl wir doch schon vieles darüber wissen. Wie groß das Geheimnis des Sternenhimmels für unsere Urahnen gewesen sein muss, können wir allenfalls erahnen.

Wenig Wunder nimmt es da, dass Menschen wohl schon von Anbeginn der Geschichte versucht haben, das, was sie sehen, begreifbar zu machen.

Eine Methode, die für ein ständig nach Mustern suchendes Gehirn recht naheliegend ist: Einfach die hellen Leuchtpunkte am dunklen Firmament mit gedachten Linien verbinden. Das so entstehende Bild lässt sich mit Bekanntem vergleichen und benennen. Zu allen Zeiten hat der Mensch genau das getan. So spekulieren Forscher darüber, ob sich nicht bereits in den 17 000 Jahre alten Höhlenmalereien von Lascaux Abbildungen bestimmter Sternenkonstellationen finden – beispielsweise in der Zeichnung eines Stieres. Bis heute tummeln sich jedenfalls allerlei irdische Gestalten am Nachthimmel, vom Skorpion über Bär und Schwan bis zum Jäger. Aber auch Überirdisches findet sich dort, zum Beispiel Drache, Einhorn oder Pegasus. Der Formenfülle sind praktisch keine Grenzen gesetzt, bis hin zu ganz Banalem wie einer Luftpumpe.

Als beinahe logische Fortsetzung dieser himmlischen Malerei fügte der Mensch weiterführende Spekulationen zu manchem dieser Sternbilder hinzu. Im Laufe der Zeit entwickelte sich daraus sogar eine eigene Pseudowissenschaft mit eigenen Regeln und Gesetzen. Auch in unseren Breiten hat wohl jeder zumindest von den Tierkreiszeichen und der dazugehörigen Astrologie gehört. Als beliebter Partytalk dienen sie allemal, und wer hätte nicht einmal überlegt, welche der aufgeführten Eigenschaften eines Sternezeichens auf die eigene Persönlichkeit zutrifft. Weil es überall auf der Erde einen Himmel gibt, findet sich vergleichbare Sterndeuterei in beinahe jeder Kultur, gleichgültig, ob sie auf der Nord- oder der Südhalbkugel beheimatet ist.

Eine andere Art des Seherglaubens findet sich dagegen fast nur auf der Südhalbkugel und hängt mit der natürlichen Lage unseres Heimatplaneten in unserer Galaxis zusammen. Die Position der Erde bedingt nämlich, dass Bewohner der Nordhalbkugel, wenn sie den Himmel betrachten, in Richtung des Randes der Milchstraße blicken, der mit einer vergleichsweise geringen Zahl von Sternen besetzt ist. Menschen auf der Südhalbkugel schauen dagegen in Richtung des Galaxien-Zentrums und damit dorthin, wo die Sternendichte deutlich höher als am Rand der Galaxis ist. Das hat zur Folge, dass der südliche Nachthimmel besonders prächtig mit Sternen geschmückt ist und noch grandioser wirkt als der nördliche.

Vor dem Hintergrund dieses südlichen Lichtermeeres zeichnen sich aber noch andere, dunkle Bereiche besonders gut ab. Sie rühren von sogenannten Dunkelwolken her. Das sind gewaltige Ansammlungen interstellaren Materials, die das Licht jener Sterne abschirmen, die von der Erde aus gesehen dahinter liegen. Auch wenn diese Dunkelwolken keine reguläre Form annehmen, so lassen sich ihre Umrisse mit ein wenig Phantasie als entsprechende Gestalten interpretieren.

Die bekannteste dürfte der sogenannte Kohlensack gleich neben dem legendären Sternbild „Kreuz des Südens" sein. Die Europäer erfuhren erst im Jahr 1500 vom Kohlensack, als der spanische Entdecker Vicente Yáñez Pinzón von einer Erkundungsfahrt zur Südhalbkugel zurückkehrte. Jahrtausende davor war diese Dunkelwolke bereits den Ureinwohnern Australiens vertraut. Die Aborigines kannten den ganzen sogenannten Great Rift, ein Band von Dunkelwolken, das sich von der Erde aus betrachtet mitten durch das leuchtende Band der Milchstraße zieht. In dieser Konstellation aus Schatten am Nachthimmel sahen die Aborigines die Gestalt eines Emus, eines großen Schreitvogels vom fünften Kontinent. Seinen Kopf bildete eben jener Kohlensack. Der Vogel nimmt in der Mythologie der Ureinwohner einen wichtigen Platz ein, zum Beispiel als Erdmutter oder Schöpfer der Menschen.

Gut 10 000 Kilometer von Australien entfernt setzten die San, die Buschleute des südlichen Afrika, die langen Schatten mit dem Vogel gleich, den sie kannten: dem Strauß.

Die wohl am besten ausgefeilte Sagenwelt basierend auf den Umrissen der Dunkelwolken erschufen die Inka auf dem südamerikanischen Kontinent. Sie interpretierten einen langen Schatten, der im August am Firmament auftaucht als Schlange. Das Reptil symbolisierte einen Gott, der auf alle Lebewesen der Erde achtgab. Der Schlange folgte eine Kröte. Das Amphibium, so der Inkaglaube, treibe die Schlange aus der Erde. Da konnte es doch kein Zufall sein, dass ausgerechnet wenn diese beiden Dunkelwolken am Beginn der Regenzeit am nächtlichen Himmel auftauchten auch Schlangen und Kröten besonders aktiv waren. Kein Wunder, dass Frösche und Kröten für die Inka eine große Bedeutung hatten, denn wenn die Kröte am Himmel erschien, war die Zeit gekommen, die Felder zu bestellen, und wenn auf der Erde die Lurche besonders rege quakten, verhieß das reiche Ernte.

○ Die Dunkelwolke Kohlensack, daneben das Sternbild Kreuz des Südens

Nach der Kröte tauchten die Umrisse eines Steißhuhns auf, eines rebhuhn-artigen Hühnervogels der Anden. Der Vogel verfolgte die Kröte, was die Beob-achtungen der Inka in der Natur wiederspiegelte, denn Steißhühner fressen tat-sächlich kleine Frösche und Kröten. Eine der wichtigsten Figuren aber war sicher die eines Lama-Muttertieres mit seinem Nachwuchs, denn die Paarhufer waren die mit Abstand wichtigsten Nutztiere der Inka. Zu bedeutenden Festen wurden teilweise Tausende von ihnen geopfert.

Dem Lama mit seinem Jungen folgte noch der Fuchs, was wiederum natür-lichen Beobachtungen entspricht, denn der Beutegreifer schnappt sich gerne frisch geborene Lamafohlen, wenn die Gelegenheit und mangelnde Aufmerk-samkeit der Alttiere es zulassen.

Heutzutage würde sich eine derartige Sagenwelt kaum mehr entwickeln. Das hat nur mittelbar mit Erkenntnisfortschritt zu tun, sondern eher mit dem fortschreitenden Ressourcenverbrauch: Auch wenn man nach wie vor von der Südhalbkugel einen besonders guten Blick auf die Milchstraße genießen kann, so wird mittlerweile in den meisten Weltgegenden die Aussicht durch die

Unzahl künstlicher Lichtquellen getrübt. Das einst helle Leuchten der Milch-straße wird so auf ein kärgliches Funzeln reduziert. Dadurch verblassen auch die Schatten der Dunkelwolken. Selbst wenn wir heute nicht mehr an die über-irdischen Wesen glauben, die Inka, San oder Aborigines in ihnen sahen, ist das nicht nur für Astronomen bedauerlich, sondern für jeden Erdenbürger, denn es bedeutet in jedem Fall einen Verlust an Romantik.

Zermürbender Regen

Selbst seine Feinde nannten ihn den Prächtigen. Suleiman I., Sultan des Osmanischen Reiches, Herr für 46 Jahre über ein Gebiet, das sich im Westen von der Küste Algeriens, im Süden bis nach Ägypten, im Osten bis an die Grenzen Anatoliens und im Norden bis nach Ungarn erstreckte. Er war einer der mächtigsten Herrscher seiner Zeit und erhielt als weiteren Beinamen „der Gesetzgeber", da er zahlreiche und umfangreiche Regelungen und Rechtssammlungen in Auftrag gab. Seine Ausstrahlung hat die Jahrhunderte überdauert, so dass sich türkische Machthaber bis heute auf ihn beziehen.

Gleich zu Beginn seiner Regentschaft im Jahr 1520 hatte Suleiman damit begonnen, Feldzüge zu organisieren und bis 1529 bereits einige Eroberungen abgeschlossen, zum Beispiel in Ungarn oder auf der Insel Rhodos. Nun, so dachte der Sultan, war es Zeit, eine weitere Aufgabe anzugehen: Wien, den „Goldenen Apfel", einzunehmen. Dazu brach er am 10. Mai 1529 von Konstantinopel auf. Wie groß sein Heer tatsächlich war, ist bis heute Gegenstand von Historiker-Debatten; um die 100 000 bis 150 000 Mann dürften es aber gewesen sein, die mit dem Herrscher Richtung Norden zogen.

Doch über der Unternehmung schwebte von Anfang an eine düstere Wolke – und das buchstäblich. Der Himmel öffnete seine Pforten und es regnete und regnete, wie in Suleimans Tagebuch nachzulesen ist. So schreibt er über den 15. Mai: „An diesem Tag regnete es sehr stark: in Folge dessen gab es viel Koth. Die Maulthiere konnten nicht von der Stelle; deshalb wurde diese beiden Tage gerastet."

Das miese Wetter hielt an und erschwerte der Truppe das Vorankommen. Der Aufmarsch gegen die Hauptstadt der Habsburger zog sich hin. Im September kam Wien dann endlich in Sicht, einen Monat später zwar als geplant, aber immerhin. Doch auch hier hörten der Regen und Suleimans Beschwerden darüber nicht auf: „27. September, Ankunft des Sultans vor Wien und Lager daselbst. In der Nacht heftiger Regen. [...] 28. September [...] Die Nacht regnete es sehr stark. Es war so kothig geworden, dass viele Lastthiere einige Tage hindurch weder am Tag noch in der Nacht liegen und ruhen konnten."

Und weiter heißt es: „30. September Rast. Tag und Nacht starke Kälte. Der Wind ging stark und es regnete so, dass es nicht beschrieben werden kann."

Der osmanischen Streitmacht voraus ritten etwa 20 000 irreguläre und vor allem unbesoldete Kämpfer, die sogenannten Akinci. Um am Krieg etwas zu verdienen, waren sie auf Plünderungen und Sklavenhandel angewiesen. Das war so gewollt, denn ihr meist rücksichtsloses Vorgehen gegen die Zivilbevölkerung im Durchmarschgebiet sollte möglichen Widerstand von vornherein brechen. Auch um Wien herum hatten die Akinci gewütet und in wenigen Tagen 5000 Menschen getötet oder gefangen genommen.

In der Stadt selbst war die Lage nicht nur deswegen verzweifelt. Zwar hatte sich kurz vor dem Eintreffen der Hauptstreitmacht Suleimans noch Verstärkung aus anderen deutschen Landstrichen eingefunden, aber die Zahl der wehrhaften Kämpfer belief sich auf gerade einmal 17 000 Mann. Viele Angehörige der sogenannten Stadtmiliz hatten es beispielsweise vorgezogen, die Flucht zu ergreifen, nur etwa zehn Prozent harrten in Wien aus. Hinzu kam, dass die Stadtmauern in schlechtem Zustand waren. Und dann diese Verheerungen und eine gewaltige Übermacht vor den Toren, die den Belagerungsring endgültig am 27. September schloss.

Doch es gab auch Gründe zur Hoffnung für die Wiener. Nicht nur dass Verstärkung eingetroffen war; das schlechte Wetter und die morastigen Straßen hatten unter anderem verhindert, dass die Osmanen ihre schweren Belagerungsgeschütze mitbringen konnten. Die Angreifer beschossen die Stadt deshalb nur mit 300 leichten Kanonen. Außerdem hatten die Stadtbewohner die Mauern mit Erdwällen verstärkt und alle Tore bis auf eines zugemauert. Diese Maßnahmen genügten, um den Verteidigern so viel Mut einzuflößen, dass sie ein Kapitulationsangebot von Suleiman noch am 27. September kommentarlos ablehnten.

Am 29. September begann dann der erste Ansturm: Die Janitscharen, die osmanische Elitetruppe, attackierten das Kärntner Tor im Süden der Stadt. Dort entbrannte ein heftiger Kampf, bei dem die Verteidiger die Angreifer abwehren konnten. Gemetzel folgte auf Gemetzel. Die Wiener unternahmen mehrfach Ausfälle, die Osmanen griffen unermüdlich an. Aber sowohl die Mauern der Stadt als auch ihre Einwohner hielten stand.

Nicht nur auf der Erde schien das Blutvergießen kein Ende nehmen zu wollen, auch unterirdisch tobte das Töten. Die Türken waren Meister im Minieren und setzten dieses Kampfmittel auch vor Wien ein. Trotz heftiger Gegenwehr der Wiener, die sich den Stollen ihrer Gegner entgegengruben, um sie zu bekämpfen, gelang es den Osmanen, mehrere Minen unter der Stadtmauer zu platzieren und zu zünden. An den Breschen, die die jeweiligen Explosionen rissen, kam es zu den heftigsten Kämpfen während der Belagerung.

Aber so wütend und entschlossen die Osmanen auch angriffen, die Wiener hatten offensichtlich mehr zu verlieren als ihre Gegner zu gewinnen. Und so scheiterte am 14. Oktober auch die letzte große Attacke.

Suleiman musste einsehen, dass er zumindest in diesem Jahr Wien nicht mehr erobern würde. Die Versorgungslage seiner Truppen hatte sich während

○ Die erste Belagerung Wiens durch die Osmanen 1529. Im Vordergrund sieht man die türkische Heeresversammlung kurz vor dem Abzug. (Miniatur aus dem 16. Jahrhundert)

der dreiwöchigen Belagerung zusehends verschlechtert, da die Nachschubwege immer noch verschlammt waren. Zu allem Überfluss begann es nun auch noch verfrüht zu schneien und für einen Winterfeldzug war die Armee des Sultans nicht gerüstet. Um die Belagerung nicht in einer Katastrophe enden zu lassen, befahl Suleiman den Rückzug. Das schlechte Wetter begleitete ihn weiter und so kamen selbst auf dem Weg in die Heimat noch viele seiner Soldaten ums Leben.

Trotz dieses Misserfolges hielt sich der Sultan noch 17 Jahre auf seinem Thron und konnte weitere erfolgreiche Feldzüge unternehmen. Bis nach Wien drang er allerdings nicht mehr vor. Erst 154 Jahre später sollte erneut ein osmanisches Heer die österreichische Hauptstadt bedrohen. Doch auch 1683 war die Unternehmung nicht von Erfolg gekrönt. Diesmal gelang die Rettung Wiens allerdings nicht durch schlechtes Wetter. Zwar bewiesen die Stadtbewohner auch in diesem Fall einen außergewöhnlich zähen Durchhaltewillen, der hätte ihnen aber wohl nichts genutzt, wenn nicht ein europäisches Entsatzheer angerückt wäre und die Osmanen besiegt hätte.

Trotz der erfolgreichen Verteidigung hatte die Belagerung im 16. Jahrhundert schwerwiegende Folgen für Wien. Zählte seine Bevölkerung um 1520 noch etwa 30 000, so waren es im Jahr 1530 nur noch 12 000. Es dauerte bis ins Jahr 1600, bis wieder 30 000 bis 35 000 Menschen in der Stadt lebten.

Verschwundene Tage

Das hatte es noch nie gegeben. Auf einen Schlag verschwanden zehn Tage. Sie lösten sich förmlich in Luft auf – auf Donnerstag, den 4. Oktober, folgte Freitag, der 15. Oktober. Unerhört war das, was in diesem Jahr des Herrn 1582 geschah. Und dennoch, so widersinnig es scheinen mochte, es war eine Notwendigkeit. Schon lange ließ sich nicht mehr verbergen, dass etwas nicht stimmte. Der Kalender ging falsch.

Zwar war man es im 16. Jahrhundert gewohnt, dass Uhren eher ungenau anzeigten, welche Tageszeit gerade war, und man nahm das allenfalls mit einem Achselzucken zur Kenntnis. Schließlich war auch der Lebensrhythmus der Menschen ein ganz anderer als unser heutiger. Allerdings wollte man sich darauf verlassen können, dass zumindest der Kalender exakt funktionierte. Doch nun, gegen Ende des Jahrhunderts, konnte jeder, der wollte, erkennen, dass bestimmte Daten nicht mit der wirklichen Welt übereinstimmten.

Besonders augenfällig war das bei der Tag-Nacht-Gleiche zum Frühlingsbeginn. Das zugehörige Datum im Kalender fällt auf den 19., 20. oder 21. März. Es markiert den Zeitpunkt, zu dem die Sonne, von der Erde aus betrachtet, den Äquator überschreitet. Das geschieht jedes Jahr genau zwei Mal und hängt mit der Art zusammen, wie sich unser Heimatplanet im Sonnensystem bewegt. Er kreist bekanntlich nicht nur um die Sonne, sondern dreht sich auch um sich selbst. Das tut er, ähnlich einem Kreisel, entlang einer gedachten Achse, die durch den Nord- und den Südpol verläuft. Stellt man sich nun die Umlaufbahn der Erde um die Sonne als eine Scheibe vor, so stellt man fest, dass die Erdachse nicht senkrecht zu dieser Scheibe steht, sondern sie in einem Winkel von etwa 66 Grad durchstößt. Je nach Blickwinkel könnte man also auch behaupten, die Erde hinge schief.

Diesen Winkel behält die Erdachse das ganze Jahr bei. Deshalb neigt sie sich mit ihrer nördlichen Hälfte während eines bestimmten Zeitraums, den man auf der Nordhalbkugel Sommer nennt, besonders stark in Richtung der Sonne, während eines anderen neigt sie sich dagegen besonders stark von unserem Zentralgestirn weg. Diese Phase heißt auf der Nordhalbkugel Winter. Im Sommer steht die Sonne dort zur Mittagszeit besonders hoch am Himmel, während des Winters besonders tief. Hat die Sonne ihren absoluten Tiefstand am Himmel erreicht, sprechen wir von der Wintersonnenwende. Dann erleben wir die kürzeste Tageslichtdauer im Jahr. Für gewöhnlich findet dieses Ereignis am 21. oder 22. Dezember statt. In der warmen Jahreszeit erreicht die Sonne dagegen zur Sommersonnenwende ihren höchsten Punkt am 20., 21. oder 22. Juni.

Auf dem Weg von ihrem Höchststand zu ihrem Tiefpunkt und wieder zurück passiert unser Fixstern den Äquator also genau zwei Mal. An den beiden Tagen, an denen das geschieht, sind lichter Tag und dunkle Nacht genau gleich lang. Sie definieren, astronomisch betrachtet, den Anfang von Frühling und Herbst.

Das hat weit über die Landwirtschaft hinaus weitreichende Bedeutung, zum Beispiel für Christen. Für sie hängt der Zeitpunkt, an dem sie ihr wichtigstes religiöses Fest feiern, Ostern, vom Frühlingsbeginn ab. Auf dem ersten Konzil von Nicäa im Jahr 325 legten die Oberhäupter der Kirche den Frühlingsanfang auf den 21. März fest. Ostern fällt demnach auf die Tage um den ersten Sonntag nach dem ersten Frühlingsvollmond. Sehr viele weitere christliche Feiertage leiten sich von diesem Zeitpunkt ab.

Es war also nicht verwunderlich, dass Christen ein besonderes Augenmerk auf den 21. März legten. Selbst wenn wir wissen, dass dieser nicht immer exakt das Datum der Tag-Nacht-Gleiche ist, so wird der aufmerksame Beobachter allzu starke Abweichungen leicht feststellen. So war es auch im 16. Jahrhundert. Von einer gleichen Tages- und Nacht-Dauer konnte selbst bei den um den 21. März liegenden Tagen schon lange nicht mehr die Rede sein. Die Christenheit stand vor einem ernsthaften Problem.

Kein Wunder also, dass sich der Papst höchstselbst dieses Problems im Jahr 1582 annahm. Die Ursache für das „Nachgehen" des Kalenders lag gute 1600 Jahre zurück. Julius Cäsar hatte den nach ihm benannten julianischen Kalender eingeführt. Dieser umfasste wie unser heutiger 365 Tage pro Jahr und kannte sogar Schaltjahre. Aber genau da lag der Fehler. Cäsar hatte angeordnet, dass jedes vierte Jahr ein solches Schaltjahr mit einem Tag mehr als üblich sein sollte. Notwendig machte das die tatsächliche Umlaufbahn der Erde um die Sonne. Um sie einmal komplett zu durchlaufen, benötigt unser Planet nämlich mehr Zeit als exakt 365 Tage –genauer gesagt: fünf Stunden, 48 Minuten und 45 Sekunden mehr, also einen knappen Vierteltag. Alle vier Jahre einen Extratag ins Jahr zu fügen, scheint also durchaus sinnvoll. Doch dabei fallen die zu einem ganzen Vierteltag fehlenden elf Minuten und 15 Sekunden unter den Tisch.

Eine Kleinigkeit? Keineswegs. In vier Jahren summiert sich diese Zeit bereits auf 45 Minuten, in vierzig auf 450 Minuten und in 400 Jahren schon auf 4500 Minuten, also auf mehr als drei Tage. So war im Laufe der Jahrhunderte jeder Kalendertag also immer weiter von seinem angestammten Platz in der Welt weggerückt. Es deutete sich an, dass irgendwann einmal am 21. März tiefster Winter sein würde. Und dann sollte man Ostern feiern?

In diesem Fall waren die zuständigen Kirchenbeamten so klug zu erkennen, dass es keinen Sinn hat, Regeln gegen den Lauf der Natur zu machen. Sie rechneten und kamen zu einem schlüssigen Ergebnis: Nicht stur alle vier Jahre war ein Schaltjahr einzuhalten. In ganz wenigen war von der prinzipiell sinnvollen Regelung abzuweichen, und zwar in jenen Jahren, die ein Vielfaches von 100 sind, sich aber nicht so durch 400 teilen lassen, dass sich eine natürliche Zahl ergibt. Solche Jahre waren beispielsweise 1700, 1800 oder 1900. Die Jahre 2100, 2200 oder 2300 werden deshalb ebenfalls keine Schaltjahre sein.

Damit war zwar eine ausreichende Genauigkeit des Kalenders wieder gewährleistet, aber was sollte man mit der Datumsverschiebung machen, die seit Julius Cäsar aufgetreten war? Der damalige Papst Gregor XIII. griff zu einem drastischen Mittel. Kurzerhand strich er zehn Tage des Jahres 1582. Der neue, der gregorianische Kalender, geht seither genau und stimmt mit der Natur des Sonnensystems und der Erde überein.

Es dauerte allerdings sehr lange, bis er sich weitgehend zumindest in der Christenheit durchsetzen konnte. So übernahmen ihn beispielsweise protestantische Gemeinden und Gebiete erst verzögert. In Westeuropa waren die Gemeinden Schiers und Grüsch im Schweizer Kanton Graubünden 1812 die letzten souveränen Territorien, die den gregorianischen Kalender einführten. Auch die russisch-orthodoxe Kirche lehnte die Reform ab. Deshalb müsste die Oktoberrevolution der Bolschewiki im Russland des Jahres 1917 nach dem gregorianischen Kalender eigentlich Novemberrevolution heißen. Zwar führte das kommunistische Regime der Sowjetunion den reformierten Kalender für das öffentliche Leben ein, die orthodoxe Kirche richtet sich zur Berechnung ihrer religiösen Daten aber immer noch nach dem julianischen Kalender.

Es hat in der Geschichte immer wieder Versuche gegeben, neue Kalender einzuführen. So setzten die französischen Revolutionäre Ende 1792 einen eigenen Revolutionskalender in Kraft. Dieser zählte zwar auch zwölf Monate, der Monat bestand aber nicht aus Wochen, sondern aus je drei Dekaden á zehn Tagen. Da damit keine 365 Tage zusammenkamen, wurden dem Ende jedes Kalenderjahres noch fünf oder in Schaltjahren sechs Tage angefügt.

Schon die antiken Römer unter ihrem Kaiser Augustus führten einen modifizierten Kalender ein, da sie bemerkt hatten, dass ihnen mit dem julianischen Kalender ein Fehler unterlaufen war. Sie hatten die von Julius Cäsar angeordneten vier Jahre bis zum nächsten Schaltjahr falsch gezählt, nämlich inklusiv. Bei dieser Art der Zählung wird immer der Ausgangspunkt mitgezählt. Das ist bei Zeitangaben allerdings mit Problemen versehen. Wenn ich mich beispielsweise für den nächsten Tag verabrede, dann liegt zwischen der Verabredung und dem betreffenden Termin ein Tag. Bei der Inklusivzählung beträgt die zeitliche Distanz aber zwei Tage, da dabei der aktuelle Tag mitgezählt wird.

Das führte in der Antike dazu, dass bei den Römern tatsächlich alle drei statt alle vier Jahre ein Schaltjahr eingeführt wurde. Kaiser Augustus bereinigte diesen Fehler allerdings. In den Jahren 5 und 1 vor Christus sowie 4 nach Christus setzte er die Schaltjahre aus und ließ sie erst wieder im Jahr 8 nach Christus beginnen. Wie wir nun wissen, erwies sich aber auch das über die Jahrhunderte hinweg noch als zu ungenau.

Die bekanntesten alternativen Kalender unserer Zeit dürften die moslemische und die jüdische Zeitrechnung sein. Für sie beginnt das Zählen der Jahre entweder mit dem Auszug des Propheten Mohammed aus Mekka nach Medina, welches nach der christlichen Zeitrechnung im Jahr 622 stattfand, oder mit der biblischen Schöpfungsgeschichte, welche jüdische Gelehrte auf das Jahr 3671 vor Christus datieren.

Eines ist allerdings all diesen Kalendern gemein: Ganz gleich, wie und weshalb Menschen den Lauf der Zeit einteilen, die tatsächliche Bahn der Erde um die Sonne ändert sich dadurch nicht. Heutzutage messen wir den alljährlichen Umlauf unseres Planeten um die Sonne so exakt wie noch nie – bis auf die Sekunde genau. Deshalb wissen wir auch, dass selbst in diesem minimalen Bereich Abweichungen auftreten, und können sogar Schaltsekunden einfügen. In den Jahren 2016 und 2017 war es wieder so weit, und zwar am 1. Juli respektive 1. Januar – nach Mitteleuropäischer Zeit. Diese beiden Tage waren eine Sekunde länger als gewöhnlich. Das bereitet Computern zuweilen Schwierigkeiten, weil sie nicht mit einer 61 Sekunden langen Minute rechnen können. Aber von gravierenden flächendeckenden Computerpannen war dennoch nichts zu lesen. Von größeren Zwischenfällen, die das Streichen ganzer zehn Tage im Jahr 1582 verursacht hätte, weiß man ebenfalls nichts.

Der richtige Wind

Am 31. Juli 1588 war es so weit: Der spanische Admiral und Oberbefehlshaber über die spanische Armada, Alonso Pérez de Guzmán Herzog von Medina Sidonia, sah zum ersten Mal die feindlichen Segel. Der 37-Jährige hatte sich so gut er konnte gegen das Kommando gesträubt und triftige Gründe gegen seine Ernennung angeführt. Seine Gesundheit stünde nicht zum Besten und er werde immer seekrank. Auch besitze er keinerlei Kenntnisse der Seefahrt, der Kriegsführung, der Armada und ihrer Truppen, noch wisse er etwas über England und seine Häfen. Deshalb müsse er sich auf Urteil und Rat anderer verlassen, deren Kompetenzen er aber nicht einschätzen könne. Kurzum: Sidonia hielt sich zu Recht für vollkommen ungeeignet.

Doch Philip II. von Spanien, allerkatholischste Majestät und Herrscher über ein weltumspannendes Reich, scherte sich nicht um die berechtigten Bedenken seines Untertanen. Er befahl Sidonia, mit einer Armada von 130 Schiffen aufzubrechen, an die Küste der Niederlande zu segeln und dort das Heer des Herzogs von Parma, eines Neffen des spanischen Königs, aufzunehmen, um eine Invasion in England zu starten. Diesem lästigen, aufmüpfigen Inselvolk musste einmal eine Lehre erteilt werden, denn zu unverschämt plünderten und kaperten seine Kapitäne spanische Niederlassungen in Übersee oder Handelsschiffe auf den Routen ins iberische Mutterland. Mit 30 Schiffen hatte der berüchtigte Kapitän Francis Drake 1587 sogar die spanische Hafenstadt Cadiz überfallen, reiche Beute gemacht und eine gewaltige Ladung Fassdauben abgefackelt. Außerdem hatte es die protestantische englische Königin Elisabeth I. gewagt, ihre Cousine, die katholische ehemalige schottische Königin Maria Stuart, köpfen zu lassen. Zu guter Letzt hatte sich Elisabeth auch noch Philips Ansinnen verweigert, den Konflikt zwischen der etablierten Seemacht Spanien und der aufstrebenden Nation der Engländer durch eine Heirat der beiden Herrscher friedlich zu lösen.

Nun musste eben ein Waffengang die Entscheidung herbeiführen.

Schon im Februar sollte die Flotte auslaufen, doch dieser Termin war vollkommen unrealistisch. Erst Ende Mai hissten die Spanier endlich die Segel. Während der Überfahrt machte sich unter anderem der Verlust der Fassdauben im Jahr zuvor schmerzlich bemerkbar, denn das nötige Trinkwasser musste auf den Schiffen in provisorisch zusammengezimmerten Fässern gelagert werden und verdarb rasch.

Trotz aller Schwierigkeiten beim Aufmarsch, jetzt, am letzten Tag des Juli, traf die gewaltige Streitmacht erstmals auf ihren Feind. Sidonia, der sich bemühte, die Befehle seines Königs pflichtgemäß auszuführen, wusste nur zu gut, dass seine Flotte zwar einen stattlichen Anblick bot, die englischen Schiffe aber wegen ihrer besseren Bewaffnung und ihrer größeren Wendigkeit den seinen überlegen waren. Nur wenn es ihm gelingen sollte, nahe an die feindlichen Schiffe heranzukommen, um sie zu entern, würde er eine Chance auf einen großen Sieg bekommen.

Aber in der Nacht hatten sich die Engländer an der Armada vorbeigeschlichen und segelten nun mit Rückenwind von Westen nach Osten auf die spanische Flotte zu. Sidonia wusste, dass er seinen Verband zusammenhalten musste, damit seine Schiffe nicht einzeln der gegnerischen Feuerkraft ausgesetzt waren. Halbmondförmig, über drei Kilometer erstreckte sich die Linie seiner Kriegsschiffe. Und dennoch ließen sich diese tollkühnen Insulaner nicht abschrecken. Deren Befehlshaber Howard, Drake, Frobisher und Hawkins trugen allesamt Namen, die jedem Spanier Furcht in die Knochen jagten.

Ein einzelnes englisches Schiff fuhr auf die Armada zu. Die *Disdain* hielt eine Weile unbeirrt ihren Kurs, feuerte einen Schuss in Richtung des Feindes und drehte dann ab. Die offizielle Aufforderung zum Kampf war ausgesprochen und bald darauf donnerten die Kanonen auf beiden Seiten. Das Gefecht verlief heftig, aber ohne entscheidendes Resultat. Die Engländer feuerten aus der Ferne, weil ihnen die Gefahr einer Enterung zu groß erschien. Außerdem wussten sie, dass ihre Geschütze nicht in der Lage waren, große Schiffe zu versenken. Immerhin konnten ihre Geschosse Soldaten und Matrosen töten oder verwunden sowie üble Verwüstungen anrichten, zum Beispiel Masten und Takellage zerstören oder Lecks in den Rumpf schlagen.

Die Spanier hielten dagegen eisern ihre Formation und widerstanden so allen Attacken. Unbeirrt fuhren ihre Schiffe weiter in Richtung Calais, wo Sidonia hoffte, das versprochene Invasionsheer an Bord nehmen zu können.

Nach sechs Tagen, an denen die Engländer immer wieder angriffen, aber keinen entscheidenden Sieg erringen konnten, erreichte die Armada schließlich die Küste bei Calais. Hier, an der schmalsten Stelle des Ärmelkanals zwischen dem europäischen Festland und Englands Küste, stand Sidonia nun vor einer schweren Entscheidung. Sollte er in die Straße von Dover segeln und riskieren, dass ihn Wind und Strömung weit auf die Nordsee hinaustrieben? Seine Berater hatten ihn gewarnt, dass dann eine Rückkehr der Armada vielleicht nicht mehr möglich sei und man die Invasionsarmee nicht mehr erreichen könne. Er entschied sich für die Alternative und ließ seine Schiffe vor Calais ankern. Ein ungünstiger Liegeplatz, weil offen zur See, von starken Strömungen beherrscht und von gefährlichen Untiefen umgeben.

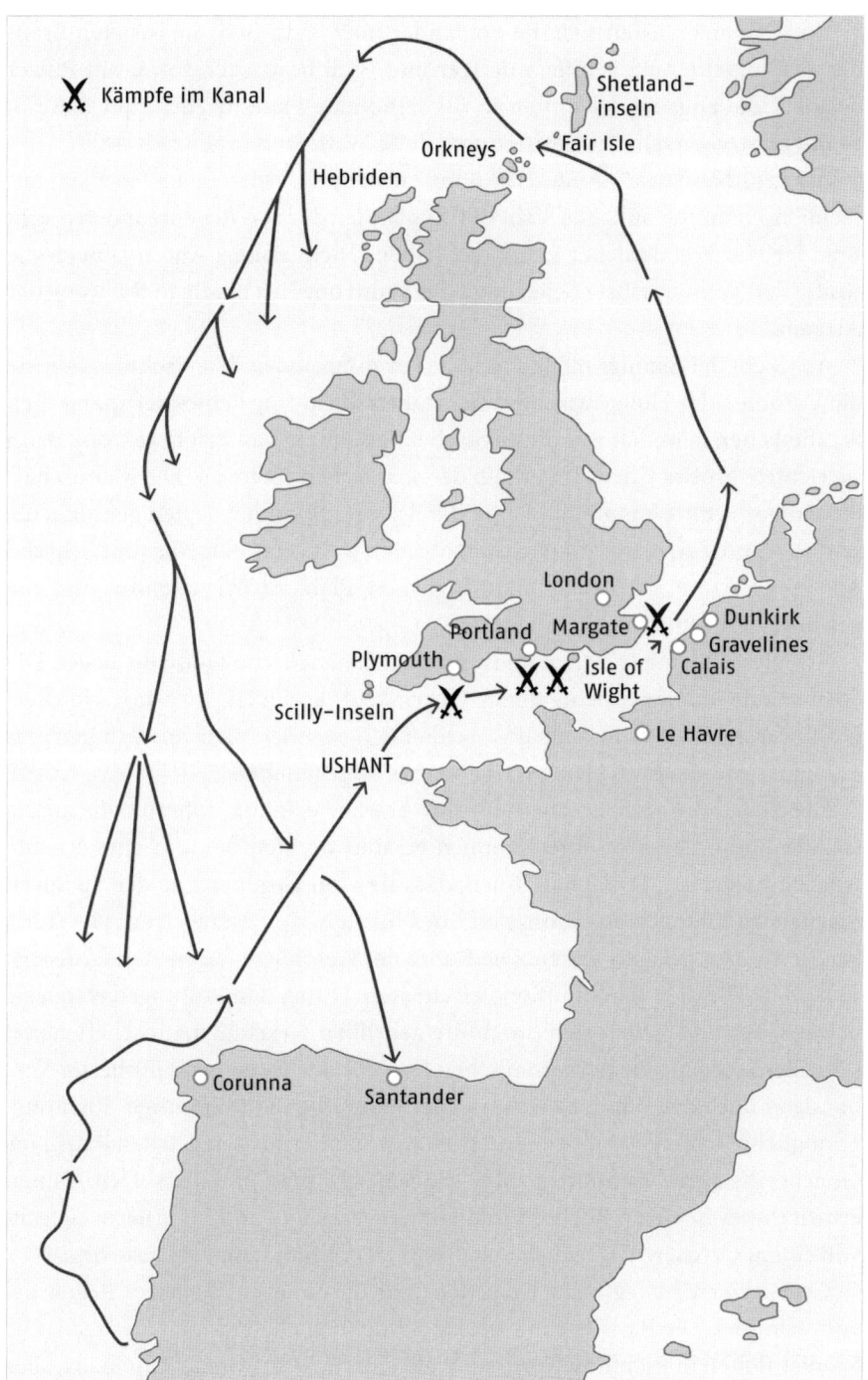

Kämpfe im Kanal

Shetland–
inseln

Fair Isle

Orkneys

Hebriden

London

Portland   Margate   Dunkirk
                           Gravelines
Plymouth   Isle of   Calais
Scilly-Inseln   Wight

USHANT   Le Havre

Corunna   Santander

o Der Weg der Armada und die Orte der wichtigsten Gefechte im Ärmelkanal

Diese Chance ließen sich die Engländer nicht entgehen. Sie rüsteten Brander aus, unbemannte Schiffe, mit Teer und Pech bestrichen sowie mit Pulver beladen, die angezündet mitten in die feindliche Flotte trieben, um diese in Brand zu stecken. Die Spanier kannten diese Waffe und fürchteten sie.

Als am Abend des 7. August die Sonne unterging, loderten am Horizont tatsächlich Flammen auf. Aus Sicht der Engländer dürften die entzündeten acht Brander wie Freudenfeuer geflackert haben. Nicht zuletzt waren ja auch die Kräfte der Natur auf ihrer Seite, denn der Wind blies beständig in Richtung der Armada.

Aus Sicht der Spanier mögen sich die heransegelnden Brandschiffe eher wie die Vorboten der Hölle ausgenommen haben. Zwar fing keines der spanischen Schiffe Feuer, dennoch war die englische Maßnahme von Erfolg gekrönt, denn sie richtete großes Chaos innerhalb der spanischen Flotte an. Die Mannschaften einiger Schiffe kappten in Panik die Ankertaue, andere legten geordnet ab, und so war die Armada am nächsten Morgen weit verstreut. Nur fünf Schiffen war es gelungen, zu ihrem ursprünglichen Platz zurückzukehren und die gewünschte Formation einzunehmen.

Auf dieses kleine Häuflein konzentrierte die englische Flotte ihr Feuer. Die Spanier ergriffen angesichts dieser Übermacht die Flucht Richtung Nordsee. Dort wartete Unterstützung und schließlich standen sich am Morgen des 8. Augusts wieder etwa gleich starke Verbände gegenüber.

Die Engländer wählten abermals ihre bewährte Taktik, fuhren nahe an die Gegner heran, feuerten ihre Kanonen ab und drehten bei, um eine erneute Attacke zu starten. Dabei half ihnen, dass sie – im Gegensatz zu den Spaniern – neuartige Kanonen aus Bronze an Bord führten, die zusätzlich auf vierrädrigen Rollwagen gelagert waren. Die Rohre der Geschütze waren standardisiert, so dass sie alle dieselbe Munition verschossen. Durch den Rollwagen waren sie beweglicher und ließen sich durch die gedrillten Geschützmannschaften viel schneller laden als die herkömmlichen Modelle aus Eisen. Und ihr bester Verbündeter blieb der Wind. Er wehte weiter beständig in die „richtige" Richtung, ermöglichte schnelle Manöver und trieb den Spaniern zusätzlich den Rauch ins Gesicht. Bis zum Nachmittag tobte die Schlacht bei Gravelines. Den Namen erhielt dieses in vielen Büchern und Filmen verewigte und heroisierte Gefecht von einem Örtchen, das östlich von Calais an der flandrischen Küste liegt.

Gegen vier Uhr fegte ein Unwetter über die Szenerie. Heftiger Regen fiel vom Himmel. Die Bataille ebbte ab, bis schließlich alle Waffen schwiegen. Die Spanier flohen in Richtung Nordsee. Viele ihrer Schiffe waren ramponiert, aber nur wenige gesunken oder so stark beschädigt, dass man sie aufgeben musste. Die Nacht brach herein.

Am nächsten Morgen beratschlagte sich Sidonia mit seinem Kriegsrat. Die Lage war kritisch, denn der Wind trieb die angeschlagene Armada auf die Küste mit ihren tückischen Sandbänken zu. Schon meldeten Matrosen von Deck, dass sich nur noch wenige Faden Wasser unter den Kielen befanden. Die Flotte drohte zu stranden, was einer Katastrophe gleichgekommen wäre, da die Spanier dann den Engländern manövrierunfähig ausgeliefert gewesen wären.

Doch plötzlich schien sich das Schicksal zu wenden, denn der Wind drehte und wehte nun ablandig in Richtung der offenen See. Sidonias Kriegsrat beschloss, die Unternehmung abzubrechen, den günstigen Wind zu nutzen und nördlich um die britischen Inseln herum nach Spanien zurückzufahren. Ihr Weg sollte direkt ins Verderben führen. Zwar hatte die Armada lediglich sechs große Schiffe verloren, aber viele andere waren schwer beschädigt. Wenn nun ein Sturm käme, war fraglich, ob die Schiffe eine solche Naturgewalt überstehen würden.

Anfangs verfolgte die englische Flotte den Zug der Spanier Richtung Norden. Noch war nicht klar, dass die Gegner wirklich aufgegeben hatten. Zu einem eigenen Angriff waren die Briten allerdings nicht in der Lage, denn sie hatten – wie die Spanier – einen Großteil ihrer Munition verschossen. Also beschränkten sie sich aufs Beobachten. Am 12. August schließlich gewannen sie Gewissheit, dass ihre Feinde auf dem Nachhauseweg waren, und brachen die Verfolgung etwa beim schottischen Firth of Forth ab.

Und immer noch schien der Wind auf Seiten der Engländer, denn ab dem 14. August trieben schwere Stürme die Armada auseinander. Noch einmal gelang es Sidonia, einen Großteil der Schiffe zu sammeln, und am 18. August 1588 erblickten Fischer etwa 36 Meilen südöstlich vor der Südspitze der Hauptinsel der Shetlands Ungewöhnliches. Von Osten her kam eine gewaltige Flotte gesegelt. Es war eben jene Armada, die ihren Weg nach Spanien suchte.

Die spanischen Kapitäne hatten von den Gewässern so hoch im Norden kaum Kenntnisse. Bei den Orkney- und Shetlandinseln hielt der Verband. Eilig wurden weitere Reparaturen durchgeführt und die erschöpften Vorräte ergänzt. Nun sollte einer glücklichen Heimreise nichts mehr im Wege stehen. Doch auch diesen Plan vereitelte wieder der Wind. Als die Spanier westlich der irischen Hauptinsel Richtung Süden segelten, wehte er so heftig von Westen her, dass er viele Schiffe gegen die Küste warf. Zahlreiche Seefahrer ertranken. Wer dem nassen Tod entkam, traf an Land allerdings auf kein besseres Schicksal, denn Strandräuber oder Soldaten töten die meisten gestrandeten Spanier erbarmungslos.

Sidonia gelang es, sein Schiff durch alle Fährnisse zu steuern, und so landete er am 21. September 1588 im Hafen von Santander an. In seiner Begleitung befanden sich nur wenige andere Schiffe und viele weitere sollten ihm nicht mehr nachfolgen.

Die Bilanz dieses ersten großen spanischen Angriffs auf England fiel ernüchternd aus. Bis Oktober kehrten nur etwa 60 Schiffe zurück in spanische Häfen. 12 000 Männer hatten den Tod gefunden.

Zwar beklagten auch die Engländer den Verlust von bis zu 10 000 Mann, aber immerhin hatten sie ihre Heimat erfolgreich verteidigt. Ihre überlebenden Kameraden hatten allerdings nicht viel von ihrem Einsatzwillen, denn die britische Königin verweigerte ihnen jegliche Pension oder Belohnung. Ihnen pfiff ein rauer und kalter sozialer Wind ins Gesicht.

Die Zähigkeit der englischen Seeleute und vor allem der meist passende Wind hatte die Armada besiegt. Allerdings führte diese erste Niederlage keineswegs und unweigerlich zum Niedergang des spanischen Weltreichs. Sie markierte allenfalls das Ende einer ohnehin ausufernden Expansion. Noch zweimal versuchte Philip II. die Insel zu erobern, aber auch 1596 und 1597 vereitelten starke Stürme seine Pläne. Insofern hatten seine Worte beinahe prophetischen Gehalt als er 1588 das Scheitern der Flotte zusammengefasst haben soll: „Ich habe meine Armada zum Kampf gegen die Engländer ausgesandt, nicht gegen Naturgewalten."

Kälte entfacht Feuer

Da staunten die Einwohner des Städtchens Überlingen am Bodensee nicht schlecht, als am 5. Januar 1573 ein Reiter aus jener Richtung auf sie zugeritten kam, wo sonst doch nur Wellen die Wasseroberfläche kräuselten. Was sie da sahen, war allerdings kein Wunder, denn der Winter dieses Jahres gebärdetet sich besonders grimmig und hatte den ganzen Bodensee zufrieren lassen, wie die Inschrift auf einer Säule in der Kirche St. Georg in Wasserburg berichtet: „Im iar 1573 ist der gantz bodense iberfroren das man uß allen und ieden Insunders umligede stette und fleeke zu Fuß daruf gewadlet."

Der Satz bezeugt eine sogenannte „Seegfrörne", das teilweise oder vollständige Zufrieren des Bodensees. In diesem Jahr war der Winter so hart, dass eine durchgängige Eisschicht das Gewässer bedeckte, ein äußerst seltenes Schauspiel. Nur wenige komplette Seegfrörne sind aus den vergangenen 1000 Jahren belegt.

Der Mann, der über die erstarrte Wasserfläche geritten kam, war der Elsässer Postvogt Andreas Egglisperger. Dieses schriftlich verbriefte Ereignis inspirierte den Dichter Gustav Schwab im 19. Jahrhundert zur Ballade *Der Reiter und der Bodensee*, in welcher der glückliche und ahnungslose Reiter den See heil überquert, am anderen Ufer aber, als er vom halsbrecherischen Hintergrund seiner Tat erfährt, tot vom Pferd fällt. Seither spricht man bei einer wagemutigen Unternehmung, deren Teilnehmer nichts von der wirklichen Gefahr ahnen, von einem „Ritt über den Bodensee".

Auch wenn eine Seegfrörne alleine nicht für einen generellen Klimaumschwung als Beleg dient, so steht das eisige Ereignis aus dem 16. Jahrhundert doch in einer Reihe außergewöhnlicher Wetterphänomene während dieser Zeit.

Überhaupt versetzten das ausgehende 16. und das beginnende 17. Jahrhundert die Menschen in Mitteleuropa in Unruhe. Die Reformation hatte die Festung eines alle vereinenden wahren Glaubens, wie ihn die katholische Kirche für sich und alle Christen beanspruchte, endgültig geschleift. Die modernen Naturwissenschaften begannen, alte Gewissheiten als falsch zu entlarven – buchstäblich welterschütternd im Falle des heliozentrischen Weltbildes, das die Erde endgültig und mit stichhaltigen mathematischen-naturwissenschaftlichen Belegen aus dem Mittelpunkt des Sonnensystems rückte.

Schreckliche Kriege verwüsteten weite Landstriche, allen voran der Dreißigjährige Krieg von 1618 bis 1648. Hunger und Seuchen grassierten und rafften unzählige Geschwächte dahin. Den Menschen der beginnenden Neuzeit muss das vorgekommen sein, als bewegten sie sich auf schwankendem Boden, unter dem grausige Ungeheuer lauerten.

Zu allem Überfluss schlugen auch noch die himmlischen Mächte erbarmungslos zu. Die sogenannte Kleine Eiszeit, eine Periode relativ kühlen Klimas von Anfang des 15. Jahrhunderts bis ins 19. Jahrhundert hinein, hielt die Welt in eisigem Griff.

Die Ursachen für die Abkühlung sind bislang noch nicht vollends geklärt. Vulkanismus gilt als die wahrscheinlichste. Wenn die Feuerberge vermehrt Asche, Staub und Gase hoch in die Atmosphäre schleudern, dann kann es auf der Erde kalt werden. Eine geringe Sonnenaktivität und die Abschwächung des Golfstroms könnten den Effekt verstärkt haben. Auch die Zunahme der Waldfläche und das durch die Bäume gebundene Treibhausgas CO_2 werden von Forschern als möglicher Abkühlungsgrund diskutiert.

Besonders von 1570 bis 1630 und 1675 bis 1715 fielen die Temperaturen in weiten Teilen Europas außergewöhnlich tief und brachten das übliche Wetter gehörig durcheinander. So berichtet die Chronik der fränkischen Familie Langhans: „Anno 1626 den 27. May ist der Weinwachs im Frankenland im Stift Bamberg und Würzburg aller erfroren wie auch das liebe Korn, das allbereitt verblüett […] das bei Manns Gedenken nit geschehen und eine große Theuerung verursacht …“

Wetterkapriolen und daraus resultierende Ernteverluste sowie saftige Preissteigerungen bis zu 100 Prozent bei Lebensmitteln, das war nun eindeutig zu viel – selbst für die ausgeprägte Leidensfähigkeit der damaligen Bevölkerung. Konnte das noch mit rechten Dingen zugehen? Hier musste Überirdisches im Spiel sein. Wilde Spekulationen über Untergangsszenarien kursierten, nicht zuletzt weil Eiferer sie von den Kanzeln predigten: Der Herrscher der Finsternis rüste sich zum finalen Angriff auf die Christenheit und er habe Verbündete auf der Erde. Hexen und Zauberer paktierten mit ihm und sännen darauf, alle frommen Seelen zu verderben. Stand es etwa nicht in der Bibel, im Buch Mose, was Gott wollte? „Wenn ein Mann oder Weib ein Wahrsager oder Zeichendeuter sein wird, die sollen des Todes sterben." An anderer Stelle hieß es: „Die Zauberinnen sollst du nicht leben lassen."

Das Buch der Bücher, das gedruckte Wort Gottes, konnte doch nicht falsch liegen. Hatten nicht zudem zahlreiche Theologen und Philosophen in ihren Schriften, von denen der berüchtigte *Hexenhammer* des Theologen und Inquisitors Heinrich Kramer alias Heinrich Institoris nur der bekannteste ist, über die Jahrhunderte belegt, dass es solche Zauberinnen und Hexen tatsächlich gab? Was lag also näher, als in ihnen die Verantwortlichen für die Misere zu sehen?

So erzählt die Chronik der Familie Langhans über die Reaktionen nach dem Unwetter von 1626: „Hierauf ein großes Flehen und Bitten unter dem gemeinen Pöffel, warum man solange zusehe, das allbereit die Zauberer und Unholden die Früchten sogar verderben." Im Klartext: Die Schuldigen sollten dafür büßen, dass sie ihre Schadenzauber, so der damalige Fachbegriff, angewendet und Unwetter heraufbeschworen hatten.

Bereits aus der Zeit vor dem ersten Höhepunkt der Kleinen Eiszeit sind Hexenverbrennungen bekannt. Eine Chronik der Bayerischen Staatsbibliothek vermerkt beispielsweise: „1445 In diesem Jahr war ein sehr großer Hagel und Wind als vor nie gewesen, thät großen Schaden, ihro wegen fing man allhier etliche Weiber, welche den Hagel und Wind gemacht haben sollen, die man auch mit Urthel und Recht verbrennt." Die massenhafte Jagd auf Frauen, Männer und sogar Kinder, die vermeintlich Zauberei betrieben und mit dem Teufel im Bunde waren, begann aber erst, als sich, bedingt durch die Kleine Eiszeit, Ereignisse mit Extremwetter häuften.

Im August 1562 zog ein schweres Hagelunwetter über Mitteleuropa von Wien bis nach Brüssel und fügte ganz Südwestdeutschland schweren Schaden zu. Eisbrocken töteten Tiere oder zerschlugen Dächer, die Ernte in den Weinbergen, auf den Feldern und in den Streuobstwiesen zerplatzte oder zerknickte unter den Einschlägen der Himmelsgeschosse. Der Zorn ob der Hilflosigkeit angesichts solch übermächtiger Gewalt entlud sich beispielsweise im württembergischen Wiesensteig in einer ersten Hexenjagd, der im Verlauf der folgenden Monate 63 Menschen zum Opfer fielen.

Schon diese erste wahnhafte Hatz folgte einem Schema, das sich bis ins 18. Jahrhundert zog. Die Hexenprozesse waren oft nicht von der sogenannten Obrigkeit gewollt, sondern folgten Volkes Stimme, und die Urteile sprachen meist weltliche und nicht geistliche Gerichte. Die Begründung für Verfolgung und Urteil lieferte dagegen die Theologie, gewöhnlich mit vier explizit formulierten Tatbeständen: erstens den Pakt mit dem Teufel; zweitens die sogenannte Teufelsbuhlschaft, also sexuelle Handlungen mit dem Gottseibeiuns, die den Pakt besiegelten; drittens die Teilnahme am Hexensabbat; viertens die Ausübung von Schadenzaubern.

Das konkrete Vorgehen regelte wiederum die weltliche Prozessordnung, die unter anderem die Folter zur Erpressung von Geständnissen vorsah. Ideale Voraussetzungen für einen Teufelskreislauf, denn die Behauptung, eine Beschuldigte habe an einem Hexensabbat teilgenommen, legte die Vermutung nahe, sie könne noch andere Schuldige benennen. Die Folter war das willkommene Instrument dafür, entsprechende Namen aus Verstockten herauszupressen. Und mit jedem Namen, den eine vermeintliche Hexe nannte, durften sich die Richter bestätigt fühlen, dass sie im Recht waren.

Hinzu kamen heutzutage irrwitzig anmutende Hexenproben, zum Beispiel eine Form der Wasserprobe, bei der eine Angeklagte gefesselt in einen Fluss oder See geworfen wurde. Schwamm sie, war das der Beweis für ihre Schuld, ging sie unter, wurde das immer noch nicht als eindeutige Entlastung angesehen.

In welch ausweglose Lage sich die Beschuldigten befanden, die in das Räderwerk dieser Justizmordmaschine gerieten, zeigt ein Kassiber, den der Bamberger Bürgermeister Johannes Junius 1628 aus dem Gefängnis an seine Tochter schrieb: „Hunderttausendmal gute Nacht, herzliebe Tochter Veronika! Unschuldig bin ich in das Gefängnis gekommen, unschuldig bin ich gefoltert worden, unschuldig muss ich sterben. Denn wer in dieses Haus kommt, der muss ein Hexer werden, oder er wird so lange gefoltert, bis er etwas erdichten muss und sich erst, Gott erbarme es, etwas ausdenken muss." Junius schildert den weiteren Verlauf seiner Verhöre und die Entwürdigungen und Torturen, denen er dabei ausgesetzt war. Abschließend schätzt er seine Situation nüchtern ein: „Nun, herzliebes Kind, da hast du alle meine Aussagen und ihren Verlauf, auf die ich sterben muss. Und es sind lauter Lügen und erfundene Sachen, so wahr mir Gott helfe. Denn dieses habe ich alles aus Furcht vor der weiteren drohenden Folter und wegen der schon zuvor ausgestandenen Folter sagen müssen. Denn sie lassen mit dem Foltern nicht nach, bis man etwas sagt."

Die Vollstreckung des Urteils bei einem Schuldspruch, meist durch Verbrennen auf dem Scheiterhaufen bei lebendigem Leib, fußte wiederum auf religiösen Überzeugungen, denn das Feuer sollte die Seelen der Verdammten reinigen. Als Gnadenakt galt, die Verurteilten vor dem Anzünden zu erdrosseln oder zu enthaupten.

Die Existenz von Hexen war in den Köpfen der meisten damaligen Menschen als Tatsache verankert. Dennoch verstörte die Intensität der Verfolgungen in deutschen Landen selbst jene, die fest daran glaubten. So erinnerte sich der als Hexenjäger berüchtigte italienische Kardinal Francesco Albizzi noch Jahrzehnte nach seiner Reise durch das Heilige Römische Reich Deutscher Nation in den Jahren 1636 und 1637 an „ein fürchterliches Schauspiel: außerhalb der Mauern mehrerer Dörfer und Städte waren unzählige Pfähle errichtet, an die gefesselt arme und überaus bedauernswerte Frauen als Hexen von den Flammen verzehrt worden waren".

Traurige Höhepunkte erreichte die Hexenjagd unter anderem in Franken, vor allem in den Bistümern Würzburg und Bamberg, wo der jeweilige Bischof nicht nur das geistliche Oberhaupt war, sondern als Fürstbischof gleichzeitig auch weltlicher Herrscher und oberster Gerichtsherr. Die Chroniken der Bistümer berichten von den grausigen Geschehnissen in der Folge extremer Wetterereignisse: „Wenn ihre Teufelskunst und Zauberei nicht an den Tag gekommen wäre, hätten sie vier Jahre kein Wein und Getreide wachsen lassen, wodurch viele Menschen und Vieh an Hunger gestorben wären und ein Mensch den anderen hätte fressen müssen. Gott, der Herr, hat dies nicht geschehen lassen wollen und an den Tag gebracht, so daß über 1200 sind verbrannt worden und werden noch täglich viele verhaftet und verbrannt. Auch haben sie gestanden, da sie giftige Nebel gemacht haben, so daß viele Menschen und Tiere haben sterben müssen. Durch ihre Teufelskunst haben sie den Menschen auch große Krankheiten gebracht und Apfel, Birnen und das Gras auf den Wiesen verdorben [...] [Zwei Bürgermeister] haben bekannt, daß sie viel schreckliche Wetter und große Wunder gemacht, so daß viele Häuser und Gebäude eingeworfen und viele Bäume im Wald und Feld aus der Erde gerissen wurden [...] Es sind auch etliche Mädchen von sieben, acht, neun und zehn Jahren unter diesen Zauberinnen gewesen. Zwanzig sind hingerichtet und verbrannt worden [...] Besonders verwunderlich ist, daß solche kleinen Kinder Donner und Blitz zuwege bringen können."

Der Furor der vom Hexenglauben Besessenen kannte kein Erbarmen und fegte durch alle gesellschaftlichen Schichten von der Wäscherin bis zum Bürgermeister. Als „Würzburgisch Werk" fand das Wüten sogar Eingang in den allgemeinen Sprachgebrauch. Erst auf Betreiben von Kaiser Ferdinand II. fanden die massenhaften Verfolgungen in Bamberg ein Ende. In Würzburg ebbte der Wahn 1642 ab, als ein neuer Bischof sein Amt antrat.

Wie viele Opfer die Hexenjagd zu Beginn der frühen Neuzeit in Europa forderte, bleibt bis heute umstritten. Seriöse Schätzungen schwanken zwischen einer Untergrenze von 30 000 bis zu maximal 100 000 Toten. Etwa zwei Drittel litten und starben auf deutschen Territorien, ungefähr drei Viertel davon Frauen.

Zwar können die Wetterkapriolen, ausgelöst durch die Kleine Eiszeit, nicht als alleinige Ursache für die Hexenverfolgung verantwortlich gemacht werden, sie trafen auf eine Gesellschaft im Umbruch mit einer weithin verunsicherten Bevölkerung. Aber viele Aufzeichnungen belegen, dass neben rein persönlichen Motiven – wie Bereicherung, Rache oder Machtausübung und -erhalt – häufig Unwetter und entsprechende Verwüstungen der finale Auslöser für derlei barbarische Akte waren.

Angesichts der aktuellen globalen politischen, soziökonomischen und ökologischen Entwicklungen und des sich abzeichnenden Klimawandels – immerhin zu wärmeren Temperaturen und nicht zu einer Kaltphase – mahnt die historisch gesehen noch gar nicht so lange zurückliegende Hexenverfolgung, dass die menschliche Natur in Krisenzeiten für solche Hirngespinste anfällig ist, gerade wenn Fanatiker sie darin bestärken.

Todesschuss im Nebel

Das Grauen lag nur einen Meter tief in der Erde und überdauerte dort fast 400 Jahre. Aber Anfang November 2011 war es mit der Ruhe vorbei. Schlachtfeldarchäologen hatten ein Massengrab entdeckt und begannen es zu bergen. Auf einer Fläche von vier mal fünf Metern ließen sie einen 1,10 Meter tiefen Aushub in einem Stück erstellen und von einer Spezialfirma in zwei Blöcken abtransportieren. Das Erdreich sollte unter Laborbedingungen sorgfältig untersucht werden, denn darin lagen die Gebeine zahlreicher Menschen. Das waren vermutlich die Überreste von Gefallenen aus der Schlacht bei Lützen am 16. November 1632, des längsten und blutigsten Gefechts während des Dreißigjährigen Krieges.

Jener denkwürdige Tag begann wie viele Tage im November: Es herrschte dichter Nebel. Unweit des Städtchens Lützen standen sich das protestantische Heer des schwedischen Königs Gustav II. Adolf und die katholischen Kaiserlichen Truppen an der Straße Richtung Leipzig gegenüber.

Gustav Adolf hatte seinen Gegner, den Feldherrn Albrecht von Wallenstein, mit einem Eilmarsch überrascht und zur Schlacht gezwungen. Noch am Vortag hatte Wallenstein eine dringende Depesche zu den kaiserlichen Elitereitern unter dem Befehl des Gottfried Heinrich Graf zu Pappenheim geschickt: „Der feindt marchirt hereinwarths der herr [lasse] alles stehen undt liegen undt incaminire [sich] herzu mitt allem volck undt stücken [Kanonen] auf [das] er morgen frue beÿ uns sich befünden [kan]."

Nun standen sich also auf beiden Seiten jeweils bis zu 20 000 Kämpfer gegenüber. Die schlechte Sicht verhinderte, dass sie gleich am frühen Morgen übereinander herfielen. Erst gegen elf Uhr vormittags lichtete sich der Nebel, so dass der Feind überhaupt ausgemacht werden konnte. Die Schweden rückten von Süden nach Norden vor, die Kaiserlichen erwarteten sie in ihren Stellungen.

Gustav Adolf führte seine Männer auf dem östlichen, also rechten Flügel seiner Armee an. Auf dieser Seite hatte er den Schwachpunkt seines Gegners ausgemacht. Schon gegen zwölf Uhr mittags hatte er Erfolge erzielt und feindliche Geschütze in seine Gewalt gebracht.

Auf der gegenüberliegenden Seite der Front schien sich das Kriegsglück allerdings zu Wallensteins Gunsten zu neigen. Der westliche, linke Flügel des schwedischen Heeres drohte einzubrechen. Immer mehr schwedische Einheiten aus dem Zentrum der Schlachtordnung versuchten das zu verhindern, doch dadurch öffneten sie ungewollt eine Lücke in ihrer Frontlinie.

Gustav Adolf erkannte die Gefahr, da er durch Depeschen über die Lage informiert war. An der Spitze eines Reiterregiments setzte sich der König augenblicklich in Bewegung, um die Bresche zu schließen. Doch es zog erneut dichter Nebel auf. Die Sicht, ohnehin schon durch Pulverdampf erschwert, wurde äußerst schlecht.

Nun wirkte sich eine Eigenschaft Gustav Adolfs besonders nachteilig aus: Er war extrem kurzsichtig. Zu allem Übel trug er seine Brille nicht. Weshalb er das tat, gibt bis heute Rätsel auf. War ihm die Sehhilfe im Kampfgetümmel lästig oder gar hinderlich? War er zu eitel? Oder wollte er seine Truppen nicht dadurch entmutigen, dass er als körperlich eingeschränkter Anführer vor sie trat?

Aus welchem Grund auch immer der „Löwe aus Mitternacht", wie sein propagandistischer Beiname lautete, seine Brille nicht trug – es sollte ihn das Leben kosten. Mit seiner Kurzsichtigkeit war er in dem heraufziehenden Dunst beinahe blind. Und so verlor er erst den Kontakt zu seinen Reitern und dann stolperte er auch noch über feindliche Truppen, die sofort das Feuer auf ihn eröffneten. Mit Erfolg, denn eine Kugel zerschmetterte den linken Arm des Königs. Seine Reiter fanden ihn zwar wieder und versuchten, den schwer verwundeten Monarchen vom Schlachtfeld zu bringen, aber auch sie irrten orientierungslos im Nebel umher und stießen erneut auf kaiserliche Kämpfer. Einer von diesen war der Kürassier Moritz von Falkenberg. Er zückte seine Pistole und schoss dem zur Flucht gewandten König in den Rücken. Die Kugel drang in die Lunge des Schweden. Gustav Adolf stürzte von seinem Pferd und wurde, mit dem Fuß im Steigbügel hängend, über den Boden geschleift. Währenddessen tobte die Schlacht weiter und selbst der Leichnam des Königs blieb nicht verschont; einige Kaiserliche malträtierten ihn mit weiteren Schüssen und Stichen.

Erst als sich die Dunkelheit herabsenkte, hörten die Kämpfe auf. Die feindlichen Heere standen sich in einer Art Unentschieden gegenüber. 6000 bis 9000 Tote lagen auf dem Schlachtfeld, darunter auch der Kürassier, der Gustav Adolf den Todesschuss versetzt hatte.

Wallenstein tat, was er in ähnlichen Fällen meist tat: Er gab den Befehl zum Rückzug, denn hier war nichts zu gewinnen.

Bis heute sind sich Historiker uneins, ob der Ausgang der Schlacht bei Lützen als Erfolg der Schweden anzusehen ist oder ob es tatsächlich keinen Sieger gab. Sicher ist dagegen, dass sich die Nachricht vom Tod des Königs wie ein Lauffeuer ausbreitete. Ein schwerer Schlag für alle Protestanten im Dreißigjährigen Krieg, denn Gustav Adolf galt als ihr Hoffnungsträger. Fast 16 Jahre sollte der Krieg noch dauern. Gustav Adolfs großer Gegenspieler Wallenstein sollte das Ende aber auch nicht mehr miterleben. Ein gutes Jahr nach der Schlacht bei Lützen wurde er von katholischen Soldaten ermordet.

Der Blick auf das Schicksal der beiden Strategen sollte allerdings nicht die Sicht auf die vielen Opfer vernebeln, die ihre Feldzüge forderten. In dem 2011 ausgehobenen Massengrab fanden sich die Gebeine von 47 Männern im Alter von 15 bis 50 Jahren. An ihren Knochen fanden die Archäologen nicht nur Spuren der Verwundungen, an denen sie gestorben waren, sondern auch Hinweise auf ältere Verletzungen und auf Mangelernährung in ihrer Kindheit und Jugend. Allein die Überreste dieser Kämpfer zeichnen bereits ein wenig erfreuliches Bild von den Lebensbedingungen vieler Menschen in jener Zeit. Der Krieg kam auf alle Malaisen obendrauf und verschlimmerte die Lage der meisten Menschen im Herzen Europas noch einmal gravierend. Daran änderte auch der Nebel bei Lützen nichts, der dem schwedischen König die Sicht nahm und ihn in seinen Tod irren ließ.

Wenn der Druck nachlässt

Die Mitteilung aus dem 17. Jahrhundert liest sich lapidar: „Der Winde Gang, Natur und Krafft, zeigt uns des Lebens Eigenschafft. Welches bey des […] Herrn Valerius Zeisens, Churfürstlich Sächsischen Steuer-Buchhalters, Ansehlichem Leich-Begängniß, So Den 13. Decembris, A. C. 1660, in Dreßden gehalten worden, nach dem wenig Tage zuvor (9. Decembr.) ein ungewöhnlicher grausamer Sturmwind fast gantz Deutschland erschrecket und beschädiget hatte."

Und doch steckt dahinter mehr als nur die Bekanntmachung des Begräbnisses eines 53-Jährigen. Denn was am 2. Advent des Jahres 1660 geschah, hat Auswirkungen bis heute und auf uns alle.

Tatsächlich war an jenem 9. Dezember ein Orkan über Deutschland gefegt und hatte Tote gefordert sowie schwere Schäden angerichtet. So vermerkte eine Chronik des sächsischen Hochlandes: „Im Dezember wüthete ein Sturmwind, welcher in Wäldern nicht nur, sondern auch in den Dörfern durch Niederreißen der Häuser, in den Städten durch Abdeckung der Ziegeldächer großen Schaden verursachte."

In Erfurt litt die durch einen Brand des benachbarten Klosters im selben Jahr in Mitleidenschaft gezogene Reglerkirche ebenfalls unter den heftigen Windböen, wie eine Historische Commission der Provinz Sachsen festhielt: „So schon beschädigt vermochte der Thurm einem Orkan am 2. Advent 1660 nicht mehr hinreichend Widerstand zu leisten; eine seiner Ecken stürzte hinab und zertrümmerte in ihrem Falle die Empore und den Kreuzgang."

Im Kirchenbuch des Örtchens Zöllchen, westlich von Leipzig, ist zu lesen: „Sonsten ist in diesem Jahr 1660 den 9. Decembris ein solcher starcker und grausamer Sturmwind entstanden, der den gantzen tagk gewehet, das er viel Kirchen, Heuser und Scheunen, auch eine große Menge Bäume in Wäldern und Gärten niedergeworffen."

Und auch im Dorf Olvenstedt, das heute ein Stadtteil der sachsen-anhaltinischen Landeshauptstadt Magdeburg ist, schlug der Sturm zu: „Als am 9. Dezember 1660 ein heftiger Sturmwind den Knopf vom Turme warf, trug der damalige Pfarrer Heinrich Meyer die Mitteilungen in das Kirchenbuch und legte die Schrift wieder in den reparierten Knopf des Turmes."

Doch wie verheerend dieser Sturm auch gewütet haben mochte, er darf getrost als ein Beispiel dafür gelten, dass man beinahe allem auch etwas Positives abgewinnen kann. So zumindest dürfte das ein Bürger in eben jenem Magdeburg gesehen haben, denn mit Hilfe des Orkans vom Dezember 1660 gelang ihm Bahnbrechendes.

Der 58-jährige Otto Gericke war damals noch einige Jahre davon entfernt, ein „von" und ein „u" in seinem Namen zu tragen. Allerdings war er bereits ein angesehener Diplomat und Wissenschaftler. So hatte er an den Verhandlungen zum Westfälischen Frieden teilgenommen, der den Dreißigjährigen Krieg beendet hatte, und war über die Grenzen seiner Stadt bekannt geworden, am meisten wohl für seine 1657 erstmals wissenschaftlich publizierten Experimente mit den sogenannten Magdeburger Halbkugeln.

Dabei fügte er zwei Halbkugeln zu einer Kugel zusammen. Die Schnitte, an denen die beiden Hälften sich berührten, schottete er mit speziellen Dichtungen ab. Anschließend saugte er mit einer von ihm selbst entwickelten Pumpe so viel Luft wie möglich aus dem Inneren der Kugel. Keinem Menschen war es dann möglich, die beiden Halbkugeln wieder voneinander zu trennen. Selbst wenn man an jede der beiden Hälften acht Pferde spannte, blieb die Kugel intakt. 1657 präsentierte Gericke dieses Experiment in Magdeburg und erregte gehöriges Aufsehen.

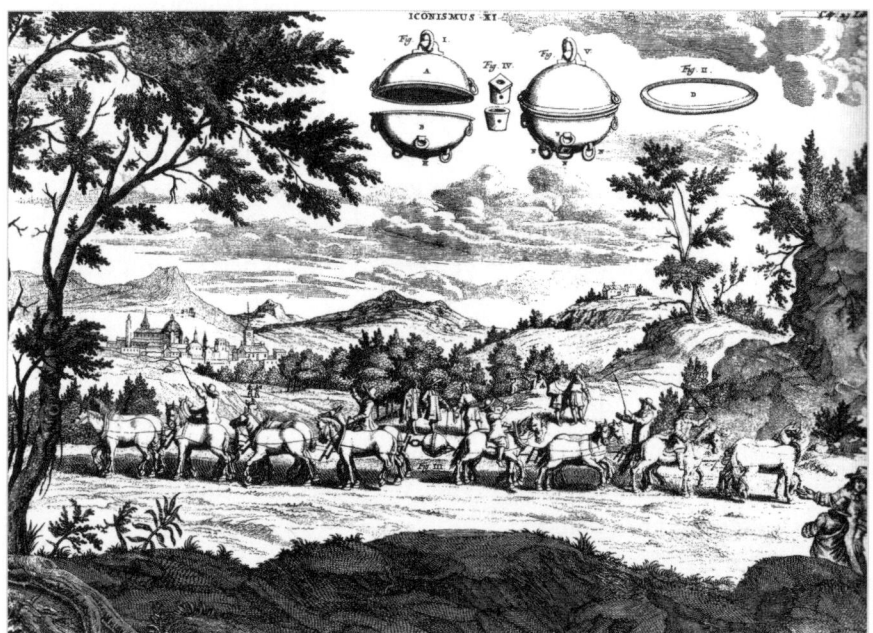

○ Darstellung des Experiments mit den Magdeburger Halbkugeln aus Gerickes Buch *Experimenta Nova (ut vocantur) Magdeburgica De Vacuo Spatio*

Der große Forscher und Erfinder beschäftigte sich wie viele seiner zeitgenössischen Kollegen ganz grundsätzlich mit den Fragen des Luftdrucks, des Vakuums und mit der vom griechischen Philosophen Aristoteles aufgestellten

These, dass die Natur kein Vakuum dulde und sogar einen regelrechten Horror davor besäße. Versuche berühmter Gelehrter wie Evangelista Torricelli oder Blaise Pascal hatten diese Theorie des „Horror vacui" bereits zur Mitte des 17. Jahrhunderts ins Wanken gebracht. Der Italiener Torricelli war es auch gewesen, der wichtige Experimente zum Luftdruck durchgeführt hatte, zum Beispiel, dass mit zunehmender Höhe über Normalnull der Luftdruck abnimmt.

Dieser Luftdruck war es ja auch, der Gerickes Halbkugeln so fest zusammenpresste. Das wusste der Magdeburger sehr wohl und experimentierte weiter. Dazu verwendete er Barometer, die sich schon damals einiger Beliebtheit erfreuten. Sie waren sehr einfach zu konstruieren. Man füllte ein an einem Ende abgeschlossenes Glasrohr bis zum Rand mit einer Flüssigkeit, dann stellte man das Rohr mit dem offenen Ende in ein Gefäß, das die gleiche Flüssigkeit enthielt, und zwar so, dass das offene Ende des Glasrohrs nicht den Boden des Gefäßes berührte. Fertig war das Barometer.

Hinter der Funktion dieser Apparatur zu Messung des Luftdrucks steckt folgendes Prinzip: Die Flüssigkeitssäule in dem Glasrohr fällt nur bis zu einer bestimmten Höhe ab, dann verharrt sie, weil der Luftdruck, der auf der Flüssigkeit im Gefäß lastet, einem weiteren Absinken entgegenwirkt. Wie tief die Säule abfällt, hängt von der Dichte der Flüssigkeit ab. So hält der sogenannte Normaldruck von 1,01325 bar unter Standardbedingungen eine Quecksilbersäule mit einer Höhe von 76 Zentimetern in Ruhe, bei Wasser ist die Flüssigkeitssäule dagegen gute 10 Meter hoch. Die Höhe der Säule schwankt jeweils mit dem herrschenden Luftdruck, was unter anderem seit den erwähnten Versuchen Torricellis bekannt ist.

Auch Otto Gericke hatte sich damit beschäftigt und spezielle Apparaturen entwickelt, vor allem das sogenannte Magdeburger Wettermännchen. Dieses Barometer zeichnete sich durch die Besonderheit aus, dass auf der Flüssigkeit in der Glasröhre eine kleine geschnitzte Figur schwamm. Diese sollte lediglich dafür sorgen, dass man die Veränderung der Säulenhöhe und damit des Luftdrucks besser erkennen konnte.

Aber Otto Gericke wäre nicht der geniale Forscher gewesen, wenn er sich mit der Beobachtung von Luftdruckveränderungen zufriedengegeben hätte. Er wollte auch etwas damit anfangen und versuchte, seine Erkenntnisse praktisch anzuwenden. An jenem 9. Dezember, dem 2. Advent 1660, als ein Orkan über Deutschland hinwegfegte, stellte er eine besondere Veränderung an seinem Barometer fest und zog eine entsprechende Schlussfolgerung, die er in seinem Werk *Experimenta Nova (ut vocantur) Magdeburgica De Vacuo Spatio* beschrieb: „Ich habe mit Bestimmtheit, als im vergangenen Jahre jener ungeheure Sturm stattfand, auf Grund des soeben erwähnten Versuches eine besondere, außerordentliche Veränderung der Luft wahrgenommen. Diese war so leicht im Vergleich zu sonst geworden, daß der Finger des Männchens sogar unter den äußersten an der Glasröhre angebrachten Punkt herabstieg. Als ich dies sah, teilte ich den Umstehenden mit, es sei ohne Zweifel irgendwo ein großes Unwetter ausgebrochen, und kaum waren zwei Stunden verflossen, als jener Orkan auch in unsere Gegend einbrach, wenn er auch nicht so heftig auftrat als auf dem Meere."

Die erste Wettervorhersage mit Hilfe einer Luftdruckmessung war gelungen.

Dabei half Gericke die Zuverlässigkeit des vorhergesagten Unwetters. Von diesem Tag an entwickelte er die Wetterprognose stetig weiter. Heutzutage, mit einem dichten Netz von Messstationen und leistungsfähigen Rechenzentren, beträgt die Genauigkeit der Vorhersagen für den nächsten Tag mehr als 90 Prozent und die Trefferwahrscheinlichkeit für die Dreitagesprognose liegt über 75 Prozent. Das hätte sicher auch Otto Gericke gefreut.

Seine herausragenden wissenschaftlichen Leistungen, die er unter anderem auf Reichstagen werbewirksam zu präsentieren wusste, honorierte Leopold I., Kaiser des Heiligen Römischen Reiches, am 1. Januar 1666 mit einem Adelstitel. Seither zierte ein „von" Gerickes Namen.

Da im 17. Jahrhundert die vornehme und vorherrschende Sprache Französisch war, erbat er sich gleich noch eine weitere Gunst. Künftig wollte er noch ein „u" im Namen führen und sich von Guericke schreiben. Ohne den zusätzlichen Vokal wurde sein Name im Französischen „Dscherik" ausgesprochen und das klang ihm wohl gar zu übel in den Ohren. Das „u" rückte die Phonetik wieder zurecht und fortan klang die Aussprache seines Namens „von Guericke" im Deutschen wie im Französischen gleich.

Die Steine auf Nachbars Insel

Wer einmal steinreich sein will, der muss dorthin gehen, wo das Geld auf der Straße liegt. So viel Kalauer muss erlaubt sein, wenn die Sprache auf den Archipel Yap kommt. Die Inselgruppe in der Südsee, deren gleichnamige Hauptinsel mit 18 Kilometern Länge und maximal drei Kilometern Breite das größte der Eilande ist, wartet nämlich mit einer gewichtigen Besonderheit auf: einer Art Steingeld, das nur dort zu finden ist.

Die sogenannten Rai sehen in der Regel aus wie Mühlsteine, besitzen einen mehr oder weniger runden Umriss und in der Mitte ein Loch, durch das für den Transport entweder eine Kokos-Schnur oder ein Kokos-Seil geführt wird oder sogar eine hölzerne Achse – je nach Größe der Steinplatte. Der Durchmesser der Steinräder reicht von 3,5 Zentimetern bis 3,6 Metern und sie können bis zu einen halben Meter dick sein. Die schwersten unter ihnen wiegen bis zu vier Tonnen. Verständlich, dass man solche Brocken nicht in der Hosentasche herumträgt, ja noch nicht einmal zuhause aufbewahrt. So stehen denn überall auf den vier großen Inseln des Archipels die Rai herum und künden von Reichtum und Wohlstand ihrer Besitzer.

Wann genau Yap besiedelt wurde, wird noch erforscht, aber der erste Fuß eines Menschen betrat die Insel sicher weit vor unserer Zeitrechnung. Wie überall in Mikronesien, jenem über Tausende Quadratkilometer verstreuten Inselgebiet im westlichen Pazifischen Ozean, entwickelte sich auf Yap eine spezifische Kultur, angepasst an die Bedingungen vor Ort.

Nun hatte es eine Laune der Natur, namentlich der Geologie, gewollt, dass Yap zwar vulkanischen Ursprungs war, die ersten Siedler dort aber vornehmlich Grünschiefer und Amphibolit fanden. Das wiederum machte andersartiges Gestein attraktiv, vor allem jenes, das, anders als die auf Yap vorhandenen Gesteine, schön glitzerte. Dies bot die etwa 450 Kilometer südwestlich von Yap gelegene Inselgruppe von Palau. Dort gab es Calcit, das im Wesentlichen aus Calciumcarbonat besteht, also schnödem Kalk.

Oft strebt der Mensch nach genau jenem, das er nicht besitzt beziehungsweise das nicht leicht in seinen Besitz zu bringen ist – so auch die Bewohner von Yap.

Es ist nicht exakt überliefert, wann zum ersten Mal ein Boot von Yap nach Palau fuhr, es ist aber sicher mehrere Jahrhunderte her. Auf Palau schürften sie dann die Rai aus dem Calcitgestein. Es muss eine unglaublich mühsame Arbeit gewesen sein, denn als Werkzeug benutzten sie Muschelschalen und Steinwerkzeuge. Auf der Passage nach und von Palau drohten außerdem zahlreiche Beschwernisse und Gefahren, von Haifischattacken bis hin zu tropischen

Wirbelstürmen. Aber genau das machte die Rai so wertvoll. So bestimmten nicht alleine Größe und Gewicht den Wert der Steintaler, sondern vor allem, wie groß Plackerei und Opfer für ihre Gewinnung gewesen waren. Es mag sich makaber ausnehmen, aber wenn bei der Herstellung oder beim Transport sogar einer oder mehrere Menschen ums Leben gekommen waren, dann war ein Rai besonders viel wert.

Unter Anthropologen, Historikern und Wirtschaftswissenschaftlern hält übrigens die Diskussion darum an, ob es sich bei den Rai überhaupt um eine Art von Geld handelt oder nicht, schließlich sind viele der bis zu 6500 erhaltenen Steinräder nicht transportabel und wurden gar nicht für den Alltagshandel genutzt. Dafür dienten auf Yap wie auf vielen anderen Südseeinseln geflochtene Matten, Körbe voller Lebensmittel oder Perlen. Die Rai besaßen dagegen eher eine Art symbolischen Wert, beispielsweise wenn eine Familie in dem Revier eines anderen Inselbewohners fischen wollte. Dann wanderte ein entsprechend wertvoller Rai in den Besitz des Fischereirechteinhabers.

Ursprünglich hatten Stammeshäuptlinge die Aufsicht über die Rai-Produktion. Wer nach Palau fahren wollte, um dort entsprechendes Steingeld zu schürfen, benötigte ihre Erlaubnis. Von den nach Yap transportierten Rai erhielten die Häuptlinge dann alle großen und bis zu zwei Fünftel der kleinen. Die Oberhäupter fungierten also als eine Art Zentralbank und achteten darauf, dass keine Geldschwemme über ihre Insel schwappte.

Trotz des anhaltenden Streits darüber, ob Rai nun als Geld anzusehen sind oder nicht, verdeutlicht diese Art der Währung eine wesentliche Eigenschaft von Geld: Es hat immer nur den Wert, den Menschen ihm beimessen. So berichtete der amerikanische Ethnologe William Henry Furness, der Anfang des 20. Jahrhunderts die Insel erkundete, von einer glaubhaften Erzählung eines Einheimischen: Vor mehreren Generationen sei demnach der Transport eines großen Rai knapp vor Yap an einem Sturm gescheitert. Das Floß, auf dem sich der Steintaler befand, sank und wurde nie wiedergesehen. Die Expeditionsmitglieder aber, die ihr Leben retten konnten, bestätigten die Größe und Pracht des Rai. Also galten der Rai und damit sein großer Wert als Tatsache und niemand auf der Insel zweifelte das an. Bis ins 20. Jahrhundert hinein galt die Familie, der er gehörte, als äußerst wohlhabend.

Im 19. Jahrhundert bedrohte ein Europäer allerdings diesen Wohlstand. 1871 landete der irisch-amerikanische Seefahrer David Dean O'Keefe auf Yap. Ursprünglich war er gekommen, um mit dem Handel von Kokosprodukten sein Glück zu machen, doch schnell witterte er die Chance, die ihm die Rai-Kultur bot. Er besorgte sich Werkzeuge, mit denen sich die Steinwährung viel leichter als mit Muschelschalen oder Steinmeißeln aus dem Fels von Palau gewinnen ließ, und flutete die Inseln des Yap-Archipels mit seinem Geld. Für ihn persönlich ging der Plan auf, denn er wurde reich, da er für sein Steingeld Kopra, das begehrte Fleisch von Kokosnüssen, eintauschte.

O'Keefes Geldschwemme trug sicher dazu bei, dass der Wert der Rai nicht mehr derselbe blieb und zusehends an Bedeutung verlor. So stieg die Zahl der Rai von 1840 von sehr selten auf mehr als 13 000 Steinmünzen im Jahr 1929. Zeitweise bildete sich eine regelrechte Rai-Industrie aus. So beobachtete der polnischstämmige Ethnograph und Biologe Johann Stanislaus Kubary 1882 etwa 400 Männer von Yap auf Palau, die Rai produzierten. Das entsprach zehn Prozent der erwachsenen männlichen Bevölkerung.

Die Einwohner von Yap trotzten der Inflation allerdings, indem sie den alten Rai einen deutlich höheren Wert beimaßen als den neuen aus der Massenproduktion. Trotzdem ließ sich ein schleichender Werteverfall des Steingeldes nicht völlig verhindern. Immerhin schätzten die Insulaner ihre Währung noch so hoch ein, dass die deutschen Kolonialherren, die 1899 Yap und die restlichen Südseekolonien Spaniens für knapp 16,6 Millionen Mark kauften, auf die Idee verfielen, die Rai als ihr Eigentum zu deklarieren und so die Einheimischen zu zwingen, ihre Arbeitskraft für den Straßenbau zur Verfügung zu stellen, wenn sie ihre Rai wiederhaben wollten.

Nach dem Ersten Weltkrieg, der das Deutsche Reich unter anderem alle Kolonien kostete, wurden die Inseln unter japanische Verwaltung gestellt. Die neuen Herren sahen in den Rai lediglich einen willkommenen Rohstoff für den Straßen- und Festungsbau und dezimierten die Menge der Steinmünzen damit erheblich. Nach dem Zweiten Weltkrieg gerieten die Yap-Inseln unter amerikanische Verwaltung. 1986 schlossen die Insulaner ein Assoziationsabkommen mit den USA und seitdem gilt der Dollar als Alltagswährung.

Trotz all dieser Wirrnisse allein im 20. Jahrhundert haben die Rai zumindest ihren rituellen Wert behalten. Es steht unter strenger Strafe, sich auf die Steinplatten zu setzen, sie umzuwerfen oder anderweitig zu entehren. Einen Diebstahl der herumstehenden Schätze muss dagegen niemand befürchten. Das verhindert die Ehrfurcht der Bewohner vor ihrer Tradition und die Sperrigkeit des gewichtigen, opulenten Geldes.

Heiße Luft erobert den Himmel

Am 4. Juni 1783 spielte sich Erstaunliches in dem französischen Provinzstädtchen Annonay ab, etwa 70 Kilometer südlich von Lyon. Zwei Brüder hatten angekündigt, sie würden nichts Geringeres wagen als den Himmel für den Menschen zu erobern. So kühn dieses Vorhaben auch erscheinen mochte, die beiden wussten, dass es gelingen würde, denn bereits im Jahr zuvor hatten Joseph Michel Montgolfier und sein fünf Jahre jüngerer Bruder Jacques Étienne Montgolfier bewiesen, dass es möglich war.

Schon länger hatten sich die beiden mit der Idee beschäftigt, mit einer technischen Apparatur in die Luft zu gehen. Technisch und mathematisch begabt, suchten sie nach einer Lösung für dieses Problem. Als Söhne eines angesehenen Papierfabrikanten hatten sie direkten Zugang zu dem benötigten leichten Ausgangsmaterial. Und in einer Gegend am Rande der Alpenausläufer lebend, blickten sie wohl mehr als einmal auf die Wolken, die an den Berghängen rund um ihre Heimatstadt aufstiegen. „Sobald ihnen die Möglichkeit einleuchtete, dass von Menschenhänden künstlich gebildete Wolken, als Nachahmung der natürlichen Wolken, bis zu den höchsten Gebieten der Erdatmosphäre sich würden erheben können, standen auch Bilder und Formen solcher künstlichen Wolken vor ihrer Seele, und sie schritten zur Ausführung." So beschreibt der Freiherr Ferdinand von Biedenfeld einen der Heureka-Momente der Brüder in seinem Buch *Die Luftballone und das Reisen durch die Luft* von 1851. „Zuerst schlossen sie, zu möglichst genauer Herstellung aller von der Natur festgesetzten Bedingungen, Wasserdunst in eine zugleich leichte und widerstehende Hülle ein", fährt der Freiherr fort, und fasst damit beinahe lapidar zusammen, was zu Zeiten der Brüder Montgolfier ein kühnes Unterfangen war: die Konstruktion eines Heißluftballons.

Tatsächlich erhob sich das Gebilde, das Jacques Étienne und Joseph Michel gebaut hatten, in die Luft, sank aber bald darauf wieder zu Boden, weil sich der Wasserdampf in der Leinwandhülle, die die Brüder verwendet hatten, schnell abkühlte und zu Wasser kondensierte. Anschließende Experimente mit Rauch von brennendem Holz verliefen vielversprechender, aber auch dabei hielt die Schwebephase nur kurz an.

Doch dann bekam Étienne die Schriften des englischen Priesters und Naturforschers Joseph Priestley in die Finger, die sich mit Luft und Gasen beschäftigten, und es war klar: „… zur Erhebung in die Atmosphäre genügte die Einschließung eines Gases, welches leichter ist als die Luft, in einer Hülle von geringem Gewicht", wie von Biedenfeld schreibt.

Erste Versuche, Wasserstoff in einer Papierhülle einzuschließen und sie so zum Schweben zu bringen, scheiterten, denn das Gas diffundierte durch das Papier. Schließlich verbrannten die Brüder Stroh und gehackte Wolle und fingen den aufsteigenden Qualm in einer Hülle aus Leinen und Papier auf. Das klappte hervorragend und der Prototyp eines Heißluftballons stieg auf.

Man kann sich vorstellen, wie euphorisierend dieser Anblick auf die beiden gewirkt haben muss. Die Schiffbarmachung der Luft war greifbar, selbst wenn sich die beiden in einem Punkt irrten. Sie glaubten nämlich, dass es der Qualm mit seinen besonderen Eigenschaften wäre, der die Hülle fliegen ließ, und nicht prinzipiell die wärmere Luft.

Doch solche Irrtümer sind der Natur selbstverständlich gleichgültig. Sie hält sich an ihre Gesetze, von denen eines den statischen Auftrieb definiert, nach dem auf ein weniger dichtes Objekt in einem Medium von höherer Dichte eine Kraft entgegen der Schwerkraft wirkt. Mit anderen Worten: Das weniger dichte Objekt erfährt Auftrieb, zum Beispiel ein Gebilde in der Atmosphäre, das mit warmer und deshalb weniger dichter Luft gefüllt ist.

So ließ die Natur die Brüder Montgolfier auch nicht im Stich, als sie an jenem 4. Juni 1783 ihre Vorführung präsentierten. Dabei begann der Tag denkbar schlecht, denn es regnete. Das schien alles zu verderben. Trotz des schlechten Wetters fanden sich zahlreiche Zuschauer auf dem Place de Cordeliers in Annonay ein, darunter auch Vertreter der Stände der damaligen Provinz Vivarais, in der Annonay lag. Auf der von Häuserfronten umrahmten Fläche konnte man Eigentümliches beobachten. Dort stand ein Gerüst mit einer Plattform und zwei langen Holzmasten, an deren oberen Enden je eine Rolle angebracht war. Über diese Rollen lief jeweils ein Seil. Die Seile wiederum waren an einer Art Plane befestigt, die über die Plattform ausgebreitet war.

Um die Mittagszeit gaben die beiden Brüder das Kommando und vier kräftige Männer zogen an den Seilen. Die Plane hob sich und hing zwischen den beiden Masten wie ein schlaffer Sack. Die Zuschauer erkannten nun, dass es sich tatsächlich um eine Art Sack handeln musste, denn er war nach unten geöffnet. Was sie nicht sehen konnten: Der Leinensack, der ein Volumen von etwa 700 Kubikmetern hatte und 250 Kilogramm wog, bestand aus mehreren Bahnen leichten Leinenstoffs, die mit Knopfreihen aneinandergeheftet waren. Die Innenseite der Hülle dichteten drei Lagen dünnes Papier ab.

Nun war alles bereit für den letzten Schritt. Die Montgolfiers schoben einen großen, eisernen Korb mit Stroh und Wolle unter die hochgezogene Plane und entzündeten ein Feuer. Dichter Qualm stieg von der Feuerstelle auf und fing sich in dem darüber befindlichen Sack. Mehr und mehr Rauch und vor allem heiß Luft fingen sich in dem Gebilde und blähten es zusehends auf, bis sich schließlich ein prall gefüllter Ballon über der Plattform erhob.

Die vier Männer, die an den Halteseilen postiert waren, gaben ihr Bestes, um dieses technische Monstrum zu bändigen. Noch ein wenig mussten sie ausharren, denn die Brüder Montgolfier entschlossen sich kurzerhand, den eisernen Korb mit dem Brenngut an der Plane zu befestigen, damit das Feuer die Kühlung durch den andauernden Regen ausgleichen konnte. Dann ging es endlich los. Die Montgolfiers gaben den Befehl zum Loslassen des Ballons und, siehe da, er erhob sich in die Lüfte.

Das Publikum traute kaum seinen Augen. Bis in eine Höhe von 1,5 Kilometern stieg das Luftgefährt nahezu senkrecht auf, dann wurde es offensichtlich von einer Luftströmung erfasst und trieb langsam Richtung Osten davon. Beinahe zehn Minuten konnte es sich in der Schwebe halten und flog 2,5 Kilometer weit, ehe es auf der Steinmauer eines Weinberges landete. Aus dem Feuerkorb stoben Funken und glühende Kohlen heraus. Sie entzündeten den Ballon, der, von schockierten Augenzeugen beobachtet, in Flammen aufging und vollständig verbrannte. Die erste bekannte Fahrt eines Ballons war beendet.

Schnell verbreitete sich die Nachricht von dem wundersamen Ereignis und die Ständevertreter, die Augenzeugen des erstaunlichen Vorgangs gewesen waren, berichteten sofort an die Akademie der Wissenschaften in Paris. In der Hauptstadt ging die Botschaft vom ersten Fluggerät der Menschheit herum wie ein Lauffeuer.

Auch der Vulkanologe Barthélémy Faujas de Saint-Fond erfuhr davon und startete umgehend eine Sammlung, um ebenfalls einen Ballon zu finanzieren. Schnell hatte er die nötigen Mittel beisammen und beauftragte den Erfinder Jacques Alexandre César Charles sowie die Brüder Anne-Jean Robert und Marie-Noël Robert mit der Herstellung eines Ballons. Dessen Hülle aus gummiertem Seidentaft sollte, anders als bei den Brüdern Montgolfier, mit Wasserstoff gefüllt werden.

Bereits am 27. August 1783, also keine drei Monat nach der Demonstration der Brüder Montgolfier in Annonay, war es so weit und vom Marsfeld in Paris, wo sich heute der Eiffelturm erhebt, stieg ein Ballon mit etwa vier Metern Durchmesser gen Himmel. 45 Minuten flog das Gefährt, dann war zu viel Gas durch seine Hülle entwichen. Seinen Sinkflug beendete der Ballon mitten in einer Gruppe Bauern aus dem Ort Gonesse, etwa 20 Kilometer nördlich von Paris. Die Getroffenen waren zunächst perplex und dann wütend, denn sie fürchteten, irgendeine merkwürdige Kreatur habe sie angefallen. Mit Heugabeln, Dreschflegeln und Büchsen bewaffnet gingen sie auf das Untier los und

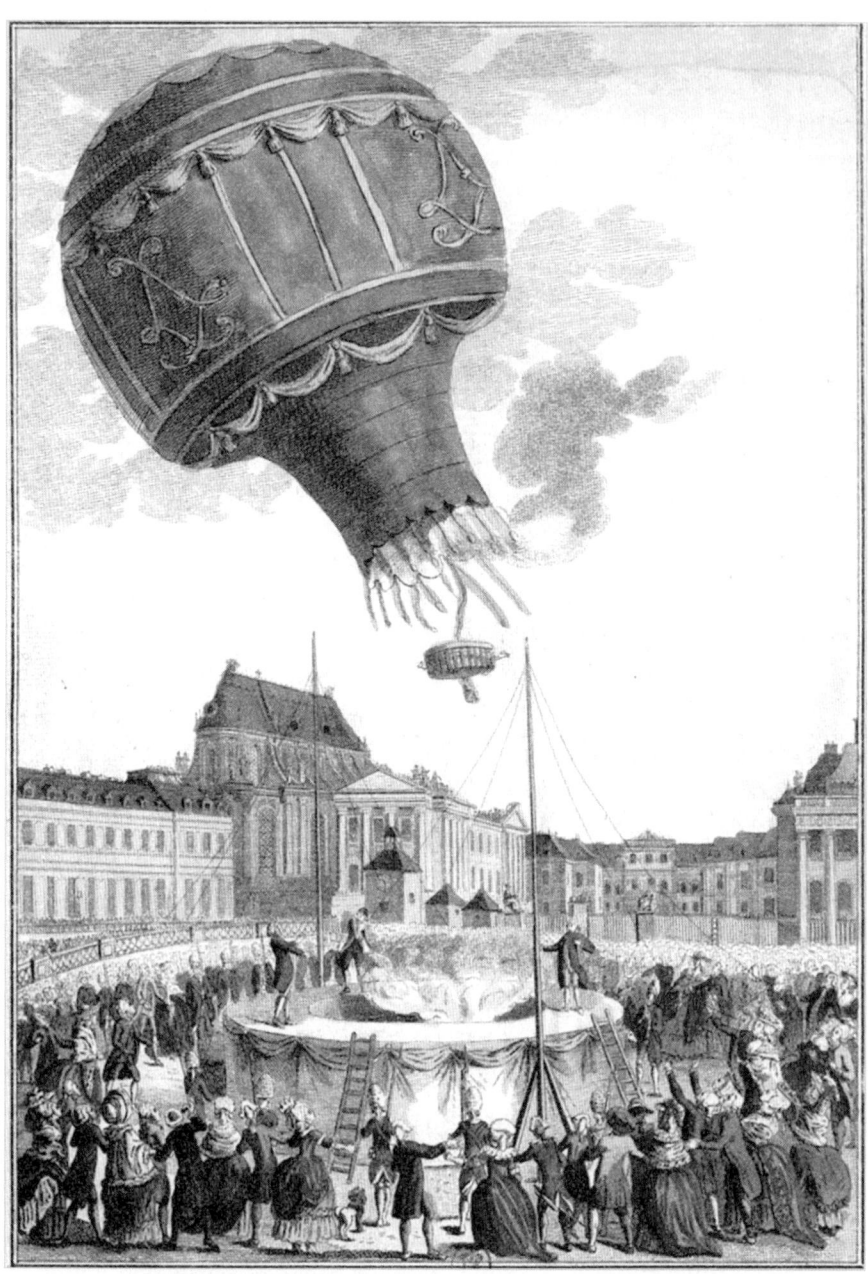

○ Start einer Montgolfière am 19. September 1783 in Versailles

hieben es in Stücke. Der kuriose Vorfall veranlasste die französische Regierung dazu, während der letzten Monate des Jahres 1783 im ganzen Land bekanntzumachen, dass Ballone völlig harmlos seien.

Ungeachtet dieser Ereignisse planten die Brüder Montgolfier Großes; die Akademie der Wissenschaften hatte sie aufgefordert, einen neuen Ballon herzustellen und ihre Flugkünste in Paris vorzuführen. Sogar der König wolle sich das Spektakel ansehen. Die Vorführung wurde auf den 19. September angesetzt.

Aber schon wieder schien sich der Himmel gegen die Eroberung durch den Menschen wehren zu wollen, denn während einiger Tests am 12. September machte ein heftiger Regenguss den fertigen Ballon unbrauchbar. Tag und Nacht arbeiteten die Montgolfiers und ihre Helfer nun daran, ein weiteres Fluggerät aus gewachstem Seidentaft rechtzeitig fertigzustellen. Es gelang.

Wie geplant bestaunte eine große Menschenmenge, allen voran seine Majestät Ludwig XVI., im Schlosspark von Versailles, wie sich das Gefährt in die Lüfte erhob. Doch diesmal hatten sich die Montgolfiers noch etwas Besonderes einfallen lassen. Nicht nur, dass die Ballonhülle blau angemalt und mit den Initialen des Königs verziert war, sie hatten unter dem Ballon auch noch einen Weidenkorb anbringen lassen. Darin befanden sich die ersten Aeronauten der Geschichte: eine Ente, ein Schaf und ein Hahn.

Zehn Minuten dauerte auch diese Fahrt, an deren Ende der Ballon drei Kilometer nördlich von Versailles im Wald von Vaucresson landete. Die drei Passagiere waren wohlbehalten zur Erde zurückgekehrt.

Einer der ersten, die am Landeplatz eintrafen, war der Physiker und Museumsdirektor Pilâtre de Rozier. Seine Begeisterung kannte keine Grenzen und so gelang es ihm bald, die Erlaubnis des Königs zu erhalten, der erste „Flieger" zu werden. Bereits am 15. Oktober erhob er sich mit einer Montgolfière, wie die Heißluftballone nun genannt wurden, in die Luft und schwebte 26 Meter über der Erde. Noch hing der Ballon an einem Seil fest, ebenso wie am 17. und am 19. Oktober. Doch am 21. November desselben Jahres stieg de Rozier gemeinsam mit dem abenteuerlustigen Adeligen François d'Arlandes zum ersten Freiflug der Geschichte auf. Ihre Luftfahrt dauerte 25 Minuten und ging vom Startpunkt im Garten des Schlosses La Muette etwa zehn Kilometer nach Südosten über die Seine hinweg bis zu einem Hügel namens Butte aux Cailles.

Eine Laune des Schicksals oder der eigene Übermut wollten es, dass de Rozier nicht nur der erste Luftfahrer der Geschichte war, sondern auch das erste Opfer der Luftfahrt wurde. Zwar überlebte er seinen ersten Flug und einige weitere unbeschadet, doch am 15. Juni 1785 startete er gemeinsam mit Pierre Romain von Boulogne-sur-Mer in einem eigens konstruierten Ballon, der sowohl von Heißluft als auch von Wasserstoff getragen wurde, um den

Ärmelkanal zu überqueren und nach England zu fliegen. Mitten über dem Meer entzündete sich der Wasserstoff, die beiden Wagemutigen stürzten in die Fluten und kamen um.

Die Brüder Montgolfier genossen dagegen ihren Ruhm und die Ehrungen durch die französische Akademie der Wissenschaften. Statt selbst in die Luft zu gehen, widmeten sie sich lieber dem Abenteuer, Neues zu entdecken, und machten noch einige Erfindungen, zum Beispiel eine besondere Pumpe, den sogenannten hydraulischen Widder, oder ein Verfahren zur Herstellung von Transparentpapier.

Obschon ihre Erfindung „nur" auf heißer Luft beruht, wird der Name der beiden Brüder aber vor allem wegen ihrer technischen Schöpfung überdauern, die am 4. Juni 1783 erstmals vor Publikum den Himmel eroberte.

Als ein Virus Napoleon besiegte

Das hatte sich der kleine Korse anders vorgestellt. 1801 war Napoleon Bonaparte Erster Konsul Frankreichs und hatte bereits erfolgreiche Feldzüge hinter sich. Der tobende zweite Koalitionskrieg gegen Russland, Österreich und Großbritannien verlief nach dem französischen Sieg in der Schlacht bei Marengo aussichtsreich. Mit Österreich war bereits ein Separatfrieden geschlossen, im Herbst und dem folgenden Frühjahr sollten entsprechende Abkommen mit Russland und Großbritannien folgen. Da konnte es doch nicht angehen, dass sich ein 1791 ausgebrochener Sklavenaufstand in der Kolonie Saint-Domingue im Westen der karibischen Insel Hispaniola nicht endgültig niederschlagen lassen sollte!

Als 1789 die französische Revolution aufflammte, war die Idee von „Freiheit, Gleichheit, Brüderlichkeit" bis in die Karibik vorgedrungen, wo Abertausende Sklaven auf den Zuckerrohrplantagen schufteten. Wieso, fragten sich die Geknechteten, die meist verschleppte Afrikaner waren, sollte das nicht auch für sie gelten? Wieso sollten sie sich dem 1685 von Ludwig XIV. erlassenen Code Noir unterwerfen, einem Dekret, welches das Unrecht der Sklaverei zementierte und minutiös regelte, während andernorts von Menschenrechten gesprochen wurde? Wieso sollten sie die unmenschlichen Lebensbedingungen weiter ertragen, die doch nur dazu führten, dass die Hälfte aller nach Saint-Domingue entführten und versklavten Afrikaner bereits nach wenigen Jahren starb?

Die Antwort lag auf der Hand, zumal etwa 90 Prozent der rund 600 000 Einwohner von Saint-Domingue Sklaven waren. Schon bald brachen Aufstände aus, die in einen Bürgerkrieg mündeten. Unter ihrem Anführer François-Dominique Toussaint Louverture trugen die Sklaven im Jahr 1793 schließlich den Sieg davon. Im Februar 1794 erließ der französische Nationalkonvent sogar ein Dekret, das den Code Noir und damit die Sklaverei in allen französischen Kolonien abschaffen sollte. Für die Aufständischen von Saint-Domingue bedeutete das aber lediglich die nachträgliche Legitimierung ihrer selbst erkämpften Freiheit. 1801 gaben sie sich eine eigene Verfassung und Toussaint Louverture erklärte sich zum Gouverneur auf Lebenszeit.

Doch die ehemaligen Sklaven hatten nicht mit dem Machthunger Napoleons gerechnet. So schnell würde sich der künftige Kaiser der Franzosen die „Perle der Antillen" nicht entreißen lassen. Der Erste Konsul wählte sein bevorzugtes Mittel der Problemlösung: Krieg. Im Winter 1801/02 schickte er mehr als 30 000 Soldaten unter der Führung seines Schwagers Charles Victoire Emmanuel Leclerc in die Karibik. Die Truppe sollte die Kolonie erneut besetzen, schließlich war sie die reichste Überseebesitzung Frankreichs und bestritt vor allem durch die Produktion von Zucker zeitweise ein Drittel des gesamten französischen Außenhandels.

Im Februar 1802 begann das Expeditionsheer mit der Rückeroberung und schloss den von beiden Seiten brutal geführten Feldzug innerhalb von drei Monaten ab. Toussaint Louverture wurde mit falschen Versprechungen in eine Falle gelockt, gefangen und nach Frankreich deportiert, wo er 1804 in Gefangenschaft starb.

Doch der vermeintliche Triumph der Franzosen sollte nicht lange anhalten, denn nun trafen sie auf einen Feind, mit dem sie nicht gerechnet hatten und gegen den sie machtlos waren: Im Frühjahr 1802 breitete sich das gefürchtete Gelbfieber unter den französischen Soldaten aus. Der tückischen Krankheit hatten vor allem Europäer kaum etwas entgegenzusetzen, da weder sie noch ihre Vorfahren in der Heimat damit in Berührung gekommen waren. Die aus Afrika stammenden Sklaven wiesen immerhin eine gewisse Immunität dagegen auf.

Diese verheerende Epidemie war nur das letzte Glied einer 1492 beginnenden Entwicklung. In diesem Jahr hatte Christoph Columbus Hispaniola für die Europäer entdeckt und ein Jahr später, während seiner zweiten Reise, hatte er bereits das aus Asien stammende Zuckerrohr mit auf die Insel gebracht. Schnell erkannten die Kolonialherren, dass die Karibik ein idealer Standort für den Zuckerrohranbau und die Gewinnung des begehrten Zuckers war. Ab dem 16. Jahrhundert entwickelten sich die dortigen Inseln zum weltweit führenden Produktionszentrum des „Weißen Goldes". Und so häuften Plantagenbesitzer, die sogenannten Zuckerbarone, ab dem 16. Jahrhundert damit märchenhafte Vermögen an.

Doch das Anlegen und der Betrieb der Pflanzungen waren arbeitsintensiv. Vor Ort oder vom nahegelegenen nordamerikanischen Festland waren die nötigen Arbeitskräfte aber nicht zu beschaffen. Also begann der Menschenraub in Afrika, über den sich die Europäer mit Sklaven versorgten. Allein für die Kolonie Saint-Domingue wurden bis 1776 etwa 800 000 Menschen verschleppt.

Ohne es zu ahnen, importierten die Sklavenhalter mit den Unterdrückten auch gleich deren Rächer in die Kolonien. Zumindest im Blut einiger Sklaven lauerten die Krankheitserreger tückischer tropischer Krankheiten wie Malaria und Gelbfieber. Im vorkolumbianischen Amerika waren diese Plagen unbekannt. An Bord der Sklavenschiffe segelten aber nicht nur infizierte Menschen über den Atlantik, sondern zugleich noch die notwendigen Überträger der

Krankheiten: Stechmücken und deren Larven. In ihrer neuen, amerikanischen Heimat fanden sie ebenso gute Lebensbedingungen wie in Afrika. 1647 und 1648 wütete denn auch die erste Gelbfieberepidemie in der Karibik, zunächst auf den „Inseln über dem Winde" und dann auf Guadeloupe.

Woher das tückische Fieber stammte, was es auslöste und wie es übertragen wurde, blieb jahrhundertelang ein Rätsel. Erst der amerikanische Militärarzt James Carroll sollte es im Jahr 1900 mit einem Selbstversuch zweifelsfrei lösen. Er ließ sich von einem Moskito stechen, der Tage zuvor Blut von mehreren Gelbfieberpatienten genossen hatte. Wenig später erkrankte auch Carroll an dem Fieber, überlebte es aber.

Davon konnten die Franzosen im 19. Jahrhundert selbstverständlich nichts wissen, und so erlagen sie hilflos der Seuche. 15 000 Soldaten starben innerhalb weniger Monate an Gelbfieber, darunter Napoleons Schwager. Zudem brachen erneut Aufstände in Saint-Domingue aus, vor allem nachdem bekannt geworden war, dass Napoleon das Dekret widerrufen hatte, das den Code Noir abschaffen sollte.

Unter ihrem neuen Anführer Jean-Jacques Dessalines errangen die Aufständischen im November 1803 schließlich in der Schlacht von Vertières endgültig den Sieg und vertrieben ihre Unterdrücker von der Insel. Am 1. Januar 1804 erklärte sich Saint-Domingue für unabhängig und nannte sich fortan Haiti. Dass ihre Revolution der erfolgreichste Sklavenaufstand der Geschichte werden konnte, verdanken die Haitianer zu einem großen Teil dem Gelbfiebervirus, das ihre Gegner entscheidend schwächte.

Für Napoleon hatte die Epidemie weitreichende Folgen. Bereits 1802 war abzusehen, dass er den Kampf um Saint-Domingue verlieren würde und dass die französischen Kolonien auf dem nordamerikanischen Festland kaum oder nur schwer zu halten sein würden. Einerseits waren die entsandten Truppen durch das Gelbfieber dezimiert und geschwächt, andererseits brach der Krieg mit Großbritannien wieder aus und ließ es nicht ratsam erscheinen, weitere Soldaten nach Übersee zu schicken.

Bereits im April 1803 verkaufte Bonaparte deshalb ein riesiges Gebiet im Südosten der heutigen USA. Mit dem sogenannten Louisiana Purchase wechselten auf einen Schlag mehr als zwei Millionen Quadratkilometer Land den Besitzer und gingen an die gerade gegründeten Vereinigten Staaten von Amerika. Für vergleichsweise günstige 15 Millionen Dollar verdoppelten die USA damit ihr Territorium.

Das Gelbfieber drangsaliert die Bevölkerung auf dem amerikanischen Kontinent bis heute. Bis Ende des 19. Jahrhunderts kam es immer wieder zu verheerenden Epidemien, zum Beispiel 1878, als entlang des Mississippi etwa 20 000 Menschen der Seuche zum Opfer fielen.

Die Krankheit vereitelte sogar den ersten Versuch, den Panama-Kanal zu bauen, und traf dabei wieder einen Franzosen. Ferdinand de Lesseps, der bereits erfolgreich den Suez-Kanal errichtet hatte, schickte sich ab 1881 an, die Landenge zwischen Nord- und Südamerika zu durchstoßen. Allerdings führte die geplante Route des Kanals durch Gelbfiebergebiet. Die Krankheit raffte zahlreiche Arbeiter dahin und es wurde für die Baugesellschaft immer schwieriger, geeignetes Personal zu finden. Schließlich, im Jahr 1894, gaben die Franzosen auf. Erst von 1904 bis 1914 gelang das Vorhaben, diesmal aber unter der Regie der USA. Die aufstrebende neue Weltmacht war offensichtlich auch nicht durch das Gelbfiebervirus zu stoppen.

Die Entwicklung von Haiti verlief dagegen weniger erfolgreich. Bis heute zählt das Land zu den ärmsten der Welt und wird zu allem Übel immer wieder von Naturkatastrophen wie Erdbeben oder Hurrikanen heimgesucht. Wenigstens das Gelbfieber ist mittlerweile aus dem Inselstaat verschwunden. Reisende müssen dort nur noch die Malaria fürchten.

Als die Welt ins Rollen kam

Die Revolution kam mit 12,8 Kilometern pro Stunde ins Rollen. Es war der 12. Juni 1817. Europa hatte wieder einmal eine Phase schwerer Kriege gesehen. Doch nun war der französische Kaiser Napoleon Bonaparte endgültig vertrieben und der Wiener Kongress hatte die zwischenstaatlichen Verhältnisse geregelt. Es herrschte Frieden, und wenn es nach dem Willen der meisten Menschen ging, dann sollte das auch so bleiben. Das sahen die Bewohner im beschaulichen badischen Mannheim ebenso. Doch was ihnen an diesem Tag unter die Augen kam, wirkte beunruhigend.

Vor ihnen rumpelte ein merkwürdiges Gefährt über Straßen und Wege. Es war ein gewisser Freiherr Karl Drais von Sauerbronn, der damit den Weg von seinem Mannheimer Wohnhaus bis zum Schwetzinger Relaishaus im heutigen Stadtteil Rheinau und wieder zurück hinter sich brachte. Er saß dabei auf einem Laufrad, das er selbst konstruiert und gebaut hatte.

Laufräder hatte es schon zuvor gegeben, aber dieses war ein besonderes Exemplar und sollte später einmal den Namen seines Schöpfers tragen: Draisine. Nicht zu verwechseln mit dem gleichnamigen Schienengefährt, mit dem man sich per Muskelkraft auf Eisenbahnschienen fortbewegt, und das ebenfalls jener Karl Drais 1842 erfand. 1817 beschäftigte den Mannheimer jedoch ein anderes Mobilitätsproblem. Er wollte dafür sorgen, dass eine einzelne Person schneller von A nach B kam – und damit sicher auch gute Geschäfte machen.

Der findige Kopf des Freiherrn hatte schon so manche Innovation erdacht, zum Beispiel den „Wagen ohne Pferde", der mit einer Kurbel angetrieben wurde und den er 1813 sowohl dem badischen Großherzog Karl Friedrich als auch dem russischen Zaren Alexander mit großem Erfolg vorgeführt hatte. Nun also ein Laufrad. Dieses rollte auf zwei gleich großen Rädern, deren Achsen in Messingbüchsen lagerten. Dazwischen war ein Sitz angebracht. An seinem vorderen Ende besaß das Gefährt einen Lenker, mit dem man die Richtung ändern konnte. Das Fortkommen musste der Fahrer selbst erledigen, indem er eine Laufbewegung ausführte und sich jeweils mit den Füßen nach vorne stieß. Gebremst wurde mit einer Klotzbremse am Hinterrad, die sich über ein Seil betätigen ließ, allerdings mit so geringer Wirkung, dass üblicherweise die Füße des Fahrers mithelfen mussten, das Gefährt zum Stillstand zu bringen.

Auch wenn uns die Draisine heutzutage altertümlich anmutet, zu ihrer Zeit war sie wohl das fortschrittlichste Gefährt für eine Person. Bis zu viermal schneller als eine gewöhnliche Postkutsche konnte man damit vorankommen, ein Vorteil, den ihr Erfinder Drais einkalkuliert hatte. Den wesentlichen

Grundgedanken zu seinem Laufrad hatte er nämlich auf dem Eis, wie er sechs Wochen nach seiner Fahrt am 12. Juni 1817 im *Badischen Wochenblatt* verriet: „Die Haupt-Idee der Erfindung ist vom Schlittschuhfahren genommen und

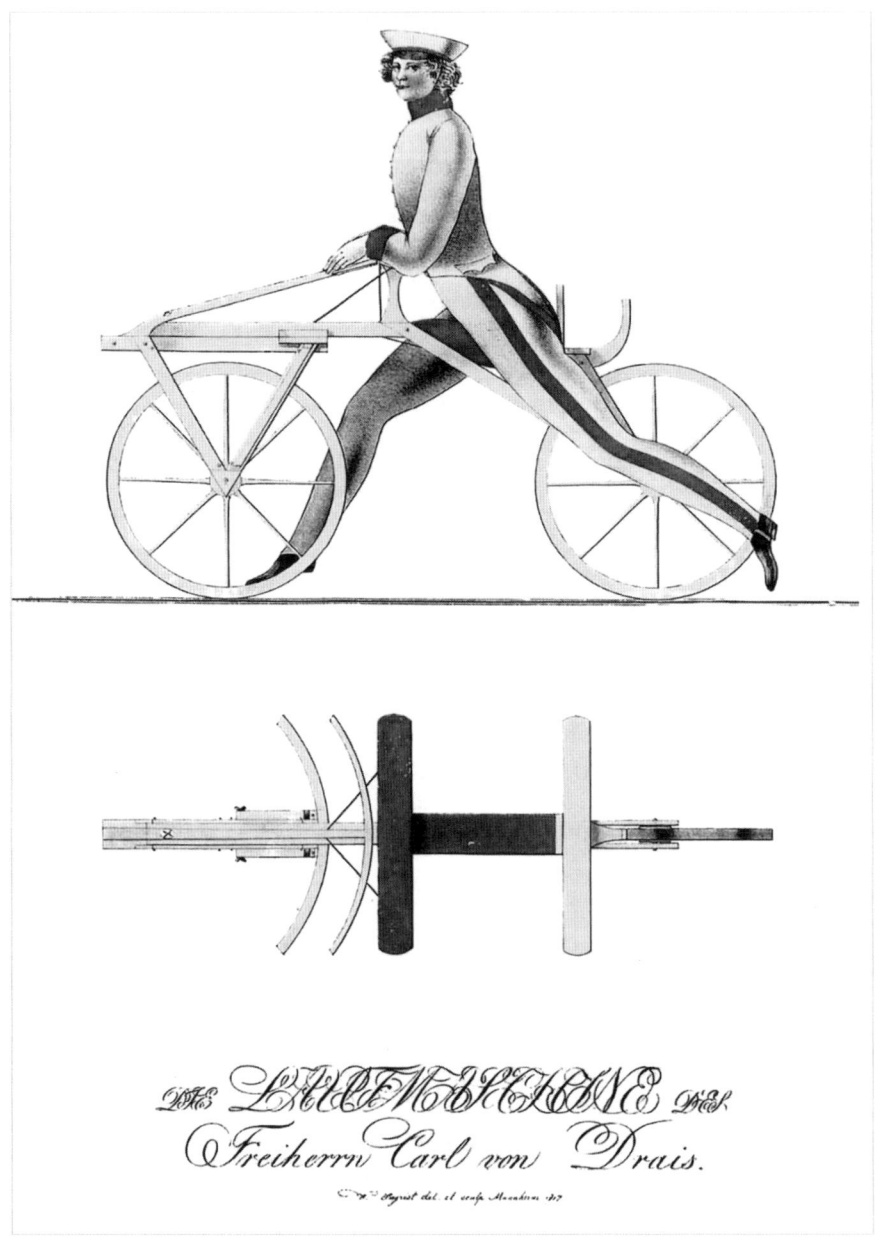

besteht in dem einfachen Gedanken, einen Sitz auf Rädern mit den Füßen auf dem Boden fortzustoßen." Drais war nämlich aufgefallen, dass er beim Schlittschuhlaufen keinen Schwung verlor, während er seine Schritte aufs Eis setzte. Einen ähnlichen Schwungerhalt wollte er auch auf blankem Boden hinbekommen. So erklärte er das Prinzip seines Laufrades in einem Prospekt von 1817: „Die Schnelligkeit der Maschine gleicht auf ebenen festen Wegen fast ganz der des Schlittschuhlaufens, indem die Grundgesetze überein kommen. So schnell man nämlich im Stande ist, den Fuß einen Augenblick hinaus zu stoßen, so schnell geht es während dem Ausruhen fort."

Von Anfang an war Drais klar, dass er sein Ziel nur mit Hilfe von Rädern erreichen würde. So erklärte er im *Badischen Wochenblatt*: „Die vorhandene Ausführung insbesondere besteht in einem Reitsitz auf nur 2 zweischühigen, hintereinanderlaufenden Rädern, um auf allen Fußwegen der Landstraßen fahren zu können, da diese den ganzen Sommer durch fast immer sehr gut sind."

Die Fußwege erwähnte Drais, weil Straßen damals nur selten gepflastert waren und sie deshalb durch tiefe Fahrspuren der Pferdefuhrwerke gezeichnet waren. Diese Rillen hätten auf eine Draisine in etwa die Wirkung heutiger Straßenbahnschienen auf Fahrräder gehabt und die Fahrer unweigerlich zu Fall gebracht. Genau das war wohl auch der Grund, weshalb bald nach der Vorstellung der Draisine 1817 Verbote ausgesprochen wurden, das Laufrad auf Gehwegen oder in Parks zu benutzen. Die Konfliktlinie dürfte dieselbe gewesen sein wie heute: Fußgänger fühlen sich durch vorbeisausende Gefährte gestört, wenn nicht gar bedroht.

Selbst wenn die Draisinen-Fahrer auf die weniger holprigen Fußwege auswichen, dürfte ihr Ausflug wesentlich unkomfortabler als mit heutigen Drahteseln gewesen sein. Schließlich fuhren die Laufräder auf Holzrädern, die mit einem Metallreifen ummantelt waren. Bis zur Erfindung des Gummireifens sollte es nämlich noch mehr als 70 Jahre dauern.

Vielleicht hat auch das dazu beigetragen, dass sich die Draisine nie dauerhaft durchsetzen konnte. Trotzdem markiert ihre Erfindung den Beginn der individuellen Mobilität und einer Entwicklungslinie, die über das Fahrrad bis zum Motorrad und Automobil führt.

Dem Freiherrn Drais hat das allerdings nichts genutzt. Die erhofften guten Geschäfte blieben aus. Zu leicht war sein Gefährt zu kopieren und nachzubauen. Da nutzte ihm auch das am 12. Januar 1818 erteilte, mit einem Patent vergleichbare Großherzogliche Privileg nichts. Deutschland bestand aus zu vielen Einzelstaaten und Drais fehlten die Mittel, um in jedem ein Patent zu erwerben beziehungsweise seine Urheberrechte durchzusetzen. Während der deutschen Revolution von 1848/49 ergriff er Partei für die Aufständischen und legte öffentlich seinen Adelstitel ab. Nach der Niederschlagung der Revolte durch preußische Truppen sah er sich Drangsalierungen durch die Staatsorgane ausgesetzt und starb schließlich 1851 verarmt. Gewürdigt wurde seine Leistung erst weit nach seinem Tod.

Und wie kommt nun die Natur ins Spiel? Mit einem lauten Knall. 1815 ereigneten sich ab dem 5. April mehrere gewaltige Explosionen am Vulkan Tambora auf der östlich von Java gelegenen Insel Sumbawa in Indonesien. Die heftigste Detonation am 10. April soll noch mehr als 2500 Kilometer entfernt auf der Insel Sumatra zu hören gewesen sein. 140 Milliarden Tonnen Gestein und anderes Material schleuderte der Feuerberg aus seinem Schlund. Bis zu 117 000 Menschenleben soll dieser schwerste historisch dokumentierte Vulkanausbruch alleine auf den indonesischen Inseln gekostet haben.

Darüber hinaus hatte die Eruption weitreichende Folgen: Sie führte zu einer klimatischen Abkühlung, vor allem auf der Nordhalbkugel der Erde. Das lag wesentlich daran, dass bei diesem wie bei anderen Vulkanausbrüchen große Mengen klimarelevanter Aerosole ausgespuckt wurden. Es folgte 1816, das „Jahr ohne Sommer", mit zahlreichen Wetterkapriolen, regional ungewöhnlich tiefen Temperaturen, heftigen Regenfällen oder sogar Schnee im Sommer. Neuesten Studien zufolge könnte sich die durchschnittliche Temperatur in Europa um ein halbes Grad Celsius abgesenkt haben, was sich als besonders schwerwiegend herausstellte, weil die Temperaturen in diesem Jahrzehnt ohnehin niedriger lagen als üblich. In Deutschland resultierte daraus, dass die Sommermonate Juni, Juli und August 1816 im Mittel etwa 1 bis 2,7 Grad kälter ausfielen als im Referenzzeitraum 1971 bis 2000. Forscher machen dafür unter anderem heftige Vulkanausbrüche bereits vor dem Tambora verantwortlich, zum Beispiel des Awu in Indonesien und des Suwanosejima in Japan.

Jedenfalls kam es in Teilen Europas zu Missernten und in deren Folge zu Hungersnöten. Die Preise für Getreide, eines der wesentlichen Grundnahrungsmittel, schossen in die Höhe. Am drastischsten fiel die Teuerung in München aus. Dort verdreifachte sich der Getreidepreis. Aber auch in Baden stieg er um das 2,5-Fache. Von den USA über Großbritannien, Frankreich, Belgien und Deutschland bis nach Polen wurde Getreide beinahe überall deutlich teurer. Der grassierende Hunger und die Krankheiten, welche die ausgezehrten, geschwächten Menschen dahinrafften, könnten mehr als 100 000 Tote gefordert haben.

Die Verbindung zwischen dem katastrophalen Ausbruch des Tambora und der Erfindung des Freiherrn von Drais ergibt sich jedenfalls genau daraus. Nicht nur die Getreideernten fielen 1816 schlecht aus, auch die Scheunen und Keller für Heu oder Kartoffeln blieben leer. Somit war die Nahrung nicht nur für Menschen knapp, sondern auch für das Vieh.

Mobilität wurde zu jener Zeit im Wesentlichen noch mit Pferden bewerkstelligt. Die naheliegende Kausalkette lautet also: Weniger Heu und Getreide bedeutete weniger Futter für Pferde, was eine Verringerung der Pferdezahl nach sich zog. Weniger Pferde bedeuteten aber weniger Mobilität. Diese Lücke, so zumindest einige Historiker, habe Karl Drais schließen wollen. Demzufolge habe der Tambora also die Erfindung der Draisine und damit der Keimzelle unserer modernen individuellen Mobilität angestoßen.

Um diese These tobt seit Jahren ein heftiger Streit, vor allem weil es keine eindeutigen Belege für sie gibt, sie mithin auch als frei erfunden bezeichnet werden kann. Unbestritten dürfte dagegen sein, dass sie die Aufmerksamkeit einer breiteren Öffentlichkeit auf Karl Drais und seine Erfindung gelenkt hat. Zumindest dergestalt hat die wilde Natur also doch die Geschichte beziehungsweise unsere Wahrnehmung von Geschichte beeinflusst.

Die Tambora-Hypothese hat sich derweil noch auf andere Art in die Historie eingeschrieben. Zum 200. Jubiläum der ersten öffentlichen Draisinenfahrt vom 12. Juni 1817 brachte das Bundesfinanzministerium eine silberne Gedenkmünze heraus. Deren Vorderseite ziert ein Schriftzug: Laufmaschine von Karl Drais. Darunter sieht man den Erfinder auf seinem Laufrad. Im Hintergrund ist außerdem eine pferdelose Kutsche und die Silhouette des ausbrechenden Tambora zu sehen.

Gleichgültig, ob nun ein Vulkanausbruch dem Vorläufer des Fahrrades zum Erfolg verhalf oder nicht, die Natur hatte noch anderweitig ihre Finger im Spiel, und zwar in Form der Schwerkraft. Sie sorgt nämlich dafür, dass eine von Drais in seine Laufmaschine eingebaute Erfindung funktioniert und das Fahren angenehm macht. Das hängt mit der angewinkelten Lenkachse zusammen, die sich bereits bei Drais' Laufrad findet. Diese Konstruktion bedingt den sogenannten Nachlauf und verschafft der Draisine unabhängig von den Balancierkünsten ihres Fahrers Stabilität.

Denkt man sich eine Gerade, die entlang der Lenkachse der Vordergabel verläuft, so durchschneidet diese den Boden, auf dem das Vorderrad steht. Dieser Schnittpunkt liegt vor dem Punkt, an dem das Vorderrad den Boden berührt. Die Strecke zwischen dem Schnittpunkt und dem Auflagepunkt des Rades ist eben jener Nachlauf. Dieser trägt über physikalische Wirkungen in

Zusammenhang mit Drehmomenten dazu bei, dass das Vorderrad eines Zweirades immer wieder in gerade Richtung gezwungen wird und sich selbst fahrerlos ausbalanciert.

Neutral aus tiefem Grund

Die Grenze verläuft bei 900 Grad Celsius. Ab dieser Temperatur verdampft das Metall Zink. Das ist vergleichsweise kühl, denn andere Metalle, die der Mensch gerne nutzt, besitzen einen weit höher angesiedelten Siedepunkt. Für Kupfer etwa beträgt er 2562 Grad Celsius, für Eisen sogar 2862 Grad Celsius.

Diese Flüchtigkeit des Zinks erschwerte für lange Zeit seine Verwendung im industriellen Großmaßstab. Zwar war bereits seit Jahrhunderten Galmei, also Zinkerze unterschiedlicher Zusammensetzung, zur Messingproduktion verwendet worden, indem man es Kupfer zusetzte, allerdings wussten die damaligen Schmelzer nicht, dass Zink der wesentliche Bestandteil von Galmei war, der Messing entstehen ließ. Reines Zink stand wegen seines niedrigen Schmelzpunktes dagegen nicht in ausreichenden Mengen zur Verfügung. Das änderte sich unter anderem 1805, als der Lütticher Chemiker Jean-Jacques-Daniel Dony ein Verfahren entwickelte, mit dem das Problem des niedrigen Siedepunktes von Zink umgangen werden konnte. Bei der sogenannten „Belgischen Röstung" wurde das Zinkerz in speziell geformten Öfen erhitzt und das verdampfende Metall wieder zur Kondensation gebracht. So gewann man Zinkoxid, aus dem dann reines Zink hergestellt wurde. Da Zink nicht rostet, war es vielfältig zu verwenden, vor allem als Dachabdeckung, Regenrinne oder Badewanne.

Die größten Galmei-Lagerstätten Europas waren in einem Gebiet zu finden, in dem das heutige Dreiländereck zwischen Belgien, Deutschland und den Niederlanden liegt, nahe dem Städtchen Moresnet. Ende des 18. Jahrhunderts gehörte die Region allerdings zu Frankreich, weil die Grande Nation das Gebiet des heutigen Belgien annektiert hatte. 1810 verleibte sich das französische Kaiserreich unter Napoleon Bonaparte auch noch die Niederlande ein.

Doch nun, im Sommer 1815, war Napoleon endgültig besiegt und Europa wurde auf dem Wiener Kongress neu geordnet. Ein Streitpunkt dabei: die Galmei-Lagerstätten bei Moresnet. Sowohl die Niederlande als auch Preußen erhoben Ansprüche darauf. Die Diplomaten des Kongresses sahen sich außer Stande dieses Problem bis zur Unterzeichnung der Schlussakte des Kongresses im Juni zu lösen, und hielten sich an das Motto: Wenn man mal nicht weiter weiß, gründet man 'nen Arbeitskreis. In diesem Fall nannten sie den Arbeitskreis Kommission. Sie sollte ab Dezember desselben Jahres tagen und den Zwist um die Zinkvorkommen schlichten. Bis zum Juni des folgenden Jahres war das auch geglückt. Ein Teil des Gebietes wurde den Niederlanden zugesprochen, ein Teil Preußen.

Doch über ein Stück des Kuchens konnten die Kontrahenten keine Einigung erzielen. Bezeichnenderweise sahen dessen Umrisse tatsächlich fast so aus wie ein Tortenstück. 3,4 Quadratkilometer umfasste das Gebiet.

○ Postkarte, auf der die Lage von Neutral-Moresnet zu sehen ist

Um zu einem Abschluss zu kommen, schufen die Verhandlungspartner ein Kuriosum, denn man einigte sich schließlich darauf, die Gegend gemeinsam zu verwalten. Politisch und militärisch galt der Streifen als neutral. Das zivile Leben regelten die von Napoleon eingeführten Gesetze Code civil und Code pénal. Wer aber einen Prozess führen wollte, der musste das vor einem preußischen oder niederländischen Gericht tun, wo die Richter allerdings Recht nach den alten französischen Gesetzen sprechen mussten. Im Hauptort Kelmis residierte ein Bürgermeister, der als eine Art Regierungs-Chef fungierte, wichtige Entscheidungen aber mit zwei jeweils von Preußen und den Niederlanden eingesetzten Königlichen Kommissaren abstimmen musste.

Das Territorium besaß sogar eine eigene, wenn auch inoffizielle Fahne, die aus drei waagerechten Streifen in Schwarz, Weiß und Blau bestand.

Besondere Anziehungskraft entwickelte das Gebiet wegen der Zinkvorkommen und der durch eine Bergbaugesellschaft angebotenen Arbeitsplätze. Außerdem blieben die Steuern dauerhaft niedrig. Dafür waren nach der napoleonischen Gesetzgebung Gewerkschaften verboten. Doch das schreckte nur wenige ab. So stieg die Einwohnerzahl von Neutral-Moresnet von 256 im Jahr

1815 auf 2575 im Jahr 1858. Noch einmal knapp 50 Jahre später, kurz vor Ausbruch des Ersten Weltkrieges, war die Zahl auf 4668 Einwohner angewachsen. Ein attraktiver Wohnsitz war das Gebiet zu Beginn seiner Existenz vor allem für junge Männer, da hier keine Wehrpflicht galt. Dem schoben die Verwaltungsmächte aber ab 1847 einen Riegel vor, indem sie festlegten, dass Zugezogene nicht vom Militärdienst befreit waren.

1907 versuchten engagierte Bewohner von Neutral-Moresnet sogar, den Flecken zu einem unabhängigen Staat zu machen. Amtssprache sollte Esperanto sein, jene künstlich entworfene Sprache, die der polnisch-russische Augenarzt Ludwik Lejzer Zamenhof im 19. Jahrhundert entwickelt hatte. Aber der Plan scheiterte erwartungsgemäß am Widerstand der Verwaltungsmächte.

Zu dieser Zeit waren das längst nicht mehr Preußen und die Niederlande, denn zwischenzeitlich hatte sich Belgien 1830 für unabhängig erklärt und 1871 wurde das Deutsche Reich gegründet, in dem „Preußen aufgegangen" war. Diese beiden europäischen Staaten, die – wie damals beinahe üblich – auch Kolonialmächte mit großem Territorialbesitz in Übersee waren, versuchten mehrfach, den Schwebezustand von Neutral-Moresnet zu beenden. So bot Belgien Deutschland an, ein Stück seiner Kolonie Belgisch-Kongo gegen den Landstrich einzutauschen. Aber die Regierungen der beiden Länder wurden sich nie einig.

Neutral-Moresnet, jenes Konstrukt, das es nur wegen der Zinkvorkommen in seinem Boden gab, existierte bis zum Ersten Weltkrieg. Deutsche Truppen besetzten es, wie ganz Belgien, während ihres Vormarsches und des vier Jahre dauernden Stellungskrieges in Frankreich. Erst die deutsche Niederlage 1918 und der 1919 geschlossene Friedensvertrag von Versailles regelten den Status des Gebiets neu. Nach 103 Jahren wurde es fester Teil von Belgien, das ist es bis heute.

Zink wird dort schon lange nicht mehr abgebaut.

Eiserne Lady mit Eichenbauch

In der Vorweihnachtszeit des Jahres 1795 ging es geschäftig zu in Hartt's Naval Dockyard in Boston. Ein großer Auftrag der Regierung der gerade gegründeten Vereinigten Staaten von Amerika war eingetroffen. Bereits im März des Vorjahres hatte der amerikanische Kongress den Präsidenten George Washington ermächtigt, eine Kriegsflotte zu schaffen. Vier Schiffe mit 44 Kanonen und zwei mit 36 Kanonen sollten gebaut werden. Die Streitmacht sollte namentlich gegen die Barbareskenstaaten in Nordafrika auslaufen.

Seit dem 16. Jahrhundert waren diese Herrschaftsgebiete im heutigen Marokko, Algerien, Tunesien und Libyen die Heimat von Kaperfahrern und Sklavenhändlern. Von ihren Stützpunkten an der nordafrikanischen Mittelmeerküste starteten die Barbaresken-Korsaren immer wieder erfolgreiche Raubzüge, um europäische und später eben auch amerikanische Schiffe aufzubringen, ihre Ladung zu rauben und die Gefangenen als Sklaven zu verkaufen oder Lösegeld für ihre Freilassung zu erpressen. Zwar hatten schon europäische Mächte wie Frankreich, England, Spanien oder die Niederlande über die Jahrhunderte hinweg Militäraktionen gegen die Freibeuter und ihre Heimathäfen durchgeführt, dauerhaft konnte das die Barbareskenstaaten aber nicht von ihrem einträglichen Geschäftsmodell abbringen. So sah sich nun auch die US-Regierung gezwungen, zum Schutz ihrer Handelsflotte auf dem Meer aufzurüsten. Der Beschluss des Kongresses im Jahr 1794 war der erste Schritt dazu.

Eines der Schiffe, das nun gegen Ende 1795 in Boston auf Kiel gelegt wurde, war die *Constitution*. Die Fregatte sollte wie ihre Schwesterschiffe nach den Vorschlägen des Konstrukteurs Joshua Humphreys aus Philadelphia gebaut werden und jedem anderen Kriegsschiff ihrer Klasse überlegen sein. Dazu sollte sie unter anderem so wendig und schnell durch die Wellen gleiten, dass sie jedem feindlichen Schiff davonsegeln konnte. Humphreys konstruierte deshalb besonders lange, dafür aber schmale Schiffe, die eine starke Bewaffnung tragen konnten. Eine weitere Besonderheit hatte er dem Kongress ebenfalls empfohlen: „Die Planken für die Decks sollten aus der besten Weihrauch-Kiefer sein, und die Spanten und Stützhölzer, wenn möglich, aus Virginia-Eiche." Humphreys wusste, was er schrieb, denn besonders das Holz von Virginia-Eichen war als eines der härtesten und widerstandfähigsten Hölzer bekannt.

Die im Südosten der USA bis nach Mexiko vorkommenden Bäume besitzen eine charakteristisch ausladende Krone. Ihre nach allen Seiten ausgestreckten mächtigen Ästen, von denen lange, an Bärte erinnernde Stränge von Flechten malerisch herabhängen, haben das Bild von Sklavenhalterfarmen maßgeblich geprägt und dürfen eigentlich in keinem Kinofilm über die Südstaaten vor dem Amerikanischen Bürgerkrieg fehlen. Dieser Art zu wachsen und keinen einzelnen langen Stamm auszubilden, sondern mehrere schräg wachsende Äste, verdankt das Holz der Virginia-Eiche seine besondere Eignung für den Schiffsbau. Schneidet man die gebogenen Äste entsprechend zu, so verläuft ihre Maserung exakt entlang der späteren Konstruktion des rundlichen Schiffsbuges. Außerdem zählt das Holz der Bäume zu den Harthölzern. Es hat eine besonders kompakte Faserstruktur und ist mit 1000 Kilogramm pro getrocknetem Kubikmeter eines der dichtesten und schwersten Hölzer auf dem amerikanischen Kontinent. Das macht beispielsweise Spanten aus Virginia-Eiche besonders widerstandsfähig gegenüber Wellen, die gegen die Bordwand schlagen, oder auch gegen Geschosse, die feindliche Schiffe auf sie abfeuern.

Und so sägten, hobelten und hämmerten die Werftarbeiter in Boston beinahe zwei Jahre lang, bis das Flaggschiff der amerikanischen Marine endlich zusammengefügt war und seine Bordwände bis zu 53 Zentimeter dick waren. Die Bäume von insgesamt 24 Hektar Wald mussten gefällt werden, um das Schiff bauen zu können, das im Oktober 1797 vom Stapel lief. Die Investition hatte sich gelohnt, wie sich in vielen Seegefechten herausstellen sollte, unter anderem im Krieg gegen die Barbareskenstaaten von 1801 bis 1805.

Ihren legendären Ruf sollte die *Constitution* aber erst später erhalten, und zwar am 19. August 1812. Am Nachmittag dieses Tages, gegen vier Uhr, donnerten Kanonenschüsse über das Meer vor der Küste der kanadischen Provinz Nova Scotia. Die Mannschaften der englischen *Guerriere* und der *Constitution* schossen aufeinander. Es war eines der ersten Seegefechte des gerade ausgebrochenen Britisch-Amerikanischen Krieges.

1846 erinnerte sich Moses Smith, Besatzungsmitglied der *Constitution*, in seinen Memoiren an eine Begebenheit während des Kampfes: „Mehrere Geschosse schlugen in den Rumpf ein. Auch eines der stärksten unter dem Kommando des Feindes traf uns, aber die Planke war so hart, dass die Kugel daran abprallte und im Wasser versank. Das bemerkten wir und der Ruf erklang: ‚Hussa! Ihre Seiten sind aus Eisen. Seht wo das Geschoss abprallte!'"

Das Gefecht verlief günstig für die *Constitution* und schon nach kurzer Zeit war das britische Schiff so stark beschädigt, dass dessen Kapitän kapitulierte. Auf der *Guerriere* waren 79 Männer tot oder verwundet, auf der *Constitution* 14. Der Sieg eines amerikanischen Schiffes über ein britisches erregte weltweit Aufsehen und trug dazu bei, dass die USA den Krieg erfolgreich beendeten.

Seit jenem Augusttag trug die *Constitution* den Beinamen „Old Ironside",
auf Deutsch etwa: Alte Eisenflanke. Eine Bezeichnung, die sie dem harten Holz
verdankte, aus dem sie gezimmert worden war. Bis 1881 fuhr sie für die Navy,
dann wurde sie – morsch und marode – außer Dienst gestellt. Nur der Mythos,
der sie umwehte, bewahrte sie, wenn auch knapp, vor dem Abwracken. Heute
liegt sie im Hafen von Boston und ist nach mehreren Restaurationen das älteste
noch seetaugliche Kriegsschiff der Welt. Sie dient vornehmlich als Museums-
schiff.

Neben ihrem festen Platz in der Historie der USA ging sie zumindest mittelbar in die Kinogeschichte ein. 2003 nutzten sie die Macher des Films *Master
and Commander*. Der Streifen mit dem Hauptdarsteller Russell Crowe handelt
im Wesentlichen von einer Verfolgungsjagd zwischen einem britischen und
einem französischen Kriegsschiff während der napoleonischen Kriege. Die
Constitution diente dabei als Vorlage für die fiktive französische „Acheron".
Ganz anders als in ihrer wahren Geschichte war die *Constitution* damit – getreu
dem Drehbuch des Films – allerdings auf der Verliererseite.

Synthetische weiße Bestie

„Und ich überlebte nur, um dir davon zu erzählen." Das ist einer der letzten Sätze eines der bekanntesten Werke der Weltliteratur, das 1851 erschien. Der Schriftsteller Herman Melville erzählt darin vom Walfang im 19. Jahrhundert und einem weißen Pottwal namens Moby Dick, dessen Name gleichzeitig der Titel des Buches ist. Mit der vielleicht bekanntesten Tierfigur der Literaturgeschichte kreierte der Autor ein Monster, das nicht nur schrecklich und wütend war, sondern darüber hinaus durch seine weiße Färbung auch etwas ganz Besonderes. Die Inspiration dafür fand er in der Natur, in zwei tatsächlich lebenden Walen. Daraus schuf Melville als Synthese den fürchterlichen, Schiffe versenkenden Moby Dick.

Als erstes Vorbild diente ein Pottwal, der namenlos und dennoch berüchtigt war, denn er versenkte am 20. November 1820 etwa 1800 Kilometer westlich der Galapagos-Inseln das Walfangschiff *Essex*. Ein unglaublicher Vorgang, dem ein nahezu unbeschreibliches Grauen folgen sollte.

Der Tag begann vielversprechend, denn das Wetter war ruhig, es wehte eine leichte Brise und bereits um acht Uhr morgens rief ein Mann aus dem Ausguck den üblichen Alarm bei der Sichtung von Walen: „Dort bläst er." Die Mannschaft der *Essex* geriet in hektische Betriebsamkeit und rüstete sich zur Jagd. Bald war die Schule von Pottwalen erreicht und drei Boote wurden zu Wasser gelassen. Eines davon befehligte der Erste Maat Owen Chase. Er war es auch, der den ersten Wal harpunierte. Doch das Tier wehrte sich, warf sich zur Seite und beschädigte das Walfängerboot so schwer, dass Chase die Harpunenleine kappte und seinen Männern befahl, zur *Essex* zurück zu rudern, während die anderen beiden Boote die Jagd fortsetzten.

Kaum war das Boot an Deck gehievt, machte sich Chase daran, das Leck mit Leinwand abzudichten, indem er das Tuch auf das Holz nagelte. Da sah er „einen sehr großen Pottwal, soweit ich beurteilen konnte etwa 25 Meter lang". Anfangs schenkte Chase dem Tier keine weitere Beachtung, doch dann „sah ich ihn, gerade eine Schiffslänge entfernt mit großer Geschwindigkeit auf uns zukommen". Wenige Augenblicke später geschah das Unglaubliche: Der Wal rammte den Segler. Das Schiff kam „so plötzlich und heftig auf, als wäre es auf ein Riff aufgefahren". Es dauerte Minuten, bis Chase und die übrigen an Bord befindlichen Mannschaftsmitglieder begriffen, was geschehen war.

Der Angriff hatte ein Leck in den Bug der *Essex* gerissen und bald wurde Chase klar, dass das Schiff sinken würde. Er befahl, die zwei restlichen Beiboote zu Wasser zu lassen und möglichst viel Proviant und nautische Gerätschaften auf ihnen zu verstauen.

Währenddessen peitschte der Wal etwa 500 Meter entfernt die See auf und inmitten der Gischt sah ihn Chase „seine Kiefer zusammenschlagen, als ob er rasend vor Wut und Furor sei". Dann folgte die zweite Attacke. Wieder rammte der Wal das Schiff. Jetzt galt die Losung: Rette sich wer kann!

In Windeseile enterten die Männer die Boote und ruderten von der sinkenden *Essex* fort. Aus sicherer Entfernung beobachteten sie, wie sich das Schiff auf die Seite legte. Keine zehn Minuten hatte es gedauert und die Katastrophe war eingetreten. Fassungslos starrten die Männer auf das gekenterte Schiff.

Die Besatzungen der beiden Boote, die hinter den Walen hergejagt waren, hatten mittlerweile bemerkt, dass die Silhouette ihres Mutterschiffes vom Horizont verschwunden war, und ruderten erschrocken dorthin zurück, wo sie die *Essex* vermuteten. Am Unglücksort angekommen, waren sie genauso sprachlos wie ihre Kameraden.

Zwei Tage blieben den 20 Walfängern noch, Lebensmittel, Wasser und nützliche Gerätschaften von ihrem havarierten Schiff zu holen, dann brach die *Essex* endgültig auseinander. Mit provisorisch gefertigten Masten und Segeln wollten die Seeleute nun versuchen, Festland zu erreichen, obschon ihnen klar war, dass ihr Proviant nicht für eine solch lange Reise ausreichen würde.

Es folgte eine Odyssee über den Pazifik mit ständigen Reparaturen an den morschen Walfangbooten, die für längere Seereisen nicht gerüstet waren. Nach zwei Wochen hatten sie die Vorräte beinahe aufgezehrt. Schon begannen die Entbehrungen die Männer zu zeichnen, da sichteten sie nach einem Monat Land.

Es war ein kleines Atoll namens Henderson Island. Die Schiffbrüchigen nutzten die Ressourcen des Eilandes – Pfefferkraut, Vögel und deren Gelege, Krabben und eine spärliche Süßwasser-Quelle, die bei Flut allerdings unter der Wasserlinie lag. Sechs Tage dauerte es, bis nahezu alle Nahrungsquellen erschöpft waren und die Männer den Entschluss zum erneuten Aufbruch fassten. Nur drei von ihnen entschieden sich dafür, auf Henderson Island zu bleiben.

Die 17 anderen brachen am 27. Dezember auf, um die Osterinsel zu erreichen, die sie etwa 1800 Kilometer weitere südöstlich vermuteten. Doch am 4. Januar mussten sie dieses Vorhaben aufgeben, da sie zu weit nach Süden gedriftet waren. Das neue Ziel sollte Más a Tierra sein, eine Insel knapp 700 Kilometer vor der Küste Südamerikas. Wieder gingen die Vorräte zur Neige und nun begann das Sterben.

Der erste Matrose verschied am 10. Januar und erhielt noch eine Seebestattung. Dann verloren die fünf Männer auf dem von Owen Chase befehligten

Boot die beiden anderen aus den Augen. Am 18. Januar starb ein weiterer Matrose auf diesem Boot und erhielt ebenfalls noch ein Seemannsgrab. Doch als am 8. Februar ein weiterer Leichnam auf den Planken lag, entschieden die verbliebenen drei, angesichts der aufgebrauchten Vorräte, sein Fleisch zu essen.

Den Besatzungen der beiden anderen Boote erging es nicht besser. Ende Januar verschwand eines der beiden spurlos. Das Schicksal der drei Männer, die sich darin befanden, ist bis heute ungeklärt. Zurück blieb das Boot unter dem Befehl des Kapitäns der *Essex*, George Pollard, mit insgesamt acht Mann Besatzung. Am 1. Februar ließen die Unglücklichen an Bord dieses Bootes zum ersten Mal das Los entscheiden, wen sie opfern wollten, um ihn aufzuessen.

Dank Kannibalismus überlebten auf den Booten von Chase und Pollard insgesamt fünf Männer. Die drei auf Chases Boot wurden am 18. Februar vom Walfänger *Indian* gerettet. Pollard und der letzte verbliebene Seemann in seinem Boot traf dieses Glück erst am 23. Februar, als sie vom Walfangschiff *Dauphin* aufgenommen wurden. Die drei auf Henderson Island Zurückge-bliebenen wurden Anfang April gerettet. Insgesamt hatten also acht Männer überlebt. Vor allem durch die Aufzeichnungen und Veröffentlichungen des Ersten Maats Owen Chase sind viele Details der damaligen Ereignisse bekannt.

Doch eine Schiffe versenkende Meeresbestie alleine war dem Autor Herman Melville noch nicht genug. Sie musste unverwechselbar sein. Daher griff er auf ein weiteres Beispiel aus der Natur zurück. Vor der chilenischen Insel Mocha tauchte Anfang des 19. Jahrhunderts immer wieder ein besonders wilder männlicher Pottwal auf. Er war zwar nicht weiß, sondern eher hellgrau gefärbt, lediglich am Kopf soll er eine große, weißliche Narbe getragen haben; im See-mannsgarn, das sich um ihn spann, mutierte er aber schließlich zum weißen Wal.

Wie damals üblich, gaben die Walfänger jener Zeit auffälligen und wieder-kehrenden Exemplaren der Meeressäuger Namen. Diesen nannten sie Mocha Dick.

Noch vor 1810 wurde der Pottwal vor Mocha wohl zum ersten Mal von Menschen attackiert, konnte sich aber erfolgreich wehren. In den folgenden Jahrzehnten avancierte das Tier zur Legende und sah sein Leben mehr als 100 Mal durch Harpunen bedroht.

Eigentlich war Mocha Dick eher zutraulich. So soll er mehrfach friedlich neben Schiffen geschwommen sein. Sobald er angegriffen wurde, verwandelte er sich allerdings in ein rasendes Ungetüm und zerstörte mit seiner Fluke immer wieder Walfangboote, die ihn verfolgten. Doch auch diese verständliche Reaktion rettete dem außergewöhnlichen Wal nicht das Leben.

Wann Mocha Dick schließlich sein Ende fand, ob 1838 oder doch erst 1859, ist nicht endgültig geklärt. Jedenfalls diente er Melville als zweites Vorbild für sein literarisches Monster Moby Dick. Weshalb der Schriftsteller den Namen leicht abwandelte, ist ebenso wenig bekannt wie die Antwort auf die Frage, ob er ohne die natürlichen Vorbilder seine epochale Tierfigur überhaupt entwickelt hätte.

Der Roman *Moby Dick* wurde vor allem in seiner amerikanischen Heimat nicht sehr gut aufgenommen und geriet in Vergessenheit. Erst nach dem Tod des Schriftstellers erhielt das Werk die verdiente Anerkennung und gehört heute zum festen Kanon der Weltliteratur. Darüber hinaus zählt es sicher zu jenen bedeutenden Büchern, die nicht durch sein Original bekannt wurden, sondern durch die zahlreichen Bearbeitungen in Literatur und Film.

Ob das den Schöpfer von *Moby Dick* gefreut hätte oder nicht, können wir heute nicht mehr sagen. Sicher ist dagegen, dass der weiße Wal noch lange im Meer der Phantasie ungezählter Leser schwimmen wird. Anders vielleicht als seine leibhaftigen Artgenossen in realen Ozeanen. Das industrielle Massaker an den Meeressäugern dauerte bis weit ins 20. Jahrhundert hinein und hat ihre Population nachhaltig geschädigt. Trotz internationaler Schutzbemühungen gelten Pottwale nach wie vor als bedroht.

Da steckt der Wurm drin

Der 25. März 1843 war in London ein Freudentag und wartete mit einer Sensation, wenn nicht gar mit dem „achten Weltwunder" auf. Dabei war in den Stadtteilen Rotherhithe und Wapping jeweils rechts und links der Themse nicht viel zu sehen. Die Attraktion lag unter der Erde, sie erstreckte sich in etwa 23 Metern Tiefe von einem Flussufer zum anderen. Der Themse-Tunnel, 396 Meter lang, 11 Meter breit und 6 Meter hoch, war tatsächlich eine Sensation, denn er war der erste Tunnel, der unter einem schiffbaren Gewässer hindurchführte. Wie groß die Pioniertat der Erbauer dieses Tunnels war, lässt sich allein schon an der Bauzeit ablesen: 18 Jahre hatte es vom ersten Spatenstich bis zur Eröffnung gedauert.

Ermöglicht hatte dies ein Vorbild aus der Natur: der sogenannte Schiffsbohrwurm. Diese Bezeichnung ist allerdings irreführend, denn bei *Teredo navalis*, so der wissenschaftliche Name, handelt es sich nicht um einen Wurm, sondern um eine Muschel. Sie lebt in allen warmen und gemäßigten Zonen der Erde in Salz- oder Brackwasser. Ihr Körper ist wurmartig geformt, etwa einen Zentimeter dick und im Extremfall bis zu 50 Zentimeter lang. Anders als man das von Muscheln kennt, bedecken diesen weichen Körper keine harten Schalen. Nur am Kopfende trägt das auch Bohrmuschel genannte Weichtier zwei Reste davon. Diese nutzt es zu jener Tätigkeit, die ihm zu seinem Namen verholfen hat. Mit Hilfe der Schalen bohrt sich die Muschel nämlich eine Wohnhöhle, bevorzugt in Holz. Darin will sie ihren weichen und verletzlichen Körper vor Fressfeinden in Sicherheit bringen. Das abgenagte Holz verdaut die Muschel, sie erfrisst sich quasi ihr Eigenheim. Die Behausung kleidet sie anschließend mit Kalk aus, den sie über ihre Haut absondert. So sitzt sie dann in ihrem neuen Bau, saugt Wasser an und filtriert Nahrhaftes als Ergänzung zu ihrer Holzdiät.

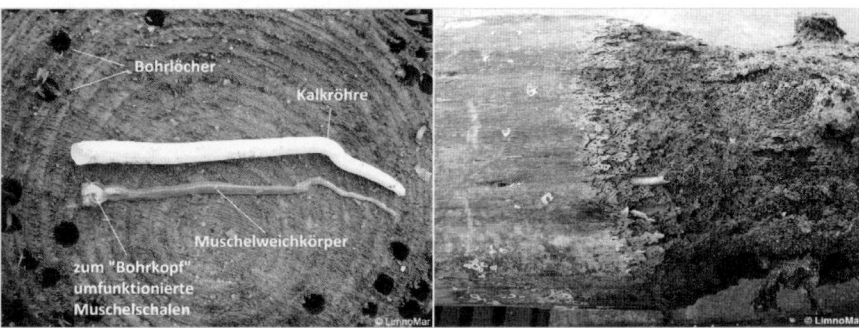

o Schiffsbohrwurm

Dumm nur, dass die Muschel nicht zwischen verarbeitetem Holz von Schiffen, Hafen- oder Deichanlagen und natürlichem Holz wie Treibholz unterscheidet. Bei starkem Befall gleichen hölzerne Bauteile bald einem Schweizer Käse, was ihre Belastungsfähigkeit stark mindert. Bereits seit der Antike hat der Schiffsbohrwurm immer wieder immense Schäden verursacht und für manchen Schiffsuntergang gesorgt. So soll Christoph Columbus auf seiner vierten Entdeckungsfahrt nach Amerika mindestens zwei seiner Schiffe durch die lästige Molluske verloren haben.

1731 waren in den Niederlanden viele Kilometer weit die Holzpfähle zur Befestigung von Deichen und einige Deichtore so sehr von der Muschel durchlöchert, dass sie einer Sturmflut nicht mehr standhielten und weite Landesteile überschwemmt wurden.

Bis in unsere Zeit verursacht der holzfressende Meeresbewohner Schäden in Millionenhöhe. Allein vor der Ostseeinsel Hiddensee mussten im Jahr 2011 zerfressene Holzbuhnen für drei Millionen Euro ausgetauscht werden. Da wird es dem Schädling auch nichts nutzen, dass er zu dem Triumph der Technik beigetragen hat, den die Londoner an eben jenem 23. März 1843 feierten.

Die Art und Weise, wie sich *Teredo navalis* ins Holz bohrt, nahmen sich nämlich die beiden Entwickler Marc Isambard Brunel und Thomas Cochrane zum Vorbild und entwickelten daraus eine neue Technik für den Tunnelbau: den sogenannten Schildvortrieb. Dabei gräbt sich ein Trupp Arbeiter ins Erdreich vor. An den Seiten des entstehenden Hohlraumes sorgen nachrückende Verschalungen – ähnlich der Kalkauskleidung der Schiffsborwurm-Höhle – sofort für die Stabilisierung des schon gegrabenen Tunnels. Mit dieser neuen Technik, so das Kalkül der Erfinder, sollte sich auch eine Röhre durch das Erdreich unterhalb von Gewässern graben lassen. Derartige Versuche waren zuvor immer daran gescheitert, dass die Tunnel einstürzten oder überflutet wurden. 1818 erhielten Brunel und Cochrane ein Patent für ihre Entwicklung.

Es sollte aber noch bis zum Februar des Jahres 1825 dauern, bis sie ihr Modell endlich in der Praxis testen konnten. Erst dann hatten sie einen geeigneten Ort für ihre waghalsige Unternehmung gefunden – und genügend Geld gesammelt. Einer ihrer Sponsoren war keine Geringerer als der Besieger Napoleons bei Waterloo: Arthur Wellesley, 1. Duke of Wellington.

Schnell zeigte sich, dass die Grundidee des Schildvortriebs zwar funktionierte, der Fortgang der Arbeiten aber zu langsam war. Lediglich drei bis fünf Meter pro Woche schob sich der Tunnel voran.

Zu allem Überfluss stürzten auch noch zweimal Wassermassen in die Grabröhre. Bei der zweiten Überflutung am 12. Januar 1828 kamen sechs Männer ums Leben. Beinahe wäre bei dem Ereignis auch Isambard Kingdom Brunel ertrunken, der Sohn von Marc Isambard Brunel, der zwischenzeitlich die Leitung der Bauarbeiten übernommen hatte.

Kurz darauf ging der eigens für den Bau gegründeten Thames Tunnel Company endgültig das Geld aus. Das Projekt musste vorerst eingestellt werden, der Tunneleingang wurde versiegelt.

Erst Ende 1834 hatte Marc Brunel wieder genügend Mittel eingeworben – unter anderem von der britischen Regierung – so dass er ab 1835 seine Pläne weiterverfolgen konnte. Diesmal hielten ihn weder Überschwemmungen noch Explosionen, zum Beispiel durch Faulgase, auf.

Im November 1841 gelang der Durchstich. Danach dauerte es allerdings fast noch einmal anderthalb Jahre bis zur Eröffnung. An beiden Enden des Tunnels mussten Wendeltreppen gebaut werden, denn die Eingänge zu der Röhre lagen in 15 Metern Tiefe, damit der Tunnel selbst kein allzu großes Gefälle aufwies. Außerdem mussten die Innenwände noch verkleidet, ein Bodenbelag aufgetragen sowie eine Gasbeleuchtungsanlage installiert werden.

Im März 1843 war es endlich so weit. Vom ersten Tag an war der Tunnel eine Attraktion. Bis zu zwei Millionen Menschen pro Jahr schritten unter der Themse hindurch und berappten dafür ein Wegegeld von einem Penny.

Trotzdem war die unterirdische Themse-Querung ein finanzielles Fiasko, denn die Instandhaltungskosten überstiegen die Einnahmen dauerhaft. Als ob Schiffsbohrwürmer an der Hülle der Unterführung knabbern würden, sickerte ständig Wasser in die Konstruktion. Erschwerend kam hinzu, dass die ursprünglich auch für Pferdewagen vorgesehene Passage nicht möglich war. Die tief liegenden Eingänge hätten große Rampen erforderlich gemacht, deren Bau aber zu kostspielig war.

Schließlich kaufte die Eisenbahngesellschaft Eastern London Railway 1865 den Tunnel, baute ihn um, und am 7. Dezember 1869 fuhr der erste Zug unter der Themse hindurch. Bis heute wird der Tunnel für den Schienenverkehr genutzt und gehört mittlerweile zum historischen Nationalerbe Englands.

Der Schildvortrieb erfuhr zahlreiche Neuerungen und Verbesserungen. Das Prinzip, das sich Brunel und Cochrane vom Schiffbohrwurm abschauten, nämlich vorne zu graben und auf dem Fuße folgend die gegrabene Röhre abzustützen, hat nach wie vor seine Gültigkeit. Auch wenn sie damit zu gewaltigen technischen Wunderbauten des Menschen beigetragen hat, wird das kaum zu einer vollständigen Rehabilitation der zerstörerischen Muschel führen.

Der Pilz und der Präsident

Als am 22. April 1849 ein Ire auf Noddle's Island in East Boston nordamerikanischen Boden betrat, war das nichts Ungewöhnliches. Millionenfach strömten in jenen Jahren Menschen von der grünen Insel in die Neue Welt. Vieles trieb sie von ihrer Heimat fort.

Seit 1801 war Irland zwar fester Bestandteil des Vereinigten Königreichs von Großbritannien und Irland, für die überwiegend katholischen Einheimischen fühlte sich das aber eher an wie eine Kolonialherrschaft – vor allem wegen der sozialen und rechtlichen Benachteiligung, zum Beispiel durch die sogenannten Penal Laws, die sich vornehmlich gegen Katholiken richteten und bei strikter Auslegung massive Nachteile für die Anhänger dieser Konfession brachten.

Für die Nachkommen von Kleinbauern war das geltende Erbrecht ein weiterer Grund, denn nur der Erstgeborene erbte Land und Hof, alle anderen Kinder mussten zusehen, wie sie sich durchschlugen. In einem ohnehin von Armut und vorwiegend durch Landwirtschaft geprägten Land eine wenig verlockende Perspektive.

Waren dies nicht schon Argumente genug, sein Glück in Amerika zu versuchen, wütete nun, Mitte des 19. Jahrhunderts, eine der schlimmsten Hungersnöte, die Westeuropa je heimgesucht hat. Die Ursache war ein Pilz, der die Kartoffeln auf den Äckern verfaulen ließ. *Phytophthora infestans*, der bei Kartoffeln die sogenannte Kraut- und Knollenfäule auslöst, war 1845 von Amerika nach Europa gekommen. Von Belgien aus breitete er sich über den Kontinent aus und erreichte auch die britischen Inseln. Überall kam es zu Ernteverlusten und eines der wichtigsten Grundnahrungsmittel wurde knapp. Das trieb wiederum die Preise in die Höhe. So stieg der Preis für Erdäpfel in Berlin bis Mitte April 1847 auf das Fünffache. Die sogenannte Kartoffelrevolution war die Folge, weil sich breite Teile der Bevölkerung das schlichtweg nicht leisten konnten. Doch Polizei und Militär unterdrückten die Unruhen.

Im Vergleich zu Irland dürfen diese Auswirkungen der Kartoffelfäule aber getrost als harmlos bezeichnet werden; auf der Insel brachte *Phytophthora* hunderttausendfachen Tod. Die Pflanzenkrankheit fand dort ideale Voraussetzungen, um ein Desaster anzurichten: Die irische Bevölkerung war in den ersten Jahrzehnten des 19. Jahrhunderts förmlich explodiert und hatte sich auf bis zu acht Millionen Menschen verdoppelt. Das war nicht zuletzt der verbesserten Versorgungslage durch die Kartoffel zu verdanken. Allerdings förderte dies den Anbau der Knolle und führte zu flächendeckenden Monokulturen ohne einen ausreichenden Fruchtwechsel – geradezu ideal für Krankheiten.

Erschwerend kam hinzu, dass die landwirtschaftliche Fläche prinzipiell zwar ausgereicht hätte, um die Bevölkerung zu ernähren, die Eigentumsverhältnisse waren allerdings ungleich verteilt. 95 Prozent des Landes befanden sich im Besitz von wenigen Tausend Personen, von denen die allermeisten Protestanten aus England oder Schottland waren. Die Mehrheit von ihnen hielt sich noch nicht einmal in Irland auf und überließ die Verwaltung ihres Besitzes sogenannten Mittelsmännern. Zwar verpachteten die Grundherren ihr Land meist an katholische Bauern, diese waren allerdings oft nicht in der Lage, für eine ausreichend große Parzelle zu zahlen, und befanden sich somit in einer prekären Lebenssituation, die extrem störanfällig war.

Zu allem Übel war 1815 der indonesische Vulkan Tambora ausgebrochen und hatte 1816 zum „Jahr ohne Sommer gemacht". Als Langzeitfolge des Vulkanausbruchs veränderte sich das Klima. Nasse kühle Sommer reihten sich aneinander und verursachten eine Missernte nach der anderen. Und jetzt diese schreckliche Krankheit, die für einen beinahe kompletten Ausfall der Kartoffelernte im Jahr 1845 sorgte und der ohnehin schon darbenden Bevölkerung den Rest gab.

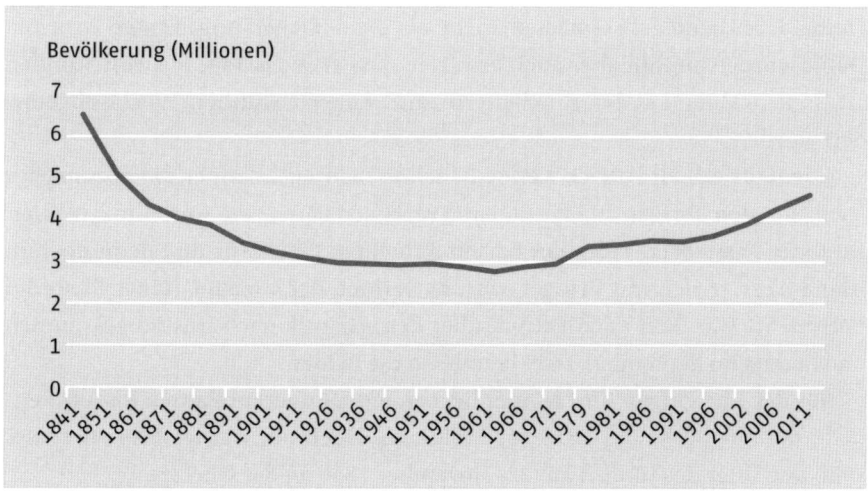

o Bevölkerungsentwicklung in Irland von 1841 bis 2011 nach Volkszählungen

Da die britische Regierung nur wenig unternahm, um den Hunger zu bekämpfen, und sogar ihr zunächst erfolgreiches Programm zur Einrichtung von Suppenküchen 1847 einstellte, grassierte die Hungersnot noch mindestens zwei Jahre weiter. Besonders makaber: Während der meisten Zeit zwischen 1845 und 1849 exportierte Irland mehr Lebensmittel als es einführte.

Am Ende der Katastrophe war etwa eine Million Menschen verhungert oder so geschwächt, dass sie an Seuchen wie Cholera oder Typhus starben. Noch mehr Iren waren ausgewandert, vor allem in die USA sowie nach Kanada und Australien. Das hatte drastische Folgen für die Einwohnerzahl. 1841 lebten mehr als acht Millionen Iren auf der Insel, 1851 waren es nur noch etwa 6,5 Millionen. Auch in den folgenden Jahrzehnten verringerte sich die Bevölkerung weiter, unter anderem infolge anhaltender Auswanderung.

Es dauerte lange, bis sich die irische Bevölkerung von diesem Aderlass erholte. Erst beim Zensus im Jahr 2016 belief sich die Zahl der auf der irischen Insel wohnenden Menschen wieder auf etwa 6,5 Millionen und hatte damit erstmals den Stand von 1851 erreicht.

Der junge Patrick Kennedy war einer jener Auswanderer, die der Kartoffelschädling und die durch ihn ausgelöste Hungersnot nach Übersee getrieben hatten. Er versprach sich eine bessere Zukunft als in der Heimat – und auf die durfte er tatsächlich hoffen. Sein Freund Patrick Barron war bereits vor ihm nach Boston geflohen. Der Küfer hatte Kennedy noch in das Handwerk der Fassherstellung eingeweiht. Solche Facharbeiter waren auch in Amerika gefragt, denn Fässer waren zu jener Zeit das, was heutzutage Container sind. Deshalb verdienten Fassmacher mehr als ein üblicher ungelernter Arbeiter. Dafür wurde von ihm aber auch erwartet, dass er sechs Tage je zwölf Stunden arbeitete, während anderen Arbeitern „nur" eine 60-Stunden-Woche abgefordert wurde.

Jedenfalls erhielt Patrick Kennedy, schon bald nachdem er die *Washington Irving* mit den übrigen 295 Passagieren verlassen hatte, eine Anstellung in einer Bostoner Fassfabrik. Trotz der harten Arbeit ein Glück für ihn, denn noch in Irland hatte er sich mit Bridget Murphy verlobt, der Cousine seines Freundes Barron. Sie war bald nach Patrick über den Atlantik nach Boston gekommen und bereits im September 1849 heirateten die beiden.

Aus der Ehe gingen fünf Kinder hervor, unter anderem Patrick Joseph Kennedy, der am 14. Januar 1858 zur Welt kam. Doch nur wenige Monate später starb der Vater des Jungen am 22. November 1858 an der Cholera.

Weder er noch sein Sohn „P. J." konnten ahnen, dass sie Urgroßvater und Großvater eines US-Präsidenten sein sollten. Am 8. November 1960 wurde ihr Urenkel beziehungsweise Enkel John Fitzgerald Kennedy zum 35. Präsidenten der Vereinigten Staaten gewählt. Drei Jahre später fiel er einem Attentat zum Opfer. Sein Todestag fiel ebenfalls auf einen 22. November, so dass er exakt 105 Jahre nach seinem Urgroßvater starb, den ein Pilz aus seiner Heimat vertrieben hatte.

Bis heute gilt JFK als einer der besten Präsidenten aller Zeiten, zumindest wenn man Bürger der USA befragt. Historiker fällen dagegen ein eher zwiespältiges Urteil. Ungeachtet dessen erlangten die Nachkommen von Patrick Kennedy über den berühmtesten Spross der Familie hinaus politische Bedeutung. John Fitzgeralds Bruder Robert wurde Senator und Justizminister, bis er als aussichtsreicher Präsidentschaftskandidat 1968 ebenfalls durch ein Attentat umkam. Edward Kennedy, der jüngste Bruder der beiden, gehörte mehr als 45 Jahre dem amerikanischen Senat an.

Nicht zuletzt heiratete eine Ururenkelin von Patrick Kennedy, Maria Owen Shriver, den von Österreich in die USA eingewanderten muskelprotzenden Hollywood-Star Arnold Schwarzenegger, der es seinerseits bis zum Gouverneur von Kalifornien brachte. 2011 zerbrach die Ehe allerdings wegen Untreue des Ex-Gouverneurs. Auch dieses Episödchen der Geschichte wäre uns ohne die Kartoffelfäule vorenthalten beziehungsweise erspart geblieben.

Drangvolle Enge auf weitem Meer

Die Geschichte der Menschheit ist auch eine Geschichte der Mobilität. *Homo sapiens* scheint nur vordergründig dauerhaft sesshaft; die meiste Zeit, seit der Mensch die Erde bewohnt, ist er auf irgendeine Art unterwegs gewesen. Kleinräumig als Jäger und Sammler, weitläufiger als angehöriger von Nomadenkulturen oder im großen Maßstab bei der Erschließung neuer Lebensräume, ja ganzer Kontinente. Anders wäre die Besiedelung bis in die entlegensten Gegenden eines ganzen Planeten gar nicht denkbar.

Es gibt viele Gründe mobil zu sein, die allermeisten zählen allerdings zu den unangenehmen oder sogar lebensbedrohlichen. Krieg, Krankheiten, Verfolgung oder widrige Lebensumstände aufgrund von Dürren, Überflutungen, Erdbeben, Stürmen oder anderen Unbilden der Natur gehören dazu. Weniger krass, aber nicht minder drangsalierend und zur Mobilität antreibend können schlichtweg jahreszeitlich bedingte Schwankungen im Nahrungsangebot sein oder fehlende Möglichkeiten, seinen Lebensunterhalt zu verdienen. Das alles treibt den Menschen, entgegen seiner natürlichen Tendenz, an einem vertrauten Ort zu verweilen, zur Bewegung.

So war es wohl auch in der zweiten Hälfte des 19. Jahrhunderts an der kolumbianischen Karibikküste, nachdem 1852 in Kolumbien die Sklaverei offiziell abgeschafft worden war. Allerdings bedeutete die – zumindest juristische – Befreiung von dem aberwitzigen Gedanken, man dürfe Menschen als Ware behandeln, nicht die Erlösung von den Beschwernissen des Alltags. Denn auch ein freier Mensch muss essen und will ein Zuhause haben. Viele ehemalige Sklaven, die nicht mehr für ihre früheren Herren auf Plantagen oder in Gold- und Platin-Minen schuften wollten, versuchten sich ein kärgliches Auskommen mit Fischerei zu sichern. In klapprigen Booten fuhren sie hinaus aufs Meer und wussten weder, ob sie einen guten Fang machen würden, noch, ob ihnen die See eine glückliche Rückkehr erlauben würde. Da wäre es bereits eine Erleichterung gewesen, nicht jeden Tag die weiten Wege bis zu den Fischgründen und wieder zurück ans Festland machen zu müssen. Das dachten sicher auch jene Fischer, die von der Siedlung Rincón del Mar ihrer Arbeit nachgingen. Ihnen kam es gerade recht, dass etwa 20 Kilometer vor der Küste ein kleiner Archipel aus mehreren Inseln lag. Die mit weitem Abstand größte von ihnen maß knapp 3,5 Quadratkilometer, die nächstgrößere bot lediglich ein Zehntel dieser Fläche und die weiteren Eilande waren noch winziger. Die allermeisten von ihnen waren üppig bewachsen und wirkten einladend. Doch dieser Eindruck verflog bald, denn auf den größeren Inseln schwirrten Unmengen von Moskitos durch die Luft und piesackten jeden warmblütigen Besucher.

Was sollten die Fischer also tun? Ihre Aus- und Heimfahrten verkürzen und dafür in Kauf nehmen, fürchterlich zerstochen zu werden? Oder doch lieber ans Festland zurückkehren? Bei der Lösung ihres Dilemmas kam ihnen die Natur zu Hilfe.

Rund um die Inseln hatten die Strömungen nämlich ein weiteres Eiland geschaffen, eigentlich handelte es sich mehr um eine Sandbank. Dort gab es zwar weder üppige Vegetation noch Süßwasser, dafür aber auch keine Stechmücken. Es fehlte dort eben genau das Wasser, das die Insekten für ihre Brut unbedingt benötigten. Die Entfernung zu den anderen Inseln machte darüber hinaus Stippvisiten dieser Plagegeister unwahrscheinlich. Und selbst wenn sich ein Moskito dorthin verirrte, hätte die beständige Brise, die hier den Neuankömmlingen um die Nase wehte, Flugattacken der Stecher wohl vereitelt.

Irgendwann also schlugen die ersten Fischer ihr Lager auf diesem meerumtosten Flecken auf, der später einmal den Namen Santa Cruz del Islote tragen sollte. Nach und nach befestigten die Siedler den Sand mit Korallenblöcken und später sogar mit Beton. Mit der Zeit erhob sich dadurch eine richtige kleine Insel aus dem Wasser, auf der es allerdings immer enger wurde. Immer mehr Festlandbewohner erkannten den Vorteil einer Bleibe weit draußen vor der Küste.

Heute leben zu Spitzenzeiten, beispielsweise wenn die Schulkinder der Insulaner in den Ferien nach Hause kommen, etwa 1200 Menschen auf der Insel. Die 12 000 Quadratmeter Fläche, die für die knapp 100 Behausungen zur Verfügung stehen, sind so eng wie möglich bebaut. Allerdings sind die Lebensbedingungen auf Santa Cruz del Islote nach westeuropäischen Maßstäben mehr als bescheiden. Beinahe alles, was ihre Bewohner benötigen, muss vom Festland herangeschafft werden, inklusive das meiste Trinkwasser. Das Nass fällt entweder aus Regenwolken und wird gesammelt oder es wird eben von der kolumbianischen Marine mit Versorgungsschiffen herangebracht. Strom ist nur begrenzt verfügbar. Auf der Insel praktiziert kein Arzt und einen Friedhof sucht man ebenfalls vergeblich. Bestattungen müssen auf einer Nachbarinsel durchgeführt werden. Zumindest die Toten stören die Moskitos nicht.

Trotzdem bezeichnen sich die Insulaner als zufrieden. Viele leben von Touristen, die das Eiland besuchen, da es mit einem besonderen Superlativ aufwarten kann: Es gilt als die am dichtesten besiedelte Insel der Welt, wenn nicht gar als der am dichtesten besiedelte Ort auf der Welt.

Dieser Rekord ergibt sich aus einer einfachen Rechnung: Zwar leben mit 1200 Menschen nicht gerade Massen auf der Insel, umgelegt auf die kleine Fläche von 12 000 Quadratmetern ist es aber hochgerechnet auf einen Quadratkilometer die gewaltige Zahl von etwa 100 000 Einwohnern pro Quadrat-kilometer. Zum Vergleich: Auf der Nordseeinsel Sylt leben etwa 179 Bewohner pro Quadratkilometer, auf Helgoland 333, in Hongkong 6429 und selbst in Manhattan fühlt man sich mit 27 500 Einwohnern pro Quadratkilometer gera-dezu einsam im Vergleich zu der kolumbianischen Insel. Wohlgemerkt rein rechnerisch.

Trotz aller Unannehmlichkeiten, die speziell das Leben auf Santa Cruz del Islote mit sich bringt, ziehen viele seiner Bewohner einen Umzug nicht in Betracht. Das mag einerseits an Heimatverbundenheit liegen, hängt sicher aber auch mit der großen Armut der Insulaner zusammen.

Dieser Plage sind sie, anders als bei den Stechmücken, durch das Ausweich-manöver auf die kleine Insel nicht entkommen.

Inselglück dank Vogelkot

Als der deutsche Naturforscher Alexander von Humboldt im August des Jahres 1804 von seiner Amerika-Reise zurückkehrte und in Bordeaux das erste Mal seit fünf Jahren wieder europäischen Boden betrat, ahnte der bereits damals berühmte und legendäre Weltreisende nicht, welche Auswirkungen eines seiner Mitbringsel zeitigen sollte. Im peruanischen Lima hatten ihm seine Gastgeber im Jahr 1802 Proben einer gelblich-braunen Substanz überreicht, die unangenehm stechend roch. Es handelte sich um Guano, teilte man ihm mit, Vogelmist von den Chincha-Inseln vor der peruanischen Küste.

Schon die Inka kannten die Einsatzmöglichkeiten dieses stinkenden Pulvers und seine förderliche Wirkung auf das Pflanzenwachstum. Nicht zuletzt stammte ja auch das Wort Guano von Huano ab, dem Inka-Wort für Mist.

Vor allem Pinguine und Kormorane produzieren den Rohstoff. Einem Vogel gab er sogar seinen Namen: dem Guanokormoran, *Leucocarbo bougainvillii*. Guanoproduktion ist allerdings kein Exklusivgeschäft der Vögel. Dort, wo Fledermäuse massenhaft vorkommen, kann er ebenfalls entstehen.

Humboldt, als Universalgelehrter an allem interessiert, verwahrte die Proben sorgfältig und brachte sie sicher nach Europa. Dort übergab er sie an französische und deutsche Chemiker, damit sie die Zusammensetzung dieses Stoffes analysierten. 1806 beziehungsweise 1807 wurden ihre Ergebnisse veröffentlicht: Im Guano fanden sich große Mengen Phosphor, eines jener Elemente, deren Knappheit im Boden das Wachstum von Pflanzen begrenzt. Zusätzlich ließ sich noch eine hohe Konzentration an Stickstoff nachweisen, ein ebenfalls für das Gedeihen von Gewächsen essenzielles Element. Guano, so war nun endgültig auch wissenschaftlich belegt, war ein idealer Dünger.

Dieser Dünger erfreute sich unter anderem deshalb so großer Beliebtheit, weil die Bevölkerung Europas von 195 Millionen Menschen im Jahr 1800 auf 274 Millionen zur Mitte des Jahrhunderts angewachsen war. Ein Ende dieser Entwicklung war nicht in Sicht. Tatsächlich sollte sich die Zahl der Europäer bis zum Jahr 1900 auf 423 Millionen erhöhen. Ohne Guano wäre die Ernährung der rasant wachsenden Bevölkerung nicht möglich gewesen.

Der Rohstoff war heiß begehrt. Nachdem man die erstaunlichen Eigenschaften des Vogelmists erkannt hatte, entwickelte sich ein regelrechter Boom, der in der Zeit von 1845 bis 1880 seine Hochphase erlebte und bis Ende des 19. Jahrhunderts anhielt. Hauptlieferant war Peru, Hauptabnehmer Großbritannien, gefolgt von Frankreich, Deutschland und Belgien. 1870 wurden bereits 520 000 Tonnen Guano allein nach Deutschland exportiert.

Da verwundert es nicht, dass sich der amerikanische Kongress am 18. August 1856 mit eben jenem Mist beschäftigte. An diesem Tag verabschiedete er den Guano Island Act, ein Gesetz, das es bis heute Bürgern der USA ermöglicht, Inseln oder auch nur Felsen im Meer in Besitz zu nehmen – vorausgesetzt es gibt dort Guano und die Insel wird von keinem anderen Staat als Territorium beansprucht oder von Bürgern eines anderen Landes bewohnt. Auch wenn die Besitznahme friedlich erfolgen muss, so erlaubt es der entsprechende Text dem US-Präsidenten doch ausdrücklich, militärische Mittel zur Durchsetzung der Besitzansprüche einzusetzen. Insgesamt neun Paragraphen regeln den gesamten Vorgang, von der Inbesitznahme über den Handel bis zur Einführung amerikanischen Strafrechts.

Dieses Gesetz der zur Weltmacht aufstrebenden USA zeigt die Bedeutung des natürlichen Düngers, die man ihm zu jener Zeit und weit darüber hinaus beimaß. Nicht zuletzt eine Mitteilung des Präsidenten Franklin Delano Roosevelt vom 10. Mai 1938 spiegelt das wieder: „Der Phosphorgehalt unserer Böden ist nach Generationen der Kultivierung stark gesunken. Er muss wiederhergestellt werden. Ich kann die Bedeutung von Phosphor gar nicht überbewerten und zwar sowohl für die Landwirtschaft und Bodenerhaltung als auch für die körperliche Gesundheit und die ökonomische Sicherheit unseres Volkes."

Das Gesetz von 1856 wirft allerdings auch ein Schlaglicht auf eine weitverbreitete Haltung in jener Epoche, die wir als das Zeitalter des Imperialismus bezeichnen. Heutzutage mutet es eher befremdlich an, eigenmächtig Land – und sei es auch nur ein winziger Flecken inmitten großer Ozeane – als Eigentum zu beanspruchen.

Den USA brachte die Gier nach dem Rohstoff und das Gesetz zu seiner Erschließung immerhin eine zumindest zeitweise Vergrößerung ihres Territoriums. Mehr als 50 Inseln nahmen sie so in Besitz. Einige davon gehören ihnen noch heute, unter anderem winzige Landflächen mitten in den Weiten des Pazifiks: die Midway-Inseln, die von den USA nicht nur zur Guano-Gewinnung, sondern auch als Militärstützpunkt genutzt wurden.

Die Inseln erlangten für die Weltgeschichte vor allem deshalb Bedeutung, weil sich hier im Zweiten Weltkrieg vom 4. bis 7. Juni 1942 eine entscheidende Seeschlacht zwischen der US-Marine und der Kaiserlichen Japanischen Flotte ereignete, die mit einer Niederlage der Japaner endete. Sie gilt als der Wendepunkt im pazifischen Krieg und hat somit ähnliche Bedeutung wie die Schlachten von El Alamein in Afrika und Stalingrad in der Sowjetunion.

Seine herausragende Rolle als Stickstoff- und Phosphatquelle – und als Annexionsgrund – hat Guano inzwischen zwar eingebüßt, bis heute gilt er allerdings als hervorragender Gartendünger. Sein Abbau bedroht leider einige Tierarten in ihrer Existenz, zum Beispiel den Humboldt-Pinguin, *Spheniscus humboldti*, oder besagten Guanokormoran. Wo der Vogelmist abgegraben wird, können die Tiere nämlich nicht mehr nisten. Das beschert den gefiederten Zeitgenossen eine drückende Wohnungsnot und in der Folge einen Geburtenknick.

Durch den Hund darauf gekommen

Auf den ersten Blick haben Hunde und Getreide nicht viel miteinander zu tun, außer man kennt die Redewendung „auf den Hund kommen". Sie bedeutet für den Betroffenen nichts Gutes, meint sie doch, dass jemand am Ende seiner Möglichkeiten angelangt ist. Die Herkunft dieser Redensart ist nicht eindeutig geklärt, aber sie könnte mit dem vor allem in Süddeutschland und der Schweiz gepflegten Brauch zusammenhängen, Hunde oder auch nur deren Köpfe in den Boden hölzerner Geld- oder Vorratstruhen zu schnitzen. Die Aufgabe dieses Konterfeis: virtuell Wache schieben und auf das wertvolle Gut, beispielsweise Mehl, das in der Truhe aufbewahrt wurde, aufzupassen. Ging das Mehl so weit zur Neige, dass man den Hund sehen konnte, dann war man eben sprichwörtlich auf selbigen gekommen. Diese negative Verknüpfung tut dem Verhältnis von Hunden und Getreide allerdings Unrecht, denn ein Hund war es, der dazu beitrug, dass uns das Mehl nicht ausgeht.

Im Januar 1857 arbeitete der 18-jährige John Francis Appleby auf der Farm seines Onkels beim Städtchen Whitewater im US-Bundesstaat Wisconsin. Obwohl junge Männer seines Alters für gewöhnlich andere Dinge im Kopf haben, dachte er unentwegt daran, wie er die Getreideernte effektiver machen könnte. Mähmaschinen hatte er bereits gesehen; besonders beeindruckt hatten ihn die von Cyrus Hall McCormick entwickelten Virginia Reaper. Diese ließ man von einem Pferdegespann über ein Getreidefeld ziehen. An einem Mähbalken waren bewegliche und feststehende Klingen, sogenannte Finger aus Metall angebracht. Der Vortrieb durch das Pferdegespann versetzte dieses Mähwerk in Aktion. 1834 hatte McCormick das US-Patent auf seine Maschine erhalten und sie wurde ein Verkaufsschlager, denn sie ersetzte die Arbeitskraft von sechs Männern mit einer Sense oder sogar 24 Männern mit einer Sichel. McCormicks Erfindung war der erste Schritt zur Mechanisierung und damit der Industrialisierung der Landwirtschaft.

Nach dem Schneiden legte eine Haspel die Halme fortlaufend auf einen Tisch, von wo sie Arbeiter auf den Boden ziehen konnten. Dort trocknete das Getreide und wurde danach zu Garben gebunden. Trotz der Mähmaschine war mit dieser Form der Ernte also noch immer sehr viel Handarbeit verbunden und entsprechend langwierig verlief das Einholen der Erträge.

Genau über dieses Problem sinnierte der junge John Appleby. Sollte sich nicht auch das Binden der Garben automatisieren lassen? Noch hatte er keine Lösung gefunden, aber wie so oft in der Geschichte half der Zufall nach – in diesem Fall in Form eines Mädchens und eben eines Hundes, genauer gesagt eines Boston-Terriers.

Appleby sah nämlich, wie das Kind den Welpen neckte und ihm ein Seil auf seinen Kopf warf. Halb spielerisch, halb verärgert, weil er sich keine Schlinge um den Hals legen lassen wollte, zog der Hund immer wieder seinen Kopf zurück, drehte und wand sich und schnappte nach dem Seil. Plötzlich bekam er die Leine zwischen die Zähne und zog sie durch eine der Schlingen, die sich auf seinem Kopf verwunden hatten. Das Resultat war ein Knoten. Der Hund hatte ihn ganz ohne Hände, nur mit seinem Maul fabriziert.

Das war die Lösung, nach der Appleby gesucht hatte. Er griff sich augenblicklich ein Stück Holz, um eine entsprechende Vorrichtung zu schnitzen, die genau die Bewegungen des Hundes nachvollziehen konnte. Dieses Modell nutzte er später, um es in der Werkstatt eines Büchsenmachers in Metall nachzubauen.

Doch bevor der junge Tüftler seine Erfindung vermarkten konnte, brach der Amerikanische Bürgerkrieg aus und tobte vier Jahre lang. Von 1862 bis 1865 diente Appleby im 23. Freiwilligenregiment von Wisconsin und entwickelte ein Hinterlader-Zündnadelgewehr, für das er im Dezember 1864 das US-Patent erhielt. Da die Army aber kein Interesse an seiner neuen Waffe zeigte, verkaufte er die Rechte daran schließlich für 500 Dollar an das preußische Militär.

1865, als der Krieg endlich vorbei war, kehrte er in seine Heimat Wisconsin zurück und arbeitete an der Verbesserung seiner Bindevorrichtung. Zufrieden war er damit erst im Jahr 1874. Doch wie so oft, wenn eine gute Idee auf die Praxis trifft, folgte sofort eine große Enttäuschung. Die Farmer, denen er seinen Garbenbinder präsentierte, lehnten das neue Gerät ab. Appleby hatte als Bindematerial Draht vorgesehen, das Stroh der Getreidebündel diente allerdings als begehrtes Futter für Vieh. Wenn nun der Draht nicht vollständig aus dem Stroh entfernt wurde, zogen sich die Tiere schwere Verletzungen beim Fressen zu, die im schlimmsten Fall zum Tod führten. Da niemand garantieren konnte, dass kein Draht im Futter landen würde, fiel Applebys Erfindung durch.

Doch davon ließ sich der junge Mann nicht aufhalten. Nun wusste er schließlich, was er noch verbessern musste. Kurzerhand integrierte er mehrere von anderen Tüftlern entwickelte Teile zu einem neuartigen, viel effektiveren Binder, der obendrein ein Seil statt eines Drahts verwendete.

1878 und 1879 gelang es ihm, Patente dafür zu erhalten, und 1880 erreichte er den Durchbruch, nachdem er eine Lizenz für seinen neuen Binder an die Gammon and Deering Company verkauft hatte, einem damals bekannten Hersteller von Erntemaschinen. Schon bald ratterten auf den Feldern 3000 Ernter mit Applebys Bindevorrichtung.

Nun wurde auch der Erfinder und erfolgreiche Landmaschinenproduzent Cyrus McCormick auf die Erfindung aufmerksam und schon bald fabrizierten seine Maschinen Garben mit Applebys Binder. Weitere Firmen zogen nach und erwarben ebenfalls Lizenzen.

Die Arbeitsersparnis durch Applebys Automatisierung war so immens, dass die neuen Maschinen reißenden Absatz fanden. Und der Bedarf war groß, denn immer neues Farmland wurde im sogenannten Wilden Westen erschlossen. Da mit Hilfe der Erntemaschinen ein einzelner Arbeiter wesentlich mehr Land bearbeiten konnte als früher, schritt auch diese Flächenkultivierung schneller voran, als das ohne Maschinen möglich gewesen wäre. Das bescherte den Herstellern der Mähbinder, wie sie nun genannt wurden, beeindruckende Verkaufszahlen. Allein McCormicks Firma brachte von 1897 bis 1902 jährlich 152 000 Erntemaschinen an den Mann.

John F. Appleby arbeitete zu dieser Zeit bereits an der Verbesserung einer Baumwollerntemaschine, auf die er 1905 ein Patent erhielt. Im November 1917 starb er als wohlhabender Mann in Chicago. Sein Erfindergeist und Fleiß – und selbstverständlich jener spielende Hund, der ihn auf den ersten Gedanken zu seiner Bindevorrichtung gebrach hatte –, hatten dafür gesorgt, dass er nicht auf den Hund kam. Insofern haben Hunde und Getreide also doch mehr gemeinsam, als man auf den ersten Blick vermuten würde.

Blitzende Kabel und helle Nacht

Am 25. August 1859 sah der Goldgräber Frank Count Herbert nahe dem Örtchen Rokewood im australischen Bundesstaat Victoria im äußersten Südwesten des fünften Kontinents Erstaunliches: Um sieben Uhr morgens leuchtete der Himmel in „Lichtern aller nur vorstellbaren Farben". Es war ein „Anblick, den man niemals vergisst", erinnerte sich Herbert noch 50 Jahre später in einer kurzen Mitteilung an die Tageszeitung *The Daily News* in Perth zur Erinnerung an das Jubiläum der Großen Aurora. Genau die hatte er tatsächlich beobachtet: ein südliches Polarlicht, eine Aurora australis.

Das Ungewöhnliche daran war allerdings, dass diese Leuchterscheinungen so weit nördlich üblicherweise nicht auftreten. Das hängt mit ihrer Entstehung zusammen. Polarlichter stammen genau genommen von der Sonne. Unser Zentralgestirn wirft von Zeit zu Zeit gewaltige Mengen geladener Teilchen aus und schleudert diese ins Weltall. Dabei nimmt die ausgespuckte Materie gehörig Fahrt auf und beschleunigt gewöhnlich bis auf 300 Kilometer in der Sekunde, also auf mehr als eine Million Kilometer in der Stunde. Wäre man auf der Erde mit dieser Geschwindigkeit unterwegs, könnte man den Globus in einer Stunde am Äquator 27 Mal umrunden.

Dieser Teilchenstrom, der auch Sonnenwind genannt wird, weht – wenn der Zufall es will – immer wieder in Richtung unseres Planeten. Sobald er auf das Magnetfeld der Erde trifft, wird er in Richtung der Pole abgelenkt. Dort durchstoßen die Magnetfeldlinien die Atmosphäre. Entlang dieser Linien treffen deshalb an den Polen besonders viele der aufgeladenen Teilchen von der Sonne auf irdische Gase wie Sauerstoff oder Stickstoff und reagieren mit ihnen. Die sichtbare Folge dieser Interaktion sind die Polarlichter.

Je weiter man sich von den Polen der Erde entfernt, desto unwahrscheinlicher wird es, ein Polarlicht zu sehen. Zwar liegen Teile Australiens noch so nahe am Südpol, dass es durchaus möglich ist, dort eine Aurora australis zu beobachten, aber am 25. August 1859 war das Spektakel doch ungewöhnlich großartig. Sogar im noch weiter nördlich gelegenen Bundesstaat Queensland bestaunten die Menschen das Schauspiel. Und auch auf der Nordhalbkugel traten überall besonders prächtige Polarlichter auf.

Die mythisch anmutende Erscheinung war allerdings nur der Vorbote eines beängstigenden Ereignisses. Wenige Tage nach dem Himmelsspektakel, am Morgen des 1. September, ging der britische Astronom Richard Christopher Carrington in sein Observatorium, um – wie schon so viele Male zuvor – die Sonne zu beobachten. Dazu lenkte er das Bild des Fixsterns durch ein Teleskop auf eine Glasplatte, die mit einer hellen Temperafarbe beschichtet war. Damit

○ Sonnensturm

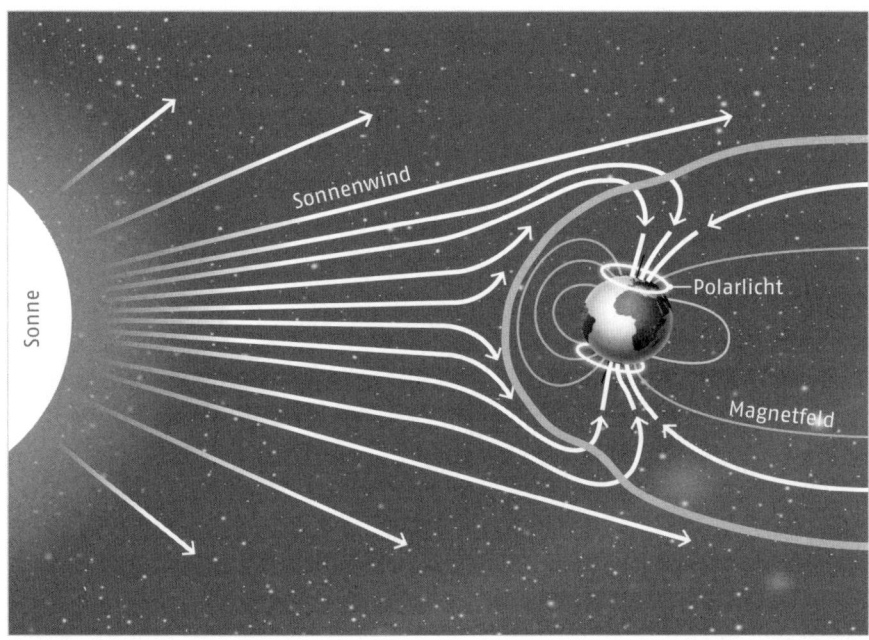

○ Entstehung des Polarlichts

wollte der Wissenschaftler die Sonnenflecken beobachten, dunkle Bereiche mit starkem Magnetismus und tieferen Temperaturen als auf der übrigen Oberfläche. Doch diesmal sah Carrington noch etwas anderes als die Flecken auf der knapp 28 Zentimeter breiten Sonnenscheibe, die er auf die Glasplatte projizierte: Inmitten einer sehr großen Gruppe dunkler Sonnenflecken leuchteten zwei äußerst helle nierenförmige Bereiche.

„Der Ausbruch wurde schnell intensiver", erinnerte sich Carrington wenig später. „Ich rannte aus dem Observatorium, um jemanden zu holen, der meine Beobachtung bezeugen konnte." Aber als er nach kaum 60 Sekunden zurückkam, nahm das Leuchten bereits wieder ab und verschwand schließlich vollends. Der ganze Vorfall hatte kaum fünf Minuten gedauert. Mindestens noch ein weiterer Mensch beobachtete genau dasselbe an jenem 1. September um 11:20 Uhr: der ebenfalls britische Hobbyastronom Richard Hodgson.

Beide Weltraumenthusiasten ahnten damals allerdings nicht, was nun auf sie zuraste. Das grelle Leuchten, das sie gesehen hatten, war die Folge der stärksten Sonneneruption der vergangenen Jahrhunderte. Dieser Koronale Massenauswurf schleuderte gewaltige Mengen geladener Teilchen mit deutlich mehr als 2000 Kilometern pro Sekunde in Richtung der Erde. Für die gut 149 Millionen Kilometer von der Sonne bis zu uns benötigte der Sonnensturm nur 17,5 Stunden. Seine Ankunft machte sich nahezu auf der ganzen Welt bemerkbar. Leuchterscheinungen am Himmel waren auf der Nordhalbkugel bis weit in die Karibik, nach Südeuropa und sogar Nordafrika zu beobachten. In den USA sollen Menschen beim Schein der Aurora borealis sogar Zeitung gelesen haben.

Weniger romantisch wirkte sich der Sonnensturm allerdings auf die Kommunikationsinfrastruktur aus. Zur Mitte des 19. Jahrhunderts entwickelte sich gerade die elektrische Telegrafie. Überall wurden Leitungen aufgebaut, 1858 hatte man das erste Überseekabel von Europa nach Nordamerika verlegt. Nun prallte also eine gewaltige elektrische Ladung auf dieses Netz und führte zu dessen Überlastung. Auf weiten Teilen der Nordhalbkugel brachen die Telegrafenverbindungen zusammen. Aus Masten und Leitungen schlugen Funken, einige Telegrafisten traf ein elektrischer Schlag. Andere konnten, obwohl sie die Stromversorgung ihrer Station abgeschaltet hatten, weiter Signale aussenden.

Trotz aller Schäden, die der Koronale Massenauswurf verursachte, darf man den Verlauf des Sonnensturms von 1859 noch als kurioses Ereignis betrachten. Heutzutage hätte ein vergleichbarer Beschuss der Erde viel verheerendere Folgen, da die Menschheit in beinahe allen Weltgegenden auf Telekommunikation vertraut. Diese und weitere wichtige Bereiche unseres Lebens – wie Wettervorhersagen, Erdbeobachtung oder Navigation – setzen auf Satelliten im Weltraum. Träfe uns noch einmal ein vergleichbarer Teilchenstrom von der Sonne, wären die Schäden immens. 1994 verursachte ein viel schwächerer Sonnensturm Fehlfunktionen in zwei Kommunikationssatelliten und unterbrach Fernseh- und Radioübertragungen in ganz Kanada. Da erscheinen die Schätzungen, die der Versicherungskonzern Lloyd's im Jahr 2013 aufstellte, realistisch; nach ihnen würde die heute zu erwartende Schadenshöhe bei einem Sonnensturm mit der Stärke von 1859 allein in den USA 0,6 bis 2,6 Billionen Dollar betragen.

Glücklicherweise ist die Sonne kugelförmig und schießt ihre Teilchenmassen in alle Richtungen. Allein das verringert die Wahrscheinlichkeit eines Treffers enorm. Außerdem geschehen derart heftige Koronale Massenauswürfe wie der von 1859 vergleichsweise selten. Forscher haben für die vergangenen 500 Jahre keine Hinweise auf einen vergleichbaren Sonnensturm gefunden. Halb so starke Ereignisse könnten aber alle 50 Jahre auftreten. Grund genug, sich auf ein zumindest zeitweiliges Leben ohne Elektrizität und Elektronik vorzubereiten.

Seit 1859 werden solche Sonnenstürme jedenfalls nach dem Astronomen, der sie zum ersten Mal beobachtete, Carrington-Ereignisse genannt.

Haarige Staatsangelegenheit

Auch wenn Parlamentarier eigentlich mit gutem Sitzfleisch ausgestattet sein sollten, dürfte doch so manches Mitglied des US-amerikanischen Senats aufgeatmet haben, als Charles Sumner, seines Zeichens Senator für den Bundesstaat Massachusetts, am 9. April 1867 nach drei Stunden endlich zum Ende seiner Rede kam. Die Theatralik, mit der er seine letzten Sätze einleitete und auf die Vorzüge einer republikanisch-demokratischen Regierungsform verwies, dürfte seine Zuhörer deshalb nicht gestört haben: „Schenke eine solche Regierung und du wirst verleihen, was besser ist als alles, was du erhalten kannst, egal ob es Fisch, Goldsand, feinstes Fell oder das schönste Elfenbein ist."

Mit seinem flammenden Appell wollte der Senator seine Kollegen dazu bewegen, dem Kauf des Territoriums von Alaska zuzustimmen. Er hatte die Vorzüge des mehr als 1,5 Millionen Quadratkilometer großen Gebietes an der Nordwestspitze Nordamerikas in den glühendsten Farben geschildert und neben den geostrategischen Vorteilen, die eine Inbesitznahme bringen würde, vor allem die ökonomischen Vorzüge der Region am Nordpolarkreis gepriesen.

Bei der wiederholten Aufzählung der Naturschätze führte er oft zuerst das Fell von Seeottern an, jenen putzigen, die allermeiste Zeit im Meer lebenden Mardern, die bis zu 1,5 Meter Körperlänge erreichen können – wobei 30 Zentimeter dann auf den Schwanz entfallen. Naturfreunden sind Seeotter vor allem deswegen bekannt, weil sie, auf dem Rücken an der Wasseroberfläche treibend, Steine auf ihrem Bauch balancieren und als Amboss benutzen, um Muscheln zu knacken. Eines der wenigen dokumentierten Beispiele für Werkzeuggebrauch bei Meeressäugern.

Das drollige Schauspiel war allerdings nicht der Grund für die Aufmerksamkeit, die die Otter im 18. und 19. Jahrhundert genossen. Schon 1741 hatte eine russische Expedition unter Leitung des aus Dänemark stammenden Marineoffiziers und Forschers Vitus Bering die Tiere in Alaska entdeckt. Obwohl dieser erste Europäer, der die abgeschiedene Weltgegend betrat, während seiner Unternehmung starb, lenkte die Bering-Expedition schnell die Aufmerksamkeit findiger Kaufleute und Pelzjäger auf die lohnende Beute.

Seeotterfell ist das dichteste im ganzen Tierreich. Bis zu 150 000 Haare sprießen aus einem Quadratzentimeter Haut eines Seeotters. Das sind mehr, als ein durchschnittlich behaarter Mensch auf seinem gesamten Kopf trägt. Die daraus resultierenden guten Isolationseigenschaften, die Flauschigkeit und die lange Haltbarkeit der Felle machten sie zur begehrten Handelsware.

Wie der Zobel, eine asiatische Marderart, die russische Eroberung weiter Teile Sibiriens befeuert hatte, so lockte die Haut des Seeotters Russen nach Alaska. Unmittelbar nach 1741 begann die Jagd auf die Tiere. Doch so sehr sich die Trapper auch bemühten, die Nachfrage nach Seeotterfellen überstieg das Angebot bei weitem. Der Handel mit den begehrten Pelzen versprach gewaltige Gewinnspannen, denn in Europa oder Asien zahlte kaufkräftige Kundschaft bis zu 1000 Dollar pro Fell. Wie lukrativ das Geschäft mit der haarigen Ware sein konnte, verdeutlichten unter anderem die Ausführungen von Senator Sumner in seiner Rede von 1867. Demnach kostete ein Seeotterfell in Alaska nur 50 Dollar, wogegen das Fell eines gewöhnlichen Otters oder das eines Bibers nur maximal sechs Dollar einbrächten.

o Seeotter besitzen mit bis zu 100 000 Haaren pro Quadratzentimeter den dichtesten Pelz im Tierreich.

Ob es nun dieses Argument war, das die meisten Senatoren überzeugte, ist nicht überliefert. Jedenfalls votierten sie mit 37 zu zwei Stimmen für den Kauf der riesigen Landfläche für 7,2 Millionen Dollar. Senator Sumner und vor allem der damalige US-Außenminister Willam Henry Seward dürften aufgeatmet haben, denn bereits am 30. März hatte der Minister den Kaufvertrag mit der russischen Regierung unterschrieben.

Selbst wenn die Gegner des Handels spotteten, die gottverlassene und für nichts zu gebrauchende Gegend am Polarkreis sei „Sewards Dummheit" oder

„Sewards Gefriertruhe", so war die Mehrheit der Bevölkerung dem Kauf eher wohlgesonnen. Schließlich war das ein wahres Schnäppchen, wie sich allerdings erst viel später herausstellen sollte, beispielsweise ab 1896 mit dem sogenannten Klondike-Goldrausch oder während des Kalten Krieges ab Mitte des 20. Jahrhunderts als geostrategisch wichtige militärische Basis.

All das konnten der russische Zar und seine Beamten selbstverständlich nicht ahnen, als sie Alaska verhökerten. Für sie war der Verkauf des Territoriums noch die beste Lösung. Schließlich waren die Seeotter durch die starke Bejagung beinahe ausgerottet und damit das wertvollste Handelsgut der Region bis zur Neige ausgebeutet. Außerdem war es wahrscheinlich, dass sich dieses Gebiet, so weit entfernt vom russischen Kernland, ohnehin nicht halten ließ. Noch dazu lag es in der Nachbarschaft zweier expandierender Mächte; nicht nur die USA vergrößerten ihr Staatsgebiet, auch Großbritannien hatte Interesse daran, das Territorium an der Nordgrenze seiner kanadischen Kolonie zu erobern. Da war es allemal besser, das Land zu verkaufen und so noch einmal einen Profit herauszuschlagen.

Den Seeottern hat der Handel zunächst nichts genutzt, denn vorerst ging die Jagd auf sie weiter. Erst 1911, als die Art kurz vor der endgültigen Auslöschung stand, schlossen Japan, Russland, die Vereinigten Staaten und Großbritannien ein Abkommen, das auch die flauschigen Meeressäuger vor weiterer Verfolgung schützte. Nur etwa 2000 von ihnen hatten das Gemetzel überlebt.

Der Erfolg der Schutzmaßnahmen zeigt sich heute: Nachdem geschätzte 800 000 Seeotter getötet worden waren und die Population um etwa 99 Prozent geschrumpft war, hat sich die Zahl der Tiere in Alaska bis heute auf mehr als 70 000 erholt. Sogar der nahe Verwandte des Alaska-Seeotters, der weiter südliche lebende Kalifornische Seeotter, ist seiner endgültigen Ausrottung entgangen. Obwohl man ihn bereits für ausgestorben gehalten hatte, wurde eine kleine Population der Marder in der ersten Hälfte des 20. Jahrhunderts wiederentdeckt. Heute leben immerhin um die 3000 Seeotter an der Küste südliche von San Francisco.

Es wäre auch haarsträubend gewesen, wenn man den Tieren, derentwegen das raue Land im hohen Norden erobert und dann verkauft wurde, keine Chance zum Überleben gegeben hätte.

Manche mögen's kalt

Jedes Mal, wenn irgendwo auf der Welt ein Glas mit einem kühlen Bier gehoben wird, dann ist das nicht nur ein Grund zur Freude für denjenigen, der sich damit erfrischen will. Jeder Mensch auf der Erde sollte sich daran erfreuen, denn ein kühles Blondes bedeutet weit mehr, als nur ein Durststiller und Rauschmittel zu sein. Der Gerstensaft oder vielmehr jene dienstbaren Wesen, die ihn herstellen, haben durch ihre natürliche Eigenart für eine Technologie gesorgt, mit der beinahe jeder Erdenbürger mittel- oder unmittelbar in Berührung kommt: Kühlung.

Obwohl die tropische Herkunft des Menschen ihn eher für Lebensräume mit vergleichsweise hohen Durchschnittstemperaturen prädestiniert, sucht *Homo sapiens* schon sehr lange nach dem Gegenspieler der Wärme. Er tut dies einerseits zu seinem Komfort, vor allem aber zur Konservierung von Lebensmitteln.

Bereits 2000 vor Christus kühlten die Bewohner des Zweistromlandes im Nahen Osten Erdlöcher mit Eis, in denen sie Fleisch lagerten. Im antiken Ägypten, Indien, China oder bei den südamerikanischen Inka wurden Nahrungsmittel ebenfalls vor dem Verderb geschützt, indem man sie in Gruben aufbewahrte, die mit Eis und Schnee gefüllt und mit Stroh gegen die Außentemperaturen isoliert waren. Und auch der makedonische Feldherr und König Alexander der Große nutzte dieses Verfahren zur Haltbarmachung von Lebensmitteln. Im antiken Rom des ersten Jahrhunderts nach Christus beschrieb Plinius der Ältere, dass Kaiser Nero eine Methode entwickelt habe, Wein in einem Gefäß zu kühlen, indem man es in Schnee eingrabe. Schnee oder Eis ließen sich wohlhabende Römer zu jeder Jahreszeit von den Gletschern der Alpen liefern, weshalb der Philosoph Seneca über den Snobismus seiner Landsleute wetterte, ihnen sei kein Eis oder Schnee kalt und keine Speise heiß genug. Um seine Macht über alles und jeden zur Schau zu stellen, soll der römische Kaiser Elagabal, der von 218 bis 222 nach Christus regierte, sogar befohlen haben, mitten im Sommer einen kleinen Schneeberg in seinem Lustgarten aufzuhäufen.

Allem Luxus und Gepränge zum Trotz boten Natureis oder -schnee die einzige Möglichkeit zur künstlichen Kühlung auf tiefe Temperaturen. Wer sich in der warmen Jahreszeit damit versorgen wollte, musste Schnee oder Eis entweder von weit her liefern lassen – so wie es die Römer taten – oder die gefrorene Pracht im Winter ernten und in Stollen, Gruben oder Kellern einlagern. Das galt noch Jahrhunderte lang.

Kein Wunder also, dass der englische Philosoph, Politiker und Wegbereiter der empirischen Forschung Francis Bacon in seinem 1627 erschienenen Werk

Sylva Sylvarum schrieb: „Die Erforschung der Erzeugung von Kälte ist ein lohnenswertes Gebiet, sowohl für die Erkenntnis als auch in der praktischen Anwendung […] Hitze erzeugen wir leicht, zum Beispiel durch Feuer. Aber auf die Kälte müssen wir warten oder sie in tiefen Höhlen oder auf hohen Bergen suchen. Und wenn wir sie gefunden haben, können wir sie doch nicht in größeren Mengen konservieren."

Er sollte damit noch über 200 Jahre Recht behalten. Zwar wusste bereits der um die erste Jahrtausendwende nach Christus lebende arabische Arzt Ibn Sina, in Europa auch als Avicenna bekannt, dass man Schnee oder Eiswasser dadurch weiter herabkühlen kann, dass man Salze wie Kochsalz oder Salpeter darin auflöst, diese Form der chemischen Kühlung diente allerdings maximal dazu, Getränke wie Wein für den Hausgebrauch zu kühlen.

Auf diesen Erkenntnissen aufbauend, begannen Pioniere wie die Amerikaner Jacob Perkins, Oliver Evans, John Gorrie und Alexander Twinning im 18. Jahrhundert, erste Apparate für die maschinelle Kühlung zu entwickeln. Allerdings krankten auch sie daran, dass ihre großtechnische Anwendung nicht praktikabel war. Um die Mitte des 19. Jahrhunderts entwickelte dann der nach Australien ausgewanderte schottisch-stämmige James Harrison eine Kältemaschine, die Methylchlorid als Kühlungsmittel verwendete. Dieses wurde mit Hilfe eines Kompressors so verdichtet, bis es flüssig war. Dann wurde es zu einem Wärmetauscher geleitet, wo es verdunstete und dabei seine Umgebung stark abkühlte. Anschließend wurde das Methylchlorid wieder zum Kompressor geführt und erneut verdichtet. Einen ersten Prototyp dieser Kältemaschine installierte 1851 eine Bierbrauerei in Bendigo im australischen Bundesstaat Victoria.

Doch auch dieses Verfahren wies noch einen entscheidenden Nachteil auf: die Explosivität von Methylchlorid bei Kontakt mit Sauerstoff. Erst der Franzose Ferdinand Philippe Carré beseitigte die tödliche Gefahr, indem er eine auf Ammoniak basierende Kühlmaschine entwickelte, die 1862 während der Weltausstellung in Paris für großes Aufsehen sorgte.

Trotzdem blieb Natureis noch lange das Mittel der Wahl, um beispielsweise große Mengen Lebensmittel zu kühlen. Weltweit hämmerten und sägten Arbeiter während der Wintermonate auf den Eisflächen zugefrorener Seen Eisblöcke heraus oder – wo geeignete Gewässer fehlten – besprühten Gestänge so lange mit Wasser, bis es zu großen Eiszapfen gefroren war.

Doch der Eisbedarf stieg kontinuierlich. Unter anderem die Bierbrauer verlangten nach den kühlenden Brocken, wie das Beispiel der Spatenbrauerei in München zeigt. So verbrauchte sie im Braujahr 1846/47 fast 300 000 Kilogramm Eis für gut 28 000 Hektoliter Bier. Gut 20 Jahre später, im Braujahr 1868/69, war die benötigte Eismenge auf 16,8 Millionen Kilogramm angewachsen. Fast 233 000 Hektoliter Bier wurden damals produziert und damit hatte sich auch der relative Eisverbrauch erhöht. Lag er in den 1840er Jahren noch bei etwa zehn Kilogramm Eis pro Hektoliter Bier, schnellte er innerhalb von 20 Jahren auf mehr als 72 Kilogramm pro Hektoliter in die Höhe.

In guten Jahren mit frostigen Wintern bestand kein Mangel an Eis und der Zentner der kalten Ware kostete nur etwa 15 Kreuzer. War der Winter aber mild, wurde Eis knapp und der Preis pro Zentner konnte sich mehr als verdreifachen.

Zwei Faktoren trugen maßgeblich zu dem stark steigenden Bedarf bei. 1865 wurde auch in Bayern das Sommersudverbot aufgehoben, das bis dahin das Brauen nur von Michaeli, dem 29. September, bis zu Georgi, dem 23. April, erlaubte. In der warmen Jahreszeit verdarb das Bier zu oft. Den zweiten Grund lieferte die Natur der Hefe, die den Brausud zu Bier vergärt. Sie bestimmt zunächst, um welche Sorte Bier es sich handelt: obergäriges oder untergäriges.

Bei obergärigen Biersorten wie Weizenbier, Alt oder Kölsch schwimmt die Hefe während des gesamten Brauvorgangs an der Oberfläche des Suds. Bei untergärigen Bieren wie Pils, Hellem, Export oder Märzen sinkt sie dagegen am Ende des Brauvorgangs zum Boden des Braukessels. Doch das ist nicht der einzige Unterschied zwischen den kleinen Helfern der Braumeister. Obergärige Hefe arbeitet wunderbar bei Temperaturen von 15 bis 20 Grad Celsius, untergärige mag es dagegen kalt. Ihr Temperaturoptimum liegt zwischen vier und neun Grad Celsius.

Auch in Gegenden, in denen kein Sommerbrauverbot existierte, galt Untergäriges deshalb als Winterbier. Wollte man beispielsweise Pils in der wärmeren Jahreszeit brauen, war man auf natürliche Kühle in Kellern oder Stollen angewiesen oder musste künstlich mit Natureis nachhelfen. Damit das fertige Bier dann nicht verdarb, musste es ebenfalls gekühlt werden. Doch gerade untergärige Biere erfreuten und erfreuen sich in den meisten Gegenden Deutschland besonders großer Beliebtheit.

Mit der Herstellung und der Aufrechterhaltung niedriger Temperaturen beschäftigten sich deshalb viele kluge Köpfe im 19. Jahrhundert. Denn das Brauwesen war nur eine Branche, die nach Kälte gierte. Auch die übrige Lebensmittelindustrie, von der Fleischwirtschaft bis hin zu Plantagenbesitzern rund um den Globus, wollte ihre Ware durch Kälte länger haltbar machen und vor allem zu weit entfernten Märkten transportieren. So brannten beispielsweise australische Schafzüchter darauf, nicht nur die Wolle ihrer Tiere nach Europa zu liefern, sondern auch deren Fleisch.

Eine funktionierende und wirtschaftliche Kühlmaschine zu erfinden, versprach deshalb lohnende Geschäfte. Das erkannte niemand so gut wie ein gewisser Carl Paul Gottfried Linde, der 1842 im oberfränkischen Berndorf geboren wurde. Der Ingenieur und Erfinder stieß 1870 auf ein Preisausschreiben für eine Kälteanlage zum Auskristallisieren von Paraffin aus Rohölen. Das brachte ihn dazu, sich mit der künstlichen Erzeugung von Kälte zu beschäftigen.

Linde war der Erste, der sich der Sache systematisch annahm und die unterschiedlichen Verfahren zur Kühlung und ihren Wirkungsgrad analysierte. Er kam zu dem Schluss, dass Maschinen von dem Typ, wie seine Kollegen Perkins oder Harrison sie schon vor ihm gebaut hatten, die effizientesten sein müssten. Also entwickelte er ebenfalls Pläne für eine derartige, allerdings verbesserte Apparatur. 1870 und 1871 veröffentlichte er seine Überlegungen und stieß auf reges Interesse bei den Bierbrauern.

Nachdem Linde im Juni 1873 auf der Weltausstellung in Wien einen Vortrag gehalten hatte, überzeugte er zwei führende Brauereibesitzer von seinen Ideen. Nach einigen Rückschlägen, die ihn allerdings nur zu weiteren Verbesserungen anspornten, war es 1877 endlich geschafft: Die erste effizient arbeitende Kältemaschine wurde an eine Brauerei in Triest ausgeliefert. Bald folgten weitere, zum Beispiel für die Spatenbrauerei in München oder die Mainzer Actien-Brauerei, wo sie jeweils ein für untergärige Hefe angenehmes Arbeitsklima schufen.

Das ermutigte Linde, sich mit seiner Firma „Gesellschaft für Linde's Eismaschinen Aktiengesellschaft" 1879 selbstständig zu machen. Dennoch blieb der Durchbruch aus, weil viele Brauer nach wie vor auf Natureis setzten. Bis der Winter 1883/84 besonders milde verlief und den Absatz der Kältemaschinen enorm befeuerte.

Der wirtschaftliche Erfolg und das erfinderische Geschick des 1897 geadelten Ingenieurs trugen dazu bei, dass die Kühltechnik, die zunächst nur für die Industrie interessant und bezahlbar war, nach und nach auch für Privatanwender erschwinglich wurde. Zuerst verbreiteten sich gemeinschaftlich betriebene Kühlhäuser, in denen beteiligte Haushalte getrennte Aufbewahrungsmöglichkeiten für meist gefrorene Lebensmittel hatten. Heutzutage befindet sich ein Kühlschrank in so gut wie jedem Haushalt, zählt zum Existenzminimum und kühlt weit mehr als nur Bier. Auch für die weltweite Gesundheitsversorgung spielt Kühltechnik nach wie vor eine bedeutende Rolle, allein schon weil es ohne sie nicht möglich wäre, temperaturempfindliche Impfstoffe auch in entlegene Weltgegenden zu bringen und dort zu lagern.

Wer ein kühles Bier trinkt, darf sein Glas also getrost auf den Herrn von Linde und die kälteliebende untergärige Hefe erheben. Ohne die beiden müssten wir vielleicht auf eine entscheidende Technik in unserem Alltag verzichten.

Gutes schlechtes Wetter

Ausgerechnet jetzt herrschte schlechtes Wetter. Zwar ist eine graue Wolkendecke im Februar nichts Außergewöhnliches in Westeuropa, am 26. dieses Monats im Jahr 1896 kam der trübe Himmel über Paris für einen französischen Forscher an der École Polytechnique im Quartier Latin aber äußerst ungelegen. Im November des Vorjahres hatte der deutsche Physiker Wilhelm Conrad Röntgen gerade merkwürdige Strahlen entdeckt. Im Dezember hatte er damit die Hand seines Kollegen Albert von Kölliker durchleuchtet und die Schatten, die Gewebe und Knochen warfen, auf einer fotoempfindlichen Platte festgehalten. Die im Januar 1896 erstmals veröffentlichte Röntgenaufnahme sorgte für großes Aufsehen in der Wissenschaft und der allgemeinen Öffentlichkeit.

Antoine Henri Becquerel, jener Franzose, den die dichte Bewölkung gerade betrübte, war einer der Forscher, die die Eigenschaften dieser bemerkenswerten Strahlen erforschen wollten. Dazu, so glaubte er, benötigte er unbedingt Sonnenlicht, weil es beispielsweise Salze des Urans wie Uran-Kalium-Doppelsulfat dazu anregte, selbst Licht auszustrahlen, also zu phosphoreszieren. Becquerel vermutete, dass bei dieser Phosphoreszenz auch die Strahlen entstünden, die Röntgen beschrieben hatte. Deshalb wickelte er eine Fotoplatte in dickes schwarzes lichtdichtes Papier, legte ein Stück Uransalz darauf und platzierte die Versuchsanordnung im Sonnenlicht. Das Salzbröckchen begann zu leuchten. Nachdem Becquerel die Fotoplatte entwickelt hatte, zeichneten sich die Konturen des Salzes deutlich darauf ab.

Genau dieses Experiment wollte er an eben jenem Februartag wiederholen. Doch der Himmel hatte sich zugezogen. Also verstaute der Physiker seinen Versuch in einer Schublade. Erst drei Tage später erinnerte er sich daran. Bis heute weiß niemand, weshalb er sich die Mühe machte, die Fotoplatte zu entwickeln. Schließlich erwartete er nicht, etwas dabei zu entdecken, da ja kein ungestörtes Sonnenlicht auf das Uransalz gefallen war und es demzufolge auch nicht phosphoreszierte. Umso erstaunter dürfte Becquerel gewesen sein, als er trotzdem die Umrisse des Salzes auf der Fotoplatte erblickte. „Die Silhouetten erschienen in großer Deutlichkeit. Ich dachte mir sofort, dass der Prozess in völliger Dunkelheit vonstattengehen müsse", fasste er seine Gedanken später zusammen. Bereits am 2. März trug er seine Entdeckung der französischen Akademie der Wissenschaften vor. Danach stellte er weitere Versuchsreihen an, dann war endgültig klar, dass die Strahlen, die die Fotoplatten schwarz färbten, aus dem Uransalz selbst kommen mussten.

Dank des schlechten Wetters hatte Becquerel die Radioaktivität entdeckt. 1903 erhielt er dafür gemeinsam mit dem Forscher-Ehepaar Curie den Nobelpreis. Auch hier war ihm Röntgen etwas voraus, denn der Deutsche hatte die Auszeichnung bereits zwei Jahre zuvor erhalten.

Das schmälert Becquerels Verdienste zwar in keiner Weise, aber man könnte dennoch versucht sein, ihn als den berühmtesten ewigen Zweiten zu bezeichnen, denn auch die Fähigkeit von Uransalzen, fotoempfindliche Gele zu schwärzen, hatte sein Landsmann Claude Félix Abel Niépce de Saint-Victor fast 40 Jahre vor ihm entdeckt. Da der Forscher aber an der Erkundung und Verbesserung der Fotografie interessiert war, schenkte er seiner Beobachtung keine größere Beachtung. Nur wenige andere Beispiele verdeutlichen besser, wie treffend das Zitat des französischen Chemikers und Mikrobiologen Louis Pasteur ist: „In der Wissenschaft begünstigt der Zufall lediglich einen vorbereiteten Geist." Jedenfalls läutete Becquerels Entdeckung das Atomzeitalter ein.

Weniger vorbereitet waren die damaligen Menschen allerdings auf die schädlichen Wirkungen der Radioaktivität. Weitgehend unbedarft hantierten selbst hochdekorierte Forscher mit dem strahlenden Material. So setzte Becquerel seinen Unterarm in einem Selbstversuch der Strahlung von Radium aus und beobachtete interessiert, wie sich die dadurch entstandene Wunde verhielt. Ein andermal trug er ein Glasröhrchen mit Radiumsalz in der Brusttasche seiner Weste mit sich herum und zog sich ebenfalls eine üble Strahlenwunde zu.

Ob die Strahlenbelastung, der er bei seinen Experimenten ausgesetzt war, seinen Tod maßgeblich verursacht hat, ist nicht überliefert. Allerdings starb er vergleichsweise jung, bereits 1908 im Alter von 55 Jahren. Sein Name wird dagegen noch lange überdauern, denn 1975 legte das Internationale Büro für Maß und Gewicht fest, eine physikalische Einheit nach ihm zu benennen: Becquerel bezeichnet die Aktivität einer radioaktiven Substanz und ist das Maß für die Zahl der Atomkerne, die im Mittel in einer Sekunde radioaktiv zerfallen.

Die Ehre, einer Einheit seinen Namen zu geben, hätte Becquerel sicher gefreut. Weniger schön hätte er sicher gefunden, dass sie außerhalb der Wissenschaft meist dann Aufmerksamkeit erhält, wenn sich etwas Unangenehmes ereignet, beispielsweise Reaktorkatastrophen wie die von Tschernobyl im Jahr 1986 oder von Fukushima im Jahr 2011. Deren Folgen spüren wir noch heute, unter anderem weil das strahlende Material, das in Tschernobyl freigesetzt wurde, bis nach Mitteleuropa trieb und sich dort niederschlug, vor allem in Form des Elements Cäsium-137. Dieses Isotop von Cäsium entsteht in Atomreaktoren und hat eine Halbwertszeit von 30 Jahren. Nach dieser Zeit ist die

Hälfte einer bestimmten Menge Cäsium-137 zerfallen. Die Strahlung, die dieses Isotop abgibt, bleibt also über Jahrzehnte messbar.

Hinzu kommt die Eigenschaft des Elements, nur schwer aus Böden auswaschbar zu sein, so dass es sich beispielsweise in Pilzen anreichert. Diese werden wiederum bevorzugt von Wildschweinen gefressen. Dort, wo 1986 besonders viel radioaktiver Neiderschlag vom Himmel fiel, sind die Tiere bis heute oft stark radioaktiv belastet, zum Beispiel in Teilen Süd- und Südostdeutschlands, Österreichs und Tschechiens.

Das führte zu einem kuriosen Zwischenfall im Kernkraftwerk Temelin in der Tschechischen Republik. Als ein Mitarbeiter einer Lieferanten-Firma das Areal des Kraftwerkes betreten wollte, löste er bei einer routinemäßigen Kontrolle Strahlenalarm aus. Es stellte sich heraus, dass er am Vortag eine Portion Wildschweinbraten gegessen hatte. Der Grenzwert für die radioaktive Belastung von Lebensmitteln für Erwachsen beträgt in der EU zwar 600 Becquerel pro Kilogramm Lebensmittel und die Radioaktivität des Mannes lag unterhalb gesundheitsbedenklicher Werte; sie reichte allerdings aus, um den Alarm zu aktivieren.

Es hätte Herrn Becquerel sicher betrübt, dass sein Name oft nur mit derlei Vorfällen genannt wird. Jedenfalls bleiben die Sicherheit von Kernkraftwerken und die Frage nach einem sicheren Endlager für die stark strahlenden und gefährlichen Abfälle aus diesen Energieanlagen bis heute ungeklärte Probleme. Atomwaffen, die die Menschheit in die Lage versetzen, sich selbst zu vernichten, sind ein weiterer düsterer Aspekt der Radioaktivität, die nun mal untrennbar mit dem Namen des französischen Forschers verbunden ist.

Die Gefahr, die das neue Wissen heraufbeschwor, sah bereits Pierre Curie voraus, jener Forscher, der mit seiner Frau und eben Becquerel 1903 den Nobelpreis für Physik erhielt. In seiner Dankesrede zur Verleihung der Auszeichnung sagte er: „Man kann auch annehmen, dass das Radium in verbrecherischen Händen sehr gefährlich werden könnte, und hier stellt sich die Frage, ob es für die Menschheit vorteilhaft ist, die Geheimnisse der Natur zu kennen, ob sie reif genug ist, sich diese Geheimnisse nutzbar zu machen oder ob diese Erkenntnisse ihr nicht schädlich sind."

Doch auch wenn es den Anschein haben mag, hat die Radioaktivität nicht nur negative Seiten. Von der Medizin bis zu allen Natur- und Technikwissenschaften hat ihre Erforschung und Nutzung zu großen Fortschritten beigetragen. Röntgenstrahlen öffnen nicht nur die Sicht auf die feinsten Strukturen von Mensch oder Tier, sie lassen auch tief in andere Materie blicken und ermöglichen in beiden Fällen die Entwicklung völlig neuer Stoffe, seien es Arzneien oder Teile für bessere Solarzellen oder Elektroantriebe. Darüber hinaus lassen sich andere, ebenfalls auf Radioaktivität beruhende Verfahren für Diagnose oder Therapie von Krankheiten einsetzen. Das Spektrum reicht dabei von der Beobachtung der Schilddrüsenaktivität bis hin zur gezielten Behandlung von Tumoren.

Je nach Sichtweise war im Februar 1896 das Wetter über Paris also nicht nur mies, sondern hatte auch seine guten Seiten.

Eiskalter Lebensretter

Schiffstaufen haben es in sich. Wie bei vielen Ritualen, die das Schicksal wohlgesinnt stimmen sollen, kann dabei allerlei schiefgehen. Wird die Zeremonie, wie in weiten Teilen der Welt üblich, kurz vor dem Stapellauf mit dem Zerschmettern einer Sekt- oder Champagnerflasche an der Bordwand des Täuflings vollzogen, sind strikte Regeln einzuhalten. Die wichtigsten wären: Die Taufe muss durch eine Frau durchgeführt werden. Diese darf aber keine roten Haare haben und nichts Grünes am Leib tragen. Selbstverständlich sollte die Taufflasche schon beim ersten Versuch zerspringen. Der Korken sollte wiederum im Flaschenhals stecken bleiben. Das Ritual schließt mit der Namensgebung und dem allfälligen Wunsch nach allzeit guter Fahrt und immer einer Handbreit Wasser unter dem Kiel. Zu guter Letzt erfolgt der Stapellauf, wobei das Schiff auf keinen Fall auf der Helling, also der Schiene, auf der es ins Wasser rutschen soll, hängen bleiben sollte. Neben dem unpraktischen Effekt, dass man den Rumpf dann erneut in Bewegung bringen muss, was sich als sehr mühsam erweisen kann, wird auch eine solche Panne als böses Omen gewertet.

Angesichts so vieler Fallen, die bei einer Schiffstaufe lauern, verzichteten Bruce Ismay, Präsident der White Star Line, der zweitwichtigsten Passagierreederei der Welt, und Lord William Pirrie, Chef der nordirischen Werft Harland & Wolff, am 10. Oktober 1910 vorsorglich gleich ganz auf diesen tückischen Brauch. Der Passagierdampfer, der im Hafen von Belfast zu Wasser gelassen wurde, sollte den Namen *Olympic* tragen. Offensichtlich kam niemand auf den Gedanken, dass gerade der Verzicht auf das übliche Taufritual auch als schlechtes Vorzeichen angesehen werden konnte.

Auf das Schicksal der *Olympic* traf das tatsächlich nicht zu, denn sie sollte weitaus mehr Glück haben als ihre beiden Schwesterschiffe *Britannic* und *Titanic*. So diente die im Februar 1914 vom Stapel gelaufene *Britannic* nie ihrem eigentlichen Verwendungszweck als Passagierschiff, sondern kam im Ersten Weltkrieg für die Royal Navy als Lazarettschiff zum Einsatz. Im November 1916 lief sie in der südlichen Ägäis zwischen den griechischen Kykladeninseln Kea und Makrónissos auf eine deutsche Seemine und sank. 30 der etwa 1000 an Bord befindlichen Menschen riss sie in den Tod.

Noch unglücklicher verlief die Karriere des dritten Passagierdampfers aus dieser Reihe, des wahrscheinlich bekanntesten Schiffes überhaupt: der *Titanic*. Auch sie erhielt ihren Namen wie die *Olympic* und *Britannic* ohne Taufzeremonie, als sie am 31. Mai 1911 vom Stapel lief. Noch knapp ein Jahr sollte verstreichen, bis der Luxusliner, dessen Interieur in allen drei Klassen auf vergleichsweise großen Komfort ausgelegt war, am 2. April 1912 in Dienst gestellt wurde.

Schon am 10. April lief die *Titanic* zu ihrer Jungfernfahrt vom englischen Hafen Southampton nach New York aus. Die Ankunft in Nordamerika war für den 17. April geplant. Mehr als 2200 Menschen befanden sich an Bord, darunter knapp 900 Besatzungsmitglieder.

Zunächst verlief die Fahrt durch den Nordatlantik ohne besondere Vorkommnisse. Obwohl die *Titanic* nicht dafür gebaut und es weder die Absicht der Reederei noch des Kapitäns war, einen Schnelligkeitsrekord für die Überfahrt aufzustellen, durchpflügte das Schiff die See mit Höchstgeschwindigkeit. Pünktlich wollte man allemal sein.

Wie zwischen Januar und August üblich, fuhr die *Titanic* auf der sogenannten südlichen Route in Richtung Westen, um dem Risiko umhertreibender Eisberge zu entgehen. Trotzdem erreichten einige Warnungen vor weißen Kolossen den Kapitän. Möglich war dies durch die gerade entwickelte Funktechnologie, die bereits auf Seefahrzeugen Einzug gehalten hatte. Selbstverständlich besaß auch die *Titanic* einen eigenen Funkraum.

Doch der Funkverkehr und vor allem der Einsatz von Funk auf sowie seine Nutzung zur Steuerung von Schiffen war nicht offiziell und verbindlich geregelt. Zwar hatte bereits 1906 die erste International Radiotelegraph Conference in Berlin stattgefunden und die Delegierten von 27 Staaten hatten sich auf einige gemeinsame Regeln geeinigt. Für Notfälle auf See umfasste diese Einigung aber kaum mehr als das verbindliche Notsignal SOS, das auf einer festgelegten Frequenz gesendet werden sollte. Die Interpretation des Notzeichens als die Anfangsbuchstaben von „Save our souls" (dt. „Rettet unsere Seelen") erfolgte übrigens erst später.

Jedenfalls beschäftigten sich die Konferenzteilnehmer im Wesentlichen mit anderen Fragen als der Seenotrettung. Vor allem regelten sie den privaten Funkverkehr. Das erklärt, weshalb ein großer Teil der Funksprüche, die von der *Titanic* abgesetzt wurden, Telegramme von Passagieren übermittelten. Die rege Funktätigkeit und das Fehlen ordnender Dienstvorschriften führte dazu, dass niemand an Bord des Luxusliners alle Meldungen zu Eisbergen in der Nähe der *Titanic* kannte. Das Schiff fuhr – wie damals keineswegs ungewöhnlich – Volldampf voraus.

Damit war das Schicksal der *Titanic* besiegelt. In der Nacht vom 14. auf den 15. April, kurz nach halb zwölf, ertönte die Alarmglocke auf dem Schiff, denn es steuerte direkt auf einen Eisberg zu. Das eingeleitete Ausweichmanöver kam zu spät. Die *Titanic* rammte den kalten Riesen. Mehrere Lecks waren die Folge und gewaltige Wassermassen strömten in die Kammern des Bugs. Zwischenzeitlich stabilisierte sich die Lage des Schiffes, was allerdings dazu führte, dass viele Passagiere die Gefahr falsch einschätzten und sich zu lange in Sicherheit wiegten.

Davon ließ sich der Kapitän und erfahrene Seemann Edward John Smith allerdings nicht täuschen. Nachdem er sich vom Ausmaß des Schadens vergewissert hatte, ordnete er um 0:05 Uhr die Evakuierung an und ab 0:15 Uhr ließ er seine beiden Funker Notrufe absetzen. Tatsächlich antwortete die *Carpathia*, ein Schiff der konkurrierenden Cunard-Linie. Sie sollte fast vier Stunden brauchen, um zu dem Unglücksort zu gelangen.

In der Zwischenzeit spielte sich Fürchterliches an Bord der *Titanic* und in den Gewässern um ihren Havarie-Ort ab. Mit der zähen Beharrlichkeit eines trägen Lavastromes steigerte sich die Dramatik von ruhiger Gelassenheit bis zur blanken Panik, denn es gab zu wenige Rettungsboote, um alle Menschen an Bord aufzunehmen. „Frauen und Kinder zuerst", lautete deshalb die Losung und wurde vielerorts befolgt. Herrschte anfänglich noch große Ruhe, sicher auch befördert durch die unverdrossen aufspielende Bordkappelle, so wandelte sich die Stimmung bald zu grässlichem Entsetzten, da sich das Schiff immer stärker nach vorne neigte.

Kurz nach zwei Uhr ging das letzte Rettungsboot zu Wasser, um 2:10 Uhr stürzte der vordere Schornstein in die Wogen des Atlantiks und um 2:18 Uhr zerbrach der Rumpf der *Titanic* unter der Belastung. Der Bug versank sofort, während sich das Heck mit den gigantischen Schiffschrauben noch einmal aufrichtete und erst um 2:20 Uhr versank.

Überall schallten nun die Hilferufe der im eiskalten Wasser treibenden Menschen durch die Dunkelheit, aber niemand der Glücklichen in den Rettungsbooten wagte es, den Schiffbrüchigen zu Hilfe zu kommen. Zu groß war die Furcht, dass panisch um ihr Leben Kämpfende die Boote zum Kentern bringen und alle ins Verderben stürzen würden. Innerhalb von etwa 30 Minuten starben fast alle im Wasser Treibenden an Unterkühlung oder Herzstillstand. Nur 13 Menschen gelangten aus den eisigen Fluten in die Rettungsboote, obwohl dort noch für Hunderte Weitere Platz gewesen wäre.

Noch tragischer war die Tatsache, dass in der Nähe des Unglücksortes das britische Dampfschiff *California* lag. Dessen Kapitän hatte entschieden, seine Fahrt in der Nacht zu stoppen und auf den nächsten Tag zu warten, um einen Weg durch das Treibeisfeld zu finden. Der Funker der *California* hatte bereits mehrere Warnungen an die *Titanic* gesendet und um 23:30 Uhr, wenige Minuten vor dem Zusammenprall mit dem Eisberg, sein Funkgerät abgeschaltet, um zu Bett zu gehen. Das entsprach durchaus damaligen Gepflogenheiten. Wäre er erreichbar gewesen, wären wohl einige Hundert Schiffbrüchige mehr gerettet worden.

Um vier Uhr morgens näherte sich dann endlich die *Carpathia* der grausigen Szenerie und nahm insgesamt 710 Überlebende auf, darunter 56 Kinder bis zwölf Jahren, 316 Frauen und 338 Männer. Diese absoluten Zahlen entsprachen einer Rettungsquote von 51, 74 und 20 Prozent. Mehr als 1500 Menschen, vor allem Männer, hatte der Vorfall das Leben gekostet.

Das Unglück erregte großes öffentliches Aufsehen. Die Kunde von der Katastrophe machte bereits die Runde, bevor die *Carpathia* in New York anlandete. Am Morgen des 18. April warteten deshalb etwa 40 000 Menschen auf das Schiff mit den Havarierten an Bord.

Dieses gewaltige Interesse an dem Untergang der *Titanic* hält bis heute an. Wohl kein Unglück in der jüngeren Geschichte hat derartig mannigfaltigen Niederschlag in Literatur und Film gefunden. Nicht zuletzt avancierte der Kinohit *Titanic* von 1997 des Produzenten James Cameron zum bis dahin erfolgreichsten Film mit elf Oscar-Prämierungen.

Die Katastrophe brachte auch eine merkwürdige Kuriosität hervor. Sowohl die Stewardess Violet Jessop als auch der Heizer Arthur John Priest überlebten nicht nur den Untergang der *Titanic*, sondern auch das Sinken ihres Schwesterschiffs *Britannic* 1916. Außerdem waren beide bereits zuvor auf dem dritten Schwesterschiff *Olympic* gewesen, als dieses im Jahr 1911 mit dem britischen Kreuzer *Hawke* kollidierte.

Die wichtigste Hinterlassenschaft der Tragödie, die durch den Eisberg ausgelöst wurde, dürften aber die Neuerungen in Schifffahrt und Funkverkehr sein, die recht bald danach eingeführt wurden. Bereits im Juli 1912 tagte die International Radiotelegraph Conference in London und beschloss beispielsweise Standardisierungen im Funk, um einen verständlichen internationalen Austausch zu garantieren. So regelte das Abkommen die Verwendung spezifischer International Callsigns zur Identifizierung individueller Schiffe.

Im Januar 1914 wurde dann die erste Version der International Convention for the Safety of Life at Sea (SOLAS) verabschiedet. Sie regelte unter anderem, dass an Bord jedes Schiffes einer bestimmten Größe und mit einer entsprechenden Passagierzahl ein Funkgerät zu installieren sei, das 100 Meilen weit funken konnte. Dieses Gerät sollte außerdem permanent von einem Funker überwacht werden. Eine weitere wichtige Bestimmung des von den führenden Staaten Europas und den USA beschlossenen Abkommens war, dass auf allen Schiffen immer ausreichend Rettungsboote für alle Passagiere an Bord mitgeführt werden mussten. Als weitere Sicherheitsmaßnahme sollten Patrouillen in jenen Gebieten eingeführt werden, die besonders durch Eisberge gefährdet waren.

So hat denn jener kalte Geselle, der wohl an der Westküste Grönlands vom Festlandeis abgebrochen war und seinem natürlichen Weg mit dem Labradorstrom entlang der nordamerikanischen Küste Richtung Süden folgte, mittelbar viele Leben gerettet, als er den Untergang der *Titanic* verursachte. Trotzdem geschehen immer wieder Schiffsunglücke durch menschliches und technisches Versagen. Auch wenn der Mensch seine Lehren aus der Eisbergkollision gezogen hat, beherrscht er die Natur eben nie vollends.

Heilsamer Schock

Das würde man eigentlich nur den Einwohnern der aus Schelmengeschichten berühmten Stadt Schilda zutrauen. Diese sind bekanntlich mit sprichwörtlicher Einfältigkeit gesegnet oder gestraft – je nach Blickwinkel. Ansonsten käme doch wohl niemand auf die hirnverbrannte Idee, einem gefürchteten Schädling ein Denkmal zu errichten! Die Bürger des Städtchens Enterprise im US-Bundesstaat Alabama taten am 11. Dezember 1919 aber genau das. Die vordergründig nur schwer zu verstehende Zeremonie zur Einweihung einer großen Statue mitten auf der Kreuzung der College und der Main Street galt obendrein einem Plagegeist, der den Bewohnern zuvor übel mitgespielt hatte. Seit jenem Tag steht nun im Zentrum der Stadt das etwa vier Meter hohe Monument zu Ehren des Baumwollkapselkäfers, der den wissenschaftlichen Namen *Anthonomus grandis* trägt.

So recht wollte die Bevölkerung von Enterprise aber doch nicht an den lästigen Krabbler erinnert werden, denn das Denkmal bestand nur aus einem Sockel, auf dem eine Frauengestalt stand, die mit ausgestreckten Armen eine Schale über ihren Kopf hielt. Darin sprudelte ein kleiner Springbrunnen. Von einem zu preisende Sechsbeiner war weit und breit keine Spur. Lediglich die Inschrift unterhalb der Statue verriet, wem der ganze Aufwand und die 1800 Dollar gewidmet waren, die das Ehrenmal gekostet hatte: „In profound appreciation of the Boll Weevil and what it has done as the herald of prosperity this monument was erected by the citizens of Enterprise, Coffee County, Alabama" (dt.: In tiefer Wertschätzung des Baumwollkapselkäfers und seines Verdienstes als Bote des Wohlstandes wurde dieses Denkmal errichtet durch die Bürger von Enterprise, Coffee County, Alabama).

Bis heute ist dieses Standbild wohl das einzige weltweit, das einen natürlichen Übeltäter rühmt. Diese Ehre hat sich der Käfer allerdings redlich verdient.

Schon Ende des 19. Jahrhunderts hatte er die Grenze seiner ursprünglichen Heimat in Mittelamerika und den USA überschritten und ging auch in dem neuen Siedlungsgebiet seinen üblichen Gewohnheiten nach. Dazu gehört, dass seine Larven das Innere der Blütenknospen und Samenkapseln der Baumwolle verspeisen. Die derart geschädigte Pflanze entwickelt weder Samen noch die begehrten Fäden, derentwegen sie überhaupt kultiviert wird. Eine solche Baumwollpflanze hat für den Farmer keinen Wert mehr und wirft keinerlei Ertrag ab.

Die gewaltigen Baumwollplantagen im Süden und Südwesten der USA waren buchstäblich ein gefundenes Fressen für den Nachwuchs des Kerbtieres. Der Baumwollkapselkäfer zog eine Spur der Verwüstung auf seinem Ausbrei-

o Das 1919 errichtete Boll Weevil Monument erinnert die Bürger von Enterprise, Alabama, an die Plage durch den Baumwollkapselkäfer einige Jahre zuvor.

tungsweg durch die USA. Gegenmittel gab es keine, und so traf das Zerstörungswerk des gefräßigen Unholds im Jahr 1915 auch die Landwirte von Enterprise beinahe wie eine biblische Plage. Die komplette Baumwollernte einer Saison war vernichtet. Viele Farmer waren in einer verzweifelten Lage, denn die meisten kamen gerade so über die Runden, selbst wenn die Erträge normal ausfielen.

Da hatte der Kaufmann und Bankier Horatio Moultrie Sessions eine glänzende Idee. Anstatt sich der Heimsuchung zu ergeben, nutzte er sie, um daraus zu lernen. Zeigte der Schädling nicht, dass es unvernünftig war, ausschließlich und ständig nur Baumwolle anzubauen? Wäre es nicht viel sinnvoller und wirtschaftlicher, das anzuwenden, was Ökonomen Diversifikation nennen, also auf mehr als nur ein Produkt oder Investment zu setzen?

Als belesener Mann wusste Sessions von dem aus Missouri stammenden Chemiker, Botaniker und Erfinder George Washington Carver. Der Nachfahre von Sklaven hatte trotz seiner vergleichsweise schlechten Startbedingungen eine erstaunliche wissenschaftliche Karriere gemacht und unter anderem 300 Verarbeitungsmöglichkeiten für Erdnüsse entwickelt. Die Hülsenfrucht war also eine vielversprechende Nutzpflanze, die den Einstieg in einen gesunden Fruchtwechsel attraktiv machen konnte.

Anfangs stieß Sessions mit seiner Idee auf große Skepsis bei den Baumwollpflanzern von Enterprise. Wieso sollten sie nun „Gemüse" anbauen? Aber 1916 gelang es dem Geschäftsmann endlich, den pleitegegangenen Farmer C. W. Baston zu überzeugen, auf seinem gesamten Land Erdnüsse anzubauen – als einziger im gesamten Coffee County. Mit vollem Erfolg: Baston erhielt für seine Erdnussernte 8000 Dollar, konnte seine gesamten Schulden begleichen, und trotzdem blieb ihm sogar noch Geld für eigene Anschaffungen. Das bekehrte nun auch seine Kollegen.

Bereits 1920 avancierten Enterprise und das Coffee County zum Erdnussproduzenten Nummer eins in den USA, während in der Nachbarschaft Farmer weiter darbten, weil sie unverdrossen auf Baumwolle setzten. Der Wechsel zu Erdnüssen brachte noch einen weiteren Vorteil: Die Früchte sind deutlich lukrativer als Baumwolle, wie nicht zuletzt eine Studie der Clemson University in South Carolina aus dem Jahr 2017 zeigt. Demnach wirft ein Acre Baumwolle einen Ertrag im Wert von 540 bis 720 Dollar ab, ein Acre Erdnüsse aber einen von 750 bis 1000 Dollar (ein Acre entspricht etwa 0,4 Hektar).

Der Einzug des Baumwollkapselkäfers erwies sich im Nachhinein also als heilsamer Schock und brachte Wohlstand nach Enterprise. Dessen Bewohner hatten allen Grund, dankbar dafür zu sein, fand jedenfalls Bon Fleming, ein ortsansässiger Kaufmann. Deshalb, so sein Plädoyer, wäre es nur recht und billig, dem Insekt ein Denkmal zu errichten. Tatsächlich fanden sich genügend Spender für die Idee und so konnte die Statue für das Monument in Italien geordert werden.

An jenem 11. Dezember 1919 war es dann so weit – die Einweihungsfeierlichkeiten mit etwa 5000 Teilnehmern wurden begangen. Auf den Gedanken, dass ein Ehrenmal doch auch denjenigen zeigen sollte, dem es gewidmet ist, kam allerdings erst der Künstler Luther Baker 30 Jahre später und fertigte gleich ein Exemplar des Käfers aus Metall. Entweder waren seine biologischen Kenntnisse nicht sehr ausgeprägt oder er setzte sich absichtlich und in voller künstlerischer Freiheit über die Tatsache hinweg, dass Käfer, auch der Baumwollkapselkäfer, in der Regel sechs Beine besitzen, und sorgte für ein weiteres Kuriosum im Kuriosen: Luthers Käferskulptur hatte nur vier Beine.

Aber auch daran störte sich offensichtlich niemand und so plätscherte in der Schale über der Frauengestalt fortan kein Springbrunnen mehr; stattdessen saß dort nun der zu rühmende Käfer. Die biologische Inkorrektheit hielt allerdings nicht lange an, schon 1953 wurde der Metallkäfer gestohlen und anschließend durch ein korrekt mit sechs Beinen bestücktes Exemplar ersetzt.

Die Staute wurde in den Folgejahren immer wieder Opfer von Vandalismus, einmal sogar komplett entwendet, tauchte aber wieder auf. Im Juli 1998 schließlich stand sie eines Morgens ohne Arme und die durch sie gehaltene Schale samt Käfer da. Das derart beschädigte Original wanderte daraufhin ins örtliche Depot-Museum und wurde durch eine Replik aus Kunststoff ersetzt.

Robuster erwies sich das Denkmal und vor allem die Einwohner von Enterprise gegenüber der Kritik, die immer wieder daran geäußert wurde, dass sie lieber ein Insekt ehren wollten als einen Nachkommen von Sklaven. Schließlich habe doch der hochdekorierte afroamerikanische Forscher George Washington Carver vielfältige Einsatzmöglichkeiten für Erdnüsse entwickelt und so für das Wohlergehen der Bürger von Enterprise gesorgt.

Alle, die diese Kritik teilen, mag trösten, dass im Jahr 1943 das Grundstück in Newton County bei Diamond in Missouri, auf dem George Washington Carver aufwuchs, zum National Monument erklärt wurde. Es war das erste seiner Art, das in den USA für einen Afroamerikaner eingerichtet wurde, und das erste personenbezogene, das nicht einem Präsidenten gewidmet war. Eine derartige Ehre dürfte dem Baumwollkapselkäfer wohl nie zuteilwerden.

Leicht, luftig, tödlich explosiv

„Es geht in Flammen auf! [...] Es brennt und es stürzt ab! Es stürzt heillos ab!"
Die Worte, die Herb Morrison, Radioreporter des Chicagoer Senders WLS, am
6. Mai 1937 in sein Mikrofon schluchzte, zeugten von ehrlichem Entsetzen.
Der 31-Jährige hatte allen Grund dazu: Er wurde Augenzeuge und gleichzeitig
Beteiligter der ersten live übertragenen Katastrophe der Menschheitsge-
schichte. Gegen halb sieben abends Ortszeit auf dem Flugfeld von Lakehurst an
der Ostküste der USA ging das deutsche Luftschiff LZ 129, das besser unter
dem Namen *Hindenburg* bekannt ist, in einem Inferno unter.

○ Die *Hindenburg* über Lakehurst

In der Rückschau mag dieses Unglück, gut zwei Jahre vor dem Beginn des
Zweiten Weltkrieges, wie ein Menetekel für die bevorstehende Tragödie wirken. Ähnlich wie der Untergang der *Titanic*, ebenfalls etwa zwei Jahre vor Ausbruch des Ersten Weltkrieges. Doch die Gründe für das Desaster sind weitaus
profaner und hängen untrennbar mit den naturgegebenen Eigenschaften
zweier Gase zusammen.

Wie alle Zeppeline zählte die *Hindenburg* zu den sogenannten Starrluft-
schiffen. Für diese war ein inneres Gerüst mit Kielsteg und dem Kielgang charakteristisch. Diese innere starre Struktur gab die Form des Schiffskörpers vor,
beispielsweise die legendäre Zigarrenform der Zeppeline, zu denen auch die
Hindenburg zählte. Alle Komponenten des Luftfahrzeugs waren an diesem

Gerüst befestigt, beispielsweise die Propeller für den Vortrieb, die Gondeln für Passagiere und Besatzung oder die Kammern für das Trägergas. Letzteres verlieh den Luftschiffen Auftrieb.

Als Trägergas für Luftschiffe kommen in der Regel zwei Elemente in Frage: Wasserstoff oder Helium, jedes mit spezifischen Vor- und Nachteilen.

Wasserstoff lässt sich technisch vergleichsweise leicht im industriellen Maßstab herstellen. Ein Kubikmeter Wasserstoff kann unter standardisierten Normalbedingungen in Luft 1,2 Kilogramm zum Schweben bringen. Diese beiden Eigenschaften verschaffen ihm als Trägergas eigentlich unschlagbare Vorteile gegenüber Helium; das Edelgas kann beispielsweise unter standardisierten Bedingungen nicht mehr als 1,11 Kilogramm in die Luft heben. Außerdem lässt sich Helium praktisch nur mit hohem Aufwand aus natürlichen Quellen gewinnen. Also klarer Vorsprung für Wasserstoff?

Leider nein, wie die Katastrophe von Lakehurst zeigt, denn das simpelste aller Gase besitzt eine weitere, buchstäblich explosive Eigenschaft. In Verbindung mit Sauerstoff ist es extrem leicht entflammbar, was bereits die Bezeichnung für Gemische aus Wasser- und Sauerstoff ausdrückt: Knallgas.

Weshalb also war die *Hindenburg* mit dem viel gefährlicheren Wasserstoff statt mit Helium gefüllt?

Die Antwort auf diese Frage hängt mit einer weiteren Eigenschaft von Helium zusammen: Es ist selten. Zumindest auf der Erde. In unserem Sonnensystem und im gesamten Universum ist es dagegen das zweithäufigste chemische Element nach Wasserstoff. Helium entsteht beispielsweise in gigantischen Mengen, wenn auf der Sonne zwei Wasserstoffatome fusionieren. Dies ist der eigentliche Motor unseres Zentralgestirns, da bei dieser Kernfusion Energie frei wird, die unter anderem als Sonnenschein und Wärme auf der Erde ankommt. Daher trägt Helium auch seinen Namen; er stammt von Helios ab, dem griechischen Wort für Sonne.

Auf der Erde lässt es sich in großen Mengen dagegen nur aus natürlichen Erdgasvorkommen gewinnen. Darin können bis zu 0,2 Prozent Helium enthalten sein. Da das Edelgas den niedrigsten Siedepunkt aller Elemente hat und bis −268,9 Grad Celsius gasförmig bleibt, kühlt man das Erdgas so weit ab, bis nur noch das Helium als Gas übrigbleibt.

Bis weit ins 20. Jahrhundert hinein waren die USA das einzige Land, das auf diese Weise Helium produzierte. Auch das Deutsche Reich bemühte sich deshalb darum, Heliumlieferungen aus Amerika zu erhalten. Die Verhandlungen zwischen Vertretern beider Länder dauerten lange an. Doch vor allem seine Einsatzmöglichkeiten in vielen kriegsrelevanten Bereichen ließen die Amerikaner zögern, dem von Nazis beherrschten Dritten Reich Helium zu liefern. Zu diesen Einsatzmöglichkeiten gehörte, dass das Gas als Beimengung in Pressluftflaschen die Symptome der Taucherkrankheit verminderte und größere Tauchtiefen zuließ. Außerdem ließ sich Helium hervorragend als Kühlmittel in schnelllaufenden Elektromotoren nutzen oder zum Brandschutz in Hochspannungsschaltkästen einsetzen. Als Gemisch mit anderen Edelgasen wie Neon in Glimmlampen senkte es den Stromverbrauch. Und Schweißnähte, die man unter einer Heliumatmosphäre erstellte, waren korrosionsbeständig, da keine anderen Gase darin eingeschlossen wurden. Wegen dieser und weiterer militärischer Verwendungsmöglichkeiten hatte die US-Regierung bereits 1925 das erste Helium-Gesetz erlassen, das vor allem den Export der strategisch wichtigen Ressource streng regelte.

So kam, was wohl kommen musste: Die deutsche Seite, ohnehin davon überzeugt, die Sicherheitsprobleme im Griff zu haben, entschied sich für das leicht entzündliche Trägergas Wasserstoff für ihre Luftschiffe. Bis zum Unglück von Lakehurst schien diese Entscheidung die richtige gewesen zu sein.

Doch auch wenn LZ 129 mit etwa 190 000 Kubikmetern hochexplosivem Wasserstoff gefüllt war, brauchte es einen direkten Auslöser, eine Flamme, einen Funken oder ähnliches, damit es zur Katastrophe kommen konnte. Obwohl unmittelbar nach dem Absturz der *Hindenburg* detaillierte Untersuchungen sowohl von amerikanischer als auch von deutscher Seite angestellt wurden, ist die Ursache für das Unglück aber bis heute nicht zweifelsfrei geklärt.

Am wahrscheinlichsten dürfte wohl ein vergleichsweise unspektakuläres Naturereignis gewesen sein, denn an jenem 6. Mai zog ein heftiges Gewitter über die Gegend rund um das Flugfeld von Lakehurst. Das zwang die *Hindenburg* zu Ausweichmanövern. Bei einer dieser für die innere Tragkonstruktion belastenden Richtungsänderungen könnte eines der Tragseile gerissen sein, welches dann eine der Gaskammern beschädigt haben könnte. Die Zündung des dadurch entstandenen Wasserstoff-Luft-Gemischs könnte anschließend durch eine elektrostatische Aufladung von Teilen des Luftschiffes und eine Funkenbildung bei deren schlagartiger Entladung beim Bodenkontakt der Landetaue erfolgt sein.

Sicher ist nur, dass zwischen dem Augenblick, in dem Besatzungsmitglieder die Landetaue vom Luftschiff zum Bodenpersonal herabließen, bis zum Zusammensacken der gut 246 Meter langen und fast 45 Meter hohen *Hindenburg* lediglich 32 Sekunden vergingen. Dabei kamen 36 Menschen ums Leben, davon 22 Mitglieder der 61-köpfigen Besatzung, 13 der insgesamt 36 Passagiere und ein Angehöriger der Bodenmannschaft.

Mit dem Unglück verpuffte auch der Traum von einer regelmäßigen und Nonstop-Transatlantikverbindung für Passagiere vom europäischen Festland bis nach Amerika durch die Luft, den die *Hindenburg* von ihrem Heimatland Deutschland mit insgesamt zehn Fahrten in die USA und sieben Fahrten nach Brasilien genährt hatte. Wenige Monate später hätte sich diese Vision, infolge des ausgebrochenen Zweiten Weltkrieges, ohnehin als obsolet erwiesen.

Ob die Bilder der in Flammen aufgehenden *Hindenburg* bis heute dazu beitragen, dass gerade in Deutschland viele Vorbehalte gegen mit Wasserstoff betriebene Motoren herrschen, ist nicht belegt. Sicher ist, dass der letzte Überlebende der Katastrophe, der damals 14-jährige Kabinenjunge Werner Franz, der im August 2014 starb, bis an sein Lebensende von seinen Erlebnissen traumatisiert blieb.

Betrüblicher Dunst

Nur noch wenige Meter bis zur Rettung. Hinter dem Zaun, unweit der Schwedenschanze in Konstanz, lag die Hoffnung und die hieß: Schweiz. Ein 36-Jähriger wollte kurz nach 20:30 Uhr, in der Dunkelheit des 8. November 1939, aus Deutschland fliehen, weil seine Tat, die noch gar nicht vollendet war, sein Leben gefährden würde. Doch er verhielt sich unvorsichtig, ging eilig auf die Grenze zu und erregte die Aufmerksamkeit des Zollassistenten Xaver Rieger. Der schilderte den folgenden Vorgang wenige Wochen später nüchtern:

„Zwischen 20:30 Uhr und 20:45 Uhr trat plötzlich hinter dem Gebäude eine Gestalt hervor, die nach kurzem Beobachten des Geländes schleichend und äußerst eilig der Grenze zustrebte. Als ich diese Gestalt sah, bewegte ich mich sofort und vorsichtig und unter sofortiger Bereitmachung des Karabiners in Eile auf den Mann zu. Als ich die Überzeugung hatte, dass mein Anruf gehört werden musste, rief ich ihn mit den Worten ‚Hallo, wo wollen Sie hin?' an. Als ich die Überzeugung hatte, dass mein Anruf überraschend kam, behandelte ich diesen Mann mit äußerster Vorsicht. Unter Beachtung der in den Planspielen gegebenen Richtlinien hielt ich es für das Beste, den Mann nicht dadurch stutzig zu machen, dass ich etwa sofort seine Festnahme aussprach. Da der Mann auf meinen Anruf behauptete, einen Bekannten mit dem Namen Feuchtelhuber vom Trachtenverein Konstanz zu suchen, dem er selbst in früheren Jahren angehört habe, ließ ich ihn bei der Meinung, ihm behilflich sein zu wollen. Ich verfolgte dabei die Taktik, ihn im Glauben zu lassen, als könne er auf freiem Fuß bleiben und sofort wieder entlassen werden. Ich sagte ihm deshalb, ich wolle ihn zu einem Manne führen, der sich in Konstanz besser auskenne und sicherlich diesen Bekannten selbst kennen würde."

Was der Zollbedienstete Rieger zu diesem Zeitpunkt wohl nicht wissen konnte: Er führte den Mann nicht nur seiner Festnahme entgegen, sondern zu Folter und Tod. Sein Name war Georg Elser. Während der Leibesvisitation nach der Verhaftung entdeckten die Konstanzer Zollbeamten unter anderem eine Beißzange, Teile eines Sprengzünders, ein Abzeichen des kommunistischen Roten Frontkämpferbundes und eine farbige Postkarte, die den Münchner Bürgerbräukeller zeigte. Eben dort explodierte um 21:20 Uhr desselben Abends eine Bombe. Genau das hatte der 1903 im schwäbischen Hermaringen geborene Georg Elser gewollt. Doch sein eigentliches Ziel erreichte er damit nicht.

Ausdauernd hatte der Kunstschreiner seinen Plan verfolgt, wie er selbst sagte: „Ich wollte den Krieg verhindern." Der war schon am 1. September 1939 ausgebrochen, die Wehrmacht hatte bereits die polnische Armee besiegt und jedem war klar, jetzt würden Kämpfe an der Westfront gegen Frankreich und Großbritannien folgen. Zumindest dem wollte Elser zuvorkommen. Dazu, so war er überzeugt, mussten die führenden Personen der nationalsozialistischen Diktatur sterben.

Wohl kaum eine Gelegenheit bot sich dafür besser an als die alljährlich stattfindenden Feierlichkeiten zum Gedenken an den gescheiterten sogenannten Hitlerputsch vom 8. und 9. November 1923. Da dieser Umsturzversuch seinen Anfang in eben jenem Bürgerbräukeller in München genommen hatte, hielt Adolf Hitler dort am 8. November jedes Jahres, meist in Anwesenheit weiterer führender Nazis, eine seiner berüchtigten Suaden ab. Auch 1939 fand dieses Ritual statt und neben Hitler nahmen viele Nazigrößen daran teil, darunter der Stellvertreter des Führers, Hess, der Propagandaminister Goebbels, der Außenminister Ribbentrop, der Reichsführer SS und Chef der Deutschen Polizei, Himmler, und der Chef der Parteikanzlei, Bormann.

Fest darauf vertrauend, dass sich die Funktionäre diese prominente Veranstaltung nicht entgehen lassen würden, schickte sich Georg Elser deshalb an, ab Ende August 1939 seinen Plan in die Tat umzusetzen: „Die von mir angestellten Betrachtungen zeitigten das Ergebnis, dass die Verhältnisse in Deutschland nur durch eine Beseitigung der augenblicklichen Führung geändert werden könnten. Unter der Führung verstand ich die ‚Obersten‘, ich meine damit Hitler, Göring und Goebbels. Durch meine Überlegungen kam ich zu der Überzeugung, dass durch die Beseitigung dieser 3 Männer andere Männer an die Regierung kommen, die an das Ausland keine untragbaren Forderungen stellen, die kein fremdes Land einbeziehen wollen und die für eine Verbesserung der sozialen Verhältnisse der Arbeiterschaft Sorge tragen werden.“

Abend für Abend besuchte er die Gaststätte, aß etwas und wartete auf eine Gelegenheit, um sich zu verstecken. In einer Besenkammer harrte er dann so lange aus, bis der Schankraum abgeschlossen wurde. Anschließend höhlte er in mühsamer Arbeit die Säule aus, vor der üblicherweise das Rednerpult stand. Nach eigener Aussage wartete er immer zehn Minuten, bis die automatische Spülung der Toilette ansprang, damit seine Arbeitsgeräusche überdeckt wurden. In dem so nach Wochen geschaffenen Hohlraum platzierte er schließlich eine Bombe mit Zeitzünder. Den Sprengstoff und die notwendigen Zündkapseln hatte er sich während einer Anstellung in einem Steinbruch besorgt. Den Zündmechanismus konstruierte er als geschickter Handwerker selbst. Als Zeitpunkt für die Zündung wählte er 21:20 Uhr. Für gewöhnlich war da der Redeschwall Hitlers noch lange nicht beendet.

Doch ausgerechnet an diesem Abend, an dem ein Großteil der obersten Repräsentanten der Nazityrannei versammelt war, waberte dichter Nebel über München. An den Start eines Flugzeuges war nicht zu denken. Wollten Hitler und seine Entourage also wieder zurück in die Reichshauptstadt Berlin blieb nur der Zug. Deshalb fiel die Festrede in diesem Jahr ungewöhnlich kurz aus. Bereits kurz nach 21 Uhr, knapp eine Stunde nach Redebeginn, verließ Hitler mitsamt seinem Stab den Bürgerbräukeller. Schnell leerte sich der Saal, in dem sich zuvor vielleicht 1500 Zuhörer aufgehalten hatten.

Pünktlich um 21:20 Uhr brachte der von Elser konstruierte Zünder den Sprengstoff zur Explosion. Acht Menschen starben, 63 wurden verletzt. Die eigentlichen Zielpersonen blieben unbeschadet.

Noch bevor die Detonation, die vielleicht den Zweiten Weltkrieg hätte verhindern können, die Luft im Bürgerbräukeller zerriss, war Elser in Konstanz in die Fänge des Regimes geraten, das er hatte beseitigen wollen. Schnell wurde den ermittelnden Behörden klar, wen sie da gefangen hatten. Ungläubig zeigten sie sich nur bezüglich der Behauptung Elsers, er habe die Tat alleine geplant und ausgeführt. Die Tatsache, dass ein einzelner Mensch zu einem so weitreichenden Akt in der Lage war und dass lediglich der Zufall die erfolgreiche Vollendung verhindert hatte, machte fassungslos.

Georg Elser bezahlte den höchsten Preis dafür. Wochenlang wurde er verhört, gefoltert und schließlich in Konzentrationslagern eingesperrt. Am 9. April ermordete ihn ein SS-Mann im KZ Dachau durch Genickschuss.

Der Mann, der den Krieg verhindern wollte und durch einen betrüblichen Dunst daran gehindert wurde, erfuhr erst spät die ihm gebührende Beachtung und Ehrung. Heute steht das größte Denkmal für Elser in Berlin. Eine 17 Meter hohe Stahlskulptur, die die Silhouette seines Gesichts zeigt. Es wurde am 8. November 2011 eingeweiht. Was Elser 1939 gebraucht hätte, war an diesem Tag zumindest in Berlin der Fall: Es herrschte kein Nebel.

Beschwingt in den Abgrund

Die Bilder wirken, als ob sie manipuliert wären. Eine Brücke über tosenden Wellen schwingt, wippt, verdreht sich, als bestünde sie aus Gummi. Auf der Fahrbahn steht ein Auto und wippt mit. Obendrein läuft auch noch ein Mensch über das sich aufbäumende Ungetüm. Schließlich bricht die Brücke auseinander und ihr Mittelstück stürzt in die unter ihm schäumenden Wellen, während die nun unverbundenen Enden in der Luft herumschwingen wie die Enden zweier abgehackter Tentakel.

Die Brücke, die in dem Schwarzweiß-Video von 1940 zu sehen ist, verband die beiden Ufer der sogenannten Tacoma Narrows, eines Seitenarms des Pugdet Sound im US-Bundesstaat Washington an der Westküste der USA. Der Film zeigt das Ende des von 1938 bis 1940 errichteten Bauwerks am 7. November 1940.

Die Ursache für den Einsturz war ein natürliches Phänomen, das der zuständige Brückenbauingenieur Leon Solomon Moisseiffen übersah, weil seine Bedeutung für den Brückenbau damals noch nicht bekannt war. Zwar hatte der Ingenieur berechnet, wie weit die Brücke bei bestimmten Windgeschwindigkeiten zur Seite schwingen würde – bei 96 Kilometern pro Stunde etwa 2,8 Meter, bei 161 Kilometern pro Stunde 6,1 Meter – aber er hatte diese Auslenkung für konstant aus einer Richtung wehenden Wind kalkuliert und dabei übersehen, dass eine derart stetige Luftströmung in der Natur selten vorkommt.

Schon bald nach der Eröffnung der drittgrößten Hängebrücke der Welt am 1. Juli 1940 avancierte die Tacoma Narrows Bridge deshalb zur Attraktion, denn ihre aerodynamischen Eigenschaften ließen sie bereits bei schwachem Wind wippen und schaukeln. Schnell hatte das bewegliche Bauwerk einen Spitznamen: Galloping Gertie. Doch als am 7. November ein starker Wind die Wellen des Pudget Sound und der Tacoma Narrows aufpeitschte, war der Spaß vorbei und von Galopp konnte keine Rede mehr sein. Immer weiter bäumte sich die Brücke auf, bis die Fahrbahn bockte wie ein Rodeo-Pferd.

Dass das Bauwerk schließlich einstürzte, lag aber weder an den Wirbeln, die auf ihrer windabgewandten Seite auftraten, noch an einer sich aufschaukelnden Resonanz. Letztere ist beispielswese dafür verantwortlich, dass ein Weinglas zerspringt, wenn man es mit einem bestimmten Ton beschallt: Entspricht dieser Ton der sogenannten Eigenfrequenz, dann schaukeln sich die Schwingungen des Glases im Gleichklang mit den Luftschwingungen, die der Ton verursacht, so weit auf, dass es zerplatzt.

Auch wenn bei der Tacoma Narrows Bridge sowohl Wirbel als auch Resonanz auftraten, war für ihren Einsturz ein anderes Phänomen verantwortlich:

erzwungene Schwingung. Dabei prallt Energie, in diesem Fall der Wind, auf einen Gegenstand, in diesem Fall die Brücke, und versetzt ihn in Schwingung.

Die Brücke zog fortwährend Energie aus dem Wind, so dass sich ihre Schwingungen so lange verstärkten, bis ihre Belastungsgrenze erreicht war und sie schließlich einbrach. Kein Mensch kam dabei zu Schaden. Das Auto, das mit der Brücke in die Fluten stürzte, gehörte einem Redakteur der Tacoma News Tribune. Leonard Coatsworth hatte als letzter versucht, die Brücke zu überqueren, dann aber die Kontrolle über sein Fahrzeug verloren. Bei ihm saß eine schwarze Cockerspaniel-Hündin namens Tubby, die er zu seiner Tochter bringen wollte. Coatsworth rettete sich, ließ den Hund allerdings im Auto zurück.

„Ich hörte Beton krachen", schilderte er später. „Ich wollte zurück zum Auto, um den Hund zu holen, aber ich wurde zu Boden geworfen, bevor ich dorthin kam. Das Auto rutschte von einer Seite der Fahrbahn zur anderen. Mir war klar, dass die Brücke einstürzen würde, und meine einzige Hoffnung war, mich ans Ufer zu retten." Wenige Augenblicke später stürzte Tubby mit der Brücke und dem Auto in ihr nasses Grab.

Bis heute liegen die Brückenteile am Grund der Tacoma Narrows in mehr als 35 Metern Tiefe. Sie stehen mittlerweile sogar unter Denkmalschutz. Der Einsturz der Brücke führte dazu, dass derartige Bauwerke seitdem anders geplant werden als zuvor. Nicht nur die statischen Eigenschaften einer Brücke werden vor Baubeginn überprüft, sondern auch die dynamischen. Außerdem werden maßstabsgetreue Modelle im Windkanal getestet.

Dem Ingenieur, der die Tacoma Narrows Bridge konstruiert hatte, nutzte das allerdings nichts. Seine Karriere war beendet. Drei Jahre nach der Katastrophe starb er im Alter von 70 Jahren. Eine neue, bessere Brücke über die Tacoma Narrows wurde erst 1950 eröffnet. Mittlerweile führen zwei parallele Brücken über den Meeresarm, jeweils eine für jede Verkehrsrichtung.

Obwohl Ingenieure und Architekten weltweit Konsequenzen aus dem spektakulären Einsturz von 1940 gezogen haben, kommen selbst heutzutage noch Pannen beim Brückenbau vor, wie bei der Millenium Bridge in London. Die im Jahr 2000 für 18,2 Millionen britische Pfund fertiggestellte Fußgängerbrücke musste bereits zwei Tage nach ihrer Eröffnung wieder gesperrt werden. Gingen Menschen darüber, so begann sie heftig zu schwanken. In diesem Fall handelte es sich um Resonanz. Die Nachrüstung mit dämpfenden Elementen dauert zwei Jahre und kostete fünf Millionen Pfund. Auch diese Panne führte dazu, dass sich die Brückenplanung weiter verbesserte.

Im April 1831 verursachte das natürliche Phänomen der Resonanz dagegen den Einsturz der Broughton Suspension Bridge im Norden Englands. Als eine Gruppe von Soldaten sie im Gleichschritt überquerte, begann sie so heftig zu schwingen, dass ihre Konstruktion der Belastung nicht mehr standhalten konnte. Beim Zusammenbruch gab es keine Toten, aber rund 20 Verletzte, darunter sechs Schwerverletzte. Seither weisen Militärs weltweit ihre Soldaten an, Brücken nicht im Gleichschritt zu passieren.

Weltkarriere mit Haken und Ösen

Wer gerne durch Feld und Flur streift, kennt das. An einem Hosenbein oder einem Ärmel von Jacke, Pullover oder Hemd hängen sie und lassen sich nur noch sehr schwer vollständig entfernen: Kletten. Die sprichwörtlich anhänglichen Fruchtstände der Korbblütler sind prädestiniert dafür, sich an Kleidungsstücken festzuklammern und sich über weite Distanzen fortragen zu lassen. Schließlich ist diese Form des Trampens – sei es nun durch Mensch oder Tier – der natürliche Verbreitungsweg dieser Pflanzen.

Diese unerwünschten Mitbringsel hingen auch 1941 im Fell eines Hundes, der dem Schweizer Ingenieur und Erfinder Georges de Mestral gehörte. Als die beiden von einem abendlichen Spaziergang nach Hause kamen, musste de Mestral mühsam eine nach der anderen aus den Haaren seines Begleiters herausklauben. Als der Ingenieur versuchte, die lästigen Haken der Früchte zu lösen, kam ihm plötzlich eine Idee: Könnte man diese Haftungsfähigkeit nicht technisch nachbilden?

Sofort machte sich de Mestral daran, die Kletten genauer zu untersuchen. Unter dem Mikroskop erkannte er, wodurch die Fruchtkörper so anhänglich wurden: kleine gebogen Haken an länglichen Fortsätzen, die die kugeligen Samen umgaben. Doch das war nur eine Hälfte dessen, was nötig war, damit sich eine Klette anklammern konnte. Schließlich brauchte sie noch etwas, in das sich ihre Häkchen schlagen konnten. Auf einer glatten Oberfläche fanden auch Kletten keinen Halt. Es mussten schon Fell oder Textilien sein, um dem ungeliebten Anhalter einen Angriffspunkt zu liefern. Man benötigte also zwei Komponenten, wollte man die Haftkraft von Kletten nutzen: Haken und Ösen.

Folglich entwickelte de Mestral zunächst ein Gewebeband mit Haken und dann ein anderes, das zahllose kleine Fäden und Schlingen an der Oberseite trug. Der Klettverschluss war geboren.

So einfach, wie sich das liest, war es wohl nicht; erst zehn Jahre nach seinem Einfall meldete de Mestral seine Erfindung zum Patent an. Vor allem das richtige Material für die Haken zu finden war knifflig. Erst als de Mestral auf Nylon stieß, hatte er endlich einen passenden Rohstoff mit den gewünschten Eigenschaften für seinen neuartigen Verschluss, denn der sollte vor allem robust und haltbar sein.

Da der Schweizer nicht nur ein genialer Erfinder, sondern auch ein geschäftstüchtiger Unternehmer war, gründete er eine eigene Firma und brachte sein Produkt unter dem Markennamen Velcro auf den Markt. Die Bezeichnung stammte von einer Verschmelzung der beiden französischen Wörter „velour" für Samt und „crochet" für Haken.

○ Die mit Haken bestückten Fruchtkörper der Klette nutzen Mensch und Tier als Transportvehikel, indem sie sich in Kleidung oder Fell verhaken – und dienten als Vorbild für den Klettverschluss.

Der neuartige Verschluss, der vielfältige Einsatzmöglichkeiten fand, war ein großer Erfolg. Weltweit überzeugte das von der Natur abgeschaute Prinzip aus Haken und Ösen. Bis heute verschließen Klettstreifen Schuhe, Jacken, Taschen, Blutdruckmessegeräte oder halten Teppiche an Ort und Stelle. Auch de Mestrals Unternehmen, das wie seine Erfindung Velcro heißt, verkauft immer noch Klettverschlüsse jeglicher Machart – und kämpft dagegen an, dass der Erfolg seiner Produkte seinen Namen zu einem Deonym werden ließ. Besonders in den USA benutzen viele Menschen den Begriff Velcro nämlich stellvertretend für Klettverschluss, ähnlich wie hierzulande Papiertaschentücher, Klebestreifen oder Babywindeln aller möglichen Hersteller mit den Namen bestimmter Firmen oder Produkte bezeichnet werden.

Der Klettverschluss hat es jedenfalls weit gebracht, sogar bei den Mondmissionen der NASA war er dabei. So befestigten die Astronauten in ihren Raumkapseln Stifte und andere Gegenstände an klettenartigen Halterungen, damit diese in der Schwerelosigkeit nicht unkoordiniert umhertaumelten. Bis heute wurde der Klettverschluss auf alle möglichen Arten weiterentwickelt. Es gibt ihn mittlerweile in Ausführungen aus Metall oder als Pilzkopfklettverschluss, der ohne die üblichen Ösen auskommt.

Forscher arbeiten sogar daran, dem genialen Verschluss das allfällig bekannte „Raaatsch" beim Öffnen abzugewöhnen. Vor allem beim Einsatz im Militär hat sich dieses Geräusch als großer Nachteil erwiesen. So praktisch es auch sein mag, beispielsweise die Taschen an Hosenbeinen mit einem Klettverschluss zu verschließen, so lästig ist der Radau, wenn man sie wieder öffnet. Allzu leicht verrät der Krach, wo Soldaten in Stellung gegangen sind. Im Ernstfall ein lebensbedrohlicher Mangel. Deshalb bleiben auch die genaue Konstruktion und das Herstellungsverfahren eines neuartigen, flüsternden Klettverschlusses geheim. Gelingt die Entwicklung zur Marktreife, wäre das erneut ein gutes Geschäft, denn Armeen rund um den Globus hätten sicher Interesse daran.

Bis der lautlose Klettverschluss tatsächlich kommt, müssen sich Soldaten noch mit anderen Maßnahmen behelfen – und ihren Humor behalten. So kursiert im Internet ein Witzvideo, das über ein – ebenfalls „geheimes" – Gegenmittel von Spezialeinheiten gegen das verräterische Geräusch aufklärt: Einfach beim Aufziehen ganz laut brüllen und das „Raaatsch" übertönen.

Geflügelter Retter

Bis zur Abwehr der drohenden Gefahr waren es 30 Kilometer. So weit musste der Tauberich G.I. Joe am 18. Oktober 1943 fliegen, um eine äußerst wichtige Nachricht zu überbringen. Die alliierten Truppen der Briten und Amerikaner kämpften sich gerade an der Italienfront gegen die deutsche Armee Richtung Norden vor, während sich die Deutschen rasch zurückzogen. Folglich nahm die 169th (3rd London) Brigade der britischen Armee den Ort Calvi Vecchia, gut 40 Kilometer nordwestlich von Neapel, schnell ein, da ihre Soldaten kaum auf Widerstand stießen. Ein fataler Erfolg, denn mit einem derart zügigen Vormarsch hatte niemand auf alliierter Seite gerechnet. Der ursprüngliche Plan sah vor, die Ortschaft zu bombardieren und sie erst dann einzunehmen.

Die Briten versuchten nun, da sie ja bereits in Calvi Vecchia waren, das mit dem Bombardement beauftragte amerikanische XII. Air Support Command über die neue Lage zu unterrichten und die geplante Luftattacke abzublasen. Doch den Funkern gelang es nicht, eine Verbindung aufzubauen. Da der Angriff unmittelbar bevorstand, griffen die Briten zum letzten verbleibenden Kommunikationsmittel, der Brieftaube G.I. Joe.

Der gerade einmal ein halbes Jahr alte Tauberich überwand die 30 Kilometer bis zur Kommandantur der Fliegerstaffel in nur 20 Minuten, was einer Durchschnittgeschwindigkeit von 90 Kilometern pro Stunde entspricht. Für eine Brieftaube nichts Außergewöhnliches; die Tiere können sogar Geschwindigkeiten bis zu 120 Kilometern in der Stunde erreichen.

Neben den Sprint- und Ausdauerqualitäten haben die Haustauben und damit auch die Brieftauben noch eine weitere entscheidende Eigenschaft von ihren natürlichen Stammvätern und -müttern geerbt: den herausragenden Orientierungssinn. Beinahe alle Haustauben stammen von der Felsentaube ab, deren Hauptverbreitungsgebiet der Mittelmeerraum ist. Dort lebt sie, wo es Felsklippen und -höhlen gibt, weil sie diese zum Brüten benötigt. Ihr Nest legen die Vögel gerne in einem dieser Felsenlabyrinthe an. Damit die Tiere immer wieder zu ihrer Brutstätte finden, benötigen sie einen sehr guten Orientierungssinn und den haben sie auch an die Haustauben weitergegeben. Nur deshalb konnte der Mensch diesen Sinn der Tauben in seiner Obhut weiter schärfen. Durch entsprechende Zuchtwahl kamen bei ihm nur jene Exemplare zur Fortpflanzung, die besonders gut und schnell von einem beliebigen Ort zu heimischem Schlag mit vertrauter Futterquelle fanden. Deshalb sind Brieftauben in der Lage, selbst über 1400 Kilometer Entfernung sicher nach Hause zurückzukehren.

Bereits 2000 Jahre vor Christus nutzten Menschen diese früheste Form der Luftpost. Seither brachten die gefiederten Boten frohe oder böse Kunde: Sie benachrichtigten über die Inthronisierung eines ägyptischen Pharao, kündeten von Triumphen bei den antiken Olympischen Spielen, verbreiteten die Beschlüsse des Kalifen durchs arabische Weltreich.

Auf Taubenschwingen kamen auch immer wieder Botschaften über Siege in entscheidenden Schlachten wie der von Waterloo. Auch der findige Gründer der Nachrichtenagentur Reuters kam im 19. Jahrhundert zeitweise nicht ohne die Dienste der gefiederten Pfadfinder aus. Während des Kalten Krieges schmiedete der britische Geheimdienst sogar Pläne, Tauben mit Bomben zu bestücken, um sie im Falle eines Atomkrieges, unkenntlich für das feindliche Radarsystem, in den Osten zu schicken. Die Schweizer Armee hielt noch bis ins Jahr 1996 an die 30 000 „selbstreproduzierende Kleinflugkörper", also Tauben, um sie im Ernstfall für das Überbringen von Befehlen nutzen zu können.

Wie die Tiere ihre großartigen Navigationsleistungen zu Wege bringen, ist immer noch Gegenstand der Forschung und bisher nicht bis ins letzte Detail aufgeklärt. Klar ist, dass wohl der Seh- und der Geruchssinn eine Rolle spielen. Außerdem könnten das Magnetfeld der Erde, innere Sternenkarten sowie eine innere Uhr beteiligt sein.

Was auch immer G.I. Joe an jenem 18. Oktober 1943 benutzte, um sein Ziel zu finden, es dürfte seinem Absender egal gewesen sein. Die Hauptsache war, dass der Tauberich gerade noch rechtzeitig kam, denn die amerikanischen Bomber waren im Begriff abzuheben. Fünf Minuten später wären sie bereits in der Luft gewesen und es wäre durchaus fraglich gewesen, ob man den Angriff dann noch hätte abbrechen können. Gut möglich, dass viele Hundert britische Soldaten und vielleicht noch mehr Zivilsten im Bombenhagel ums Leben gekommen wären. Diese potenziellen Opfer, „killed by friendly fire" (dt. wört-lich: durch freundliches Feuer getötet) wie es im Militärjargon heißt, rettete G.I. Joe vor ihrem Schicksal.

Durch seine Tat avancierte er zur wohl bekanntesten Taube und sogar zum bekanntesten Tier im Zweiten Weltkrieg. Ungezählte animalische Kameraden, von Pferden über Hunde bis hin zu Brieftauben waren in diesem wie in vielen anderen militärischen Konflikten im Einsatz. Ihnen allen ist in London östlich des Hyde Parks ein Denkmal gewidmet, auf dem unter anderem folgender Satz zu lesen ist: „Sie hatten keine Wahl."

G.I. Joe selbst, auch wenn es ihm sicher nichts bedeutete, erhielt 1946 für seine „Heldentat" die höchste militärische Auszeichnung für Tiere, die Dickin Medal. Nach dem Zweiten Weltkrieg wurde er in die USA gebracht, wo er zunächst am Standort seiner Einheit im Fort Monmouth im Bundesstaat New Jersey und später im Zoo von Detroit lebte. Dort starb er 18-jährig im Juni 1961.

Selbst wenn der Oberbefehlshaber der Alliierten im Westen Dwight David Eisenhower in einer kleinen Rede für einen Film 1945 nicht die Taube, sondern den gewöhnlichen Soldaten meinte, als er von G.I. Joe sprach, einem gebräuchlichen Platzhalter für den Durchschnittssoldaten in den USA, so hätte er doch auch den gefiederten Retter meinen können, als er sagte: „Der wahre Held dieses Kriegs ist G.I. Joe."

Wem lacht die Sonne?

„Mit unseren Landungen im Gebiet von Cherbourg-Havre haben wir es nicht geschafft, einen ausreichenden Brückenkopf zu bilden, und ich habe die Truppen zurückgezogen. Meine Entscheidung, zu dieser Zeit und an diesem Ort anzugreifen, basierte auf den besten Informationen, die verfügbar waren. Die Truppen, die Luftwaffe und die Navy taten alles, was an Tapferkeit und Pflichthingabe von ihnen verlangt werden konnte. Falls dem Versuch irgendein Tadel oder Fehler anhaftet, ist dies allein meine Schuld.“

Diese Sätze kritzelte der Oberbefehlshaber über die alliierten Streitkräfte im Westen am Vorabend des 6. Juni 1944 mit einem Bleistift auf ein Stückchen Papier. Für gewöhnlich tat dies Dwight David Eisenhower vor einer entscheidenden Schlacht oder Besprechung, um für den Fall des Scheiterns vorbereitet zu sein. So war es auch diesmal, denn eine der wichtigsten Kämpfe des Zweiten Weltkrieges stand unmittelbar bevor: die Landung der Alliierten in der Normandie.

Schon seit dem Überfall der deutschen Wehrmacht auf die Sowjetunion im Juni 1941 und der Kriegserklärung an die USA im Dezember 1941 liefen Planungen, auf dem europäischen Festland eine zweite Front im Westen zu eröffnen. Nicht zuletzt der sowjetische Diktator Josef Stalin hatte das immer nachdrücklicher gefordert. Doch eine derart gewaltige Unternehmung trauten sich die Westalliierten zunächst nicht zu. Außerdem erforderte das Vorhaben immense Vorbereitungen.

Nach jahrelangen Planspielen und monatelangen Übungen war es endlich so weit. Bereits im Mai 1944 sollte die Landung in der Normandie stattfinden. Aber die Natur schien etwas dagegen zu haben. Das Wetter war an den geeigneten Tagen so schlecht, dass eine erfolgreiche Landung ausgeschlossen war. Also wurde der Termin für den D-Day, den entscheidenden Tag, noch einmal verschoben. Im Juni sollte es dann endlich so weit sein.

In diesem Monat gab es nur zwei Phasen, in denen Gezeiten und Tagesanbruch so übereinstimmten, das eine Landung möglich war: um den 5. oder den 17. Juni herum. Um so bald als möglich das Wagnis einzugehen, fiel die Entscheidung auf den 5. Juni.

„Das lange Schluchzen herbstlicher Geigen, die mein Herz mit langweilender Mattigkeit verwunden.“ Anfang Juni sendete der britische Rundfunk diese ersten beiden Zeilen von *Chanson d'Automne*, dem Gedicht *Herbstlied* von Paul Verlaine. Die Worte waren der vereinbarte Code, der den Mitgliedern der französischen Widerstandsbewegung signalisierte, dass jetzt endlich die Landung der Alliierten erfolgen würde, die sie mit entsprechenden Sabotage-Aktionen unterstützen sollten.

Doch wieder zog eine Schlechtwetterfront auf. Meteorologen meldeten am 4. Juni, dass sie über Schottland einen so niedrigen Luftdruck gemessen hätten wie noch nie seit 1900. Das durchziehende Tiefdruckgebiet würde dem 5. Juni schlechtes Wetter bescheren. Am 6. Juni aber, so viel konnte die damalige Vorhersage leisten, würde sich das Wetter bessern. Allerdings konnte niemand prognostizieren, wie lange diese Phase anhalten würde.

Insofern tat Eisenhower gut daran, sich auch auf ein Scheitern der Unternehmung einzustellen. Wie angespannt er dabei war, zeigte sich am Ende seiner Notiz. Dort schrieb er nämlich nicht das richtig Datum, den 5. Juni, auf, sondern den 5. Juli. Seinen Soldaten sprach er allerdings größtmöglichen Mut zu. „Die freien Menschen dieser Erde marschieren zum Sieg. […] Wir werden nichts anderes akzeptieren als den Sieg!", formulierte er im entsprechenden Tagesbefehl.

Zum Glück spielten Natur und Wetter mit. Hin und wieder lachte sogar die Sonne durch Löcher in der Wolkendecke. Die größte Landungsoperation der Geschichte verlief erfolgreich. Zwar waren die Kämpfe an den Stränden mit den Codenamen Sword, Juno, Gold, Omaha und Utah entscheidend für den Erfolg der Aktion, sie waren aber nur ein Teil der viel größeren Operation Overlord. Diese war weit länger angelegt als nur für einen Tag und umfasste nicht nur die eigentliche Landung in der Normandie, sondern auch die letztendliche Befreiung Nordfrankreichs.

An dem ganzen Unternehmen waren auf alliierter Seite bis zu 1,53 Millionen Soldaten beteiligt. Erst am 25. August endete die Operation mit der Befreiung von Paris. Schätzungsweise 65 000 alliierte und etwa 50 000 deutsche Soldaten kamen dabei ums Leben. Trotzdem sollte der Krieg in Europa noch fast ein Dreivierteljahr dauern.

Absturz und dann Karriere

So manche Karriere startet erst richtig nach dem Tod. Das darf wohl auch von jenem Insekt behauptet werden, das am 7. September 1947 in die Geschichte einging. Es war ein heißer Spätsommertag auf dem Gelände der Harvard-Universität in Boston an der Ostküste der USA. In einem einfachen Gebäude aus der Zeit des Ersten Weltkrieges ratterten die 4000 Relais eines der ersten Computer der Welt vor sich hin. Die Techniker, die sich darum kümmerten, den Mark II, auch Aiken Relay Calculator genannt, in Gang zu halten, hatten einige Fenster geöffnet, denn die mehr als schrankwandgroße, eine Fläche von gut 370 Quadratmetern einnehmende Maschine strahlte enorme Wärme ab. Folglich heizte sich der nicht klimatisierte Raum auf, in dem sie arbeitete.

Der Rechner, den die Wissenschaftler der Harvard-Universität im Auftrag der US-Navy entwickelten, befand sich noch in der Testphase. Nach seiner Fertigstellung sollte er am Navy-Stützpunkt in Dahlgren, südlich von Washington D. C., für ingenieurtechnische Berechnungen eingesetzt werden. Doch bis dahin war es noch ein weiter Weg, denn Mark II steckte voller Fehler. Deshalb wunderte sich niemand, als er wieder einmal, etwa gegen halb vier, seinen Dienst versagte.

Routiniert begaben sich die Techniker auf die Suche nach der Ursache für die Panne und wurden auch bald fündig. Das Besondere an dieser Störung war, dass sie keine technische, sondern eine biologische war. In Relais 70 der Paneele F fand ein Mitarbeiter nämlich eine Motte. Offensichtlich hatte der letzte Flug des Insekts durch eines der geöffneten Fenster ins Innere von Mark II geführt, wo der Flattermann schließlich für einen Kurzschluss sorgte.

Äußerst pflichtbewusst und akribisch, wie Computerfachleute nun mal gerne sind, klebte einer der Techniker das Insekt in das Logbuch des Rechners. Ein zweiter notierte später noch genauere Angaben dazu: „15:45 Uhr: First actual case of bug being found." (Der erste Fall, bei dem tatsächlich ein Insekt gefunden wurde.)

Aus dieser Formulierung wird klar, dass die Bezeichnung „bug", auf Deutsch „Insekt" oder „Käfer" für einen Fehler bei der Benutzung oder Entwicklung von Technik bereits in Gebrauch war. So verwendete ihn der amerikanische Erfinder Thomas Alva Edison 1878 in einem Brief an Tivadar Puskás, seinen ungarischen Kollegen – doch auch Edison war wohl nicht der Urheber dieser Begriffsverwendung.

Die Geschichte vom tatsächlich durch ein Insekt verursachten Computerfehler trug jedenfalls dazu bei, dass wir dabei auch heute noch von „bug" sprechen und das Beheben dieser Schwachstelle, zumindest im Fachjargon,

„Debugging" nennen. Besonders ein Teammitglied von 1947 sorgte dafür, dass diese Anekdote in die Technikgeschichte einging. Die Computerpionierin und Mitentwicklerin des Mark II, Grace Hopper, erzählte immer wieder gerne von der Begebenheit und verewigte sie sogar in einem Wörterbuch für Programmierer. Damit sorgte sie maßgeblich für deren Verbreitung.

Ob man will oder nicht, heutzutage kommt an diesem Begriff und vor allem den Auswirkungen des von ihm bezeichneten Phänomens so gut wie niemand mehr vorbei. So werden sich die meisten noch an den Y2K-Bug erinnern, den Jahr-2000-Fehler. Er beruhte darauf, dass in einigen Programmiersprachen die ersten zwei Ziffern einer Jahresangabe weggelassen wurden. Dabei hatte man nicht bedacht, dass dies Programmen beim Jahreswechsel von 1999 auf 2000 Probleme bereiten könnte. Wahre Katastrophenszenarien wurden im Laufe des Jahres 1999 gezeichnet und entsprechend viel Geld für deren Vermeidung ausgegeben. Weltweit könnte das bis zu 600 Milliarden Dollar gekostet haben.

Die Geschichte der Computer und ihrer Programme ist jedenfalls eine fortwährende Abfolge größerer oder kleinerer „bugs". Anwender wissen das leider nur zu gut, beschleicht einen manchmal doch das Gefühl, Fehler in Programmen träten so häufig auf wie Ameisen in ihrem Haufen – förmlich zum „Motten kriegen".

Das echte Fluginsekt, das dafür verantwortlich war, dass wir bis heute dabei von „bug" sprechen, hätte wohl gerne auf diese Weltkarriere und den dafür notwendigen vorherigen Absturz verzichtet. Sicher wäre es lieber noch etwas weitergeflattert.

Das Flüstern der Jahrtausende

Zu tief ins Glas zu schauen ist nie eine gute Idee. Doch manchmal hat ein Drink zur rechten Zeit ein Gemüt gekühlt oder hin und wieder auch eine Eingebung befördert. Letzteres fand im Jahr 1965 auf der französischen Antarktisstation Dumont d'Urville statt. Jedenfalls erzählt das der Klimaforscher und Glaziologe Claude Lorius in einer filmischen Biografie, die ab November 2015 unter dem Titel *Zwischen Himmel und Eis* in deutschen Kinos lief.

Damals, vor mehr als 50 Jahren, kühlte der Franzose einen Whiskey mit Gletschereis. Dann, so seine Geschichte, hatte er einen bahnbrechenden Einfall. Das Gletschereis der Antarktis zeichnet sich nämlich nicht nur dadurch aus, dass es die polare Kälte quasi einschließt und man damit einen Drink kühlen kann, sondern zusätzlich dadurch, dass es kleine Luftbläschen in sich birgt.

Luft in Eis ist an für sich nichts Ungewöhnliches, wie jeder weiß, der einmal Eiswürfel zuhause fabriziert hat. Ohne zusätzliche Behandlung wie ständiges Rühren oder vorheriges Kochen enthalten nämlich auch diese Eiswürfel eine Menge Luftbläschen und erscheinen dem Betrachter deshalb nicht klar und durchsichtig, sondern eher milchig weiß. Allerdings stammt die Luft für die kleinen Bläschen in diesem Fall aus dem Wasser selbst. Die Luft friert gewissermaßen beim Erstarren aus, denn Eis kann prinzipiell weniger Gase aufnehmen als flüssiges Wasser. Deshalb bilden sich beim Gefrieren Bläschen, die im umgebenden Eis gefangen sind.

Bei den Bläschen in Gletschereis, wie jenem aus der Antarktis, handelt es sich dagegen oft um reine atmosphärische Luft, denn das Eis der Antarktis bildet sich häufig nicht direkt aus flüssigem Wasser, sondern aus Schnee. Der weiße Niederschlag fällt in großen Mengen auf Land beziehungsweise schon existierendes Eis. Jedes Jahr bildet sich eine neue Schneelage. Ist genügend Zeit vergangen, dann hat sich so viel Schneemasse angesammelt, dass sie schwer mit ihrem Gewicht auf den unteren Lagen lastet und diesen Schnee zu Eis zusammenpresst. Bei dieser Bildung von Eis aus Schnee wird auch einiges an Luft im Eis eingeschlossen.

Dabei ist allerdings zu beachten: Eisalter ist nicht gleich Gasalter. Es dauert nämlich sehr lange, bis die Umwandlung von Schnee zu Eis abgeschlossen ist. In der Zwischenzeit findet häufig noch ein Gastaustausch zwischen der Atmosphäre oberhalb der obersten Schneedecke und der Luft, die sich in den Schneelagen befindet, statt. Außerdem tauschen sich die Lufteinschlüsse innerhalb der einzelnen Lagen teilweise aus. Erst ab einer Tiefe von etwa 100 Metern sind die Luftbläschen vollkommen abgeschlossen.

Die eingefrorenen Bläschen sind oft so groß, dass sie Whiskey oder andere Longdrinks wie Gin and Tonic zum Blubbern bringen. Das dabei vernehmbare zischelnde Geräusch, das gerne mit blumigen Bezeichnungen wie „Flüstern der Jahrtausende" oder „Flüstern der Vergangenheit" umschrieben wird, ist nicht die einzige Botschaft, die sich daraus entnehmen lässt. Sie fungieren quasi als Zeitkapseln, die uns einen Blick in die ferne Vergangenheit ermöglichen.

Die eingeschlossene Luft verrät nach eingehender Analyse nämlich, wie die Atmosphäre der Vergangenheit zusammengesetzt war. Bohrt man entsprechend tief in die teilweise mehrere Kilometer dicken Gletscher, erreicht man Schichten, die sich vor 100 000 oder noch mehr Jahren gebildet haben.

Die Idee, aus diesem eisigen Archiv unter anderem eine exakte Klimageschichte herauszulesen, war 1965 nicht neu. Den Anstoß dazu gab wohl ein Mitglied einer Grönlandexpedition von 1930/31 des deutschen Geowissenschaftlers Alfred Wegener: Der Polarforscher Ernst Sorge war der erste, der sich systematisch 15 Meter tief ins Gletschereis auf Grönland grub und damit die Idee beförderte, sich so ein Klimaarchiv zu erschließen. Etwa 20 Jahre später wurden die ersten Eisbohrkerne gewonnen, wenn auch – wegen ungenügender Technik – in schlechter Qualität.

Weitere Forscher stellten ähnliche Überlegungen an. 1965 hatte jedenfalls auch Claude Lorius diesen Heureka-Moment, als sein Whiskey im Glas zischelte. Durch seine Idee und weitere zahlreiche Polarexpeditionen wurde er zu einem führenden Klimaforscher.

Heute gelten Eisbohrkerne und die darin eingeschlossenen Luftblasen als eines der wichtigsten Archive irdischer Atmosphären- und Klimageschichte. Auch sie belegen den starken Anstieg des Treibhausgases Kohlendioxid seit Beginn der industriellen Revolution. Bleibt abzuwarten, ob wir auf das Wispern der Vergangenheit und vor allem die daraus zu folgernden Warnungen für die Zukunft hören.

Roter Gipfelstürmer

Einmal ganz oben stehen, über allem sein, und das auch noch als Erster. Dieser Wunsch erfüllte sich am 8. Mai für den Schweizer Peter Habeler und den Südtiroler Reinhold Messner. Zwar waren sie nicht die ersten Bergsteiger, die aus einer Höhe von knapp 8850 Metern vom Gipfel des Mount Everest auf die Welt herabblickten, denn diese Ehre hatten sich bekanntlich bereits 1953 der Nepalese Sardar Tenzing Norgay Sherpa und der Neuseeländer Sir Edmund Hillary gesichert. Und danach hatten noch weitere Expeditionen Abenteuerlustige auf den höchsten Gipfel der Erde gebracht, unter anderem mit der Japanerin Junko Tabei auch die erste Frau. Dennoch war auch diese Besteigung von einem besonderen Superlativ geprägt, der den beiden einen festen Platz in der Geschichte des Bergsteigens sichern sollte: Sie waren die ersten Menschen, die den Berg ohne zusätzlichen Sauerstoff aus Gasflaschen bestiegen. Ihre Körper waren auf das spärliche Atemgas angewiesen, das die dünne Atmosphäre in dieser Höhe zu bieten hatte.

Mit ihrer Ausnahmetat belehrten Habeler und Messner alle Experten eines Besseren, die es für unmöglich gehalten hatten, dass ein Mensch dort oben ohne atemtechnische Zusatzausrüstung lange überleben würde. Dieser Zweifel war durchaus begründet.

Auf Meereshöhe beträgt der relative Anteil des Sauerstoffs an der irdischen Luft etwa 21 Prozent. Der Anteil bleibt auch mit zunehmender Höhe gleich. Allerdings sinkt bekanntlich der Luftdruck mit jedem Höhenmeter, den es bergauf geht. Das bedeutet, dass sich die Gase ausdehnen, die beispielsweise ein Kubikmeter Luft enthält. Ein Teil von ihnen entweicht also aus dem Kubikmeter. Deshalb sinkt der absolute Gehalt aller Gase in dem Kubikmeter mit steigender Höhe. Ein Kubikmeter Luft enthält in 8000 Metern Höhe also deutlich weniger Sauerstoff als ein Kubikmeter Luft auf Meereshöhe – und zwar gut zwei Drittel weniger.

Mit anderen Worten: Macht ein Mensch auf Meereshöhe einen Atemzug, muss er in 8000 Metern Höhe drei machen, um die gleiche Sauerstoffmenge durch seine Lungen zu leiten. Steigt jemand nun hoch hinauf, so greift sein Körper genau zu dieser Maßnahme: Er atmet schneller. Doch das ist nur eine von mehreren Reaktionen während eines Gipfelsturms.

Eine Anpassung an die dünne Luft in schwindelnden Höhen ist dem Menschen, je nach Verfassung, bis in etwa 5000 Höhenmeter möglich. Darüber funktioniert die sogenannte Akklimatisation nicht mehr richtig. An Lagen darunter gewöhnt sich der menschliche Organismus bei längeren Aufenthalten, indem er über Tage mehr rote Blutkörperchen aufbaut. Diese Blutbestandteile transportieren den Sauerstoff, den sie in der Lunge aufnehmen, bis ins Innerste unseres Körpers. Dazu benutzen sie sogenanntes Hämoglobin, den Farbstoff, der ihnen die charakteristische rote Farbe verleiht. Auch diesen roten Blutfarbstoff produziert unser Körper vermehrt, wenn wir uns eine gewisse Zeit in großer Höhe aufhalten.

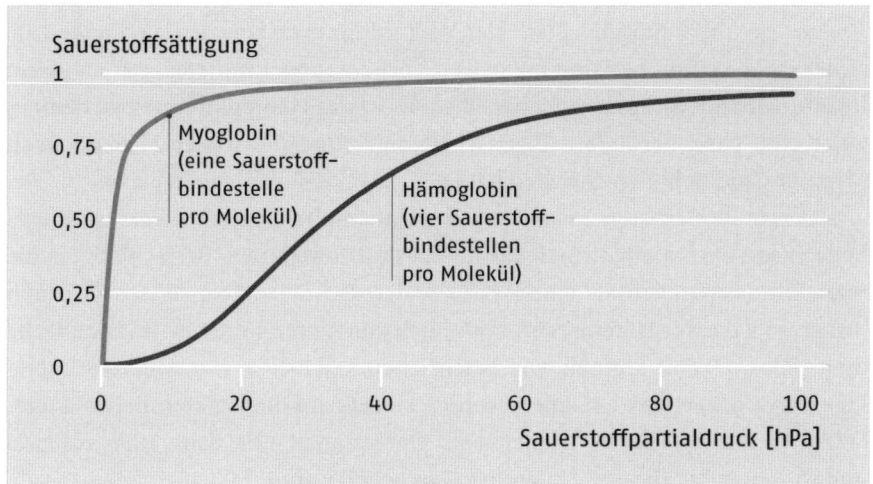

○ Sauerstoffbindekurven von Hämoglobin und Myoglobin. Der Blutfarbstoff Hämoglobin bindet Sauerstoff kooperativ, also umso besser, je mehr er bereits geladen hat. Ganz im Gegensatz zu Myoglobin, das Sauerstoff stets nahezu gleich gut bindet.

Die positiven Auswirkungen der Akklimatisation nutzten Sportler, um ihre Leistungsfähigkeit auf legale Art zu verbessern. Dabei suchen sie gezielt Höhen zwischen 1900 und maximal 2500 Metern auf. Als ein Erfinder dieses weit verbreiteten Trainings gilt der Kenianer Kipchoge Keno, der 1968 und 1972 zwei Gold- und zwei Silbermedaillen bei Olympischen Spielen über Mittel und Langstrecken in der Leichtathletik gewann.

Die Anpassungsfähigkeit des Menschen an große Höhen nimmt allerdings zusehends ab. Etwa ab einer Höhe von 2800 Metern machen sich die ersten Anzeichen der Höhenkrankheit bemerkbar. Oberhalb von 4000 Metern spürt beinahe jeder deren Symptome, wozu unter anderem Schwindel oder Halluzinationen gehören. Für Bergsteiger zählen diese Probleme zu den akut lebensbedrohlichen Folgen eines Sauerstoffmangels.

Ab 5000 Metern wird die Luft dann so dünn, dass sich ihr Sauerstoffgehalt im Vergleich zur Luft auf Meereshöhe halbiert hat. An ein Leben in noch größeren Höhen kann sich unser Körper nicht mehr dauerhaft anpassen.

Irgendwo zwischen 7000 und 8000 Höhenmetern beginnt schließlich die sogenannte Todeszone. Dort kann der Mensch zwar kurzfristig überleben, je nach Konstitution aber immer nur einige Stunden. Ein Aufenthalt von mehr als 48 Stunden bedeutet beinahe für jeden den sicheren Tod. Unsere beiden Gipfelstürmer entgingen ihrem Ende jedoch, nicht zuletzt, weil sie zügig diese Todeszone wieder verließen.

Dass sie überhaupt das Dach der Welt erklimmen konnten, verdanken sie sicher einer akribischen und intensiven Vorbereitung. Ein Beteiligter an ihrem Rekord wird allerdings gerne übersehen: Es ist das Hämoglobin selbst, denn es weist eine ganz besondere Eigenschaft auf, ohne die weder Haberle noch Messner Geschichte geschrieben hätten.

Der rote Blutfarbstoff besteht aus vier Untereinheiten. Jede dieser Untereinheiten kann ein Sauerstoffmolekül aus der Luft aufnehmen. Betrachtet man die roten Blutkörperchen als eine Art Lkw, der den Sauerstoff zu den Organen bringt, so wäre das Hämoglobin mit seinen vier Untereinheiten die Ladefläche dieses Lkw. Darauf können, wie beschrieben, höchstens vier Sauerstoffmoleküle transportiert werden. Diese werden einzeln auf die Untereinheiten aufgeladen, zuerst ein Sauerstoffmolekül auf Untereinheit eins, dann eines auf zwei und so weiter, bis alle vier Untereinheiten beladen sind.

Intuitiv würde man wohl davon ausgehen, dass dieses Beladen der Untereinheit zwei bestenfalls so leicht vonstattengeht wie das der Untereinheit eins. Das Gegenteil ist allerdings der Fall. Je mehr Sauerstoff Hämoglobin geladen hat, desto leichter schultert es ein weiteres Sauerstoffmolekül. Biochemiker nennen dieses Phänomen Kooperativität oder kooperative Bindung. Nur aufgrund dieser natürlichen Eigenschaft des Hämoglobins sind überhaupt Rekordbesteigungen von Sieben- oder gar Achttausendern möglich, weil das Rote in unserem Blut auch dann noch Sauerstoff aufnehmen kann, wenn das Gas in unüblich niedrigen Konzentrationen durch unsere Lungenbläschen wabert. Die Natur hat diesen Sicherheitspuffer wohl eingebaut, weil unser Körper nicht in der Lage ist, einen großen Vorrat an Sauerstoff anzulegen. Dass uns deshalb so schnell buchstäblich die Luft ausgeht, ist ja auch der makabre Grund, weshalb Ersticken zu den am weitesten verbreiteten Hinrichtungs-, Folter- oder Mordmethoden zählt.

Die maximal 48 Stunden, die ein Mensch in der Todeszone oberhalb von gut 7000 Höhenmetern überleben kann, sind übrigens nicht in Stein gemeißelt – weder in den des Mount Everest noch in den irgendeines anderen Berges. Das belegt der Fall eines 69-jährigen Italieners, der den höchsten Berg der Welt im Jahr 2012 erklimmen wollte. Bei etwa 8300 Höhenmetern kam er nicht mehr weiter. Insgesamt harrte er vier Tage in der Todeszone ohne Sauerstoffflaschen aus, bevor er gerettet wurde.

So viel Glück hatten andere Bergsteiger nicht. Insgesamt haben mehr als 4800 Menschen bislang vom Mount Everest auf die Erde herabgesehen. 288 kostete der Versuch, den Gipfel zu erreichen oder lebend wieder von ihm herabzusteigen, das Leben.

Ganz schadlos bleiben aber wohl auch jene nicht, die das Dach der Welt bezwingen. Das lässt jedenfalls eine Studie von Schweizer Forschern an Höhenbergsteigern aus dem Jahr 2015 vermuten. Demnach erleiden 20 Prozent der Bergfexe Hirnblutungen, wenn sie große Höhen erklimmen. Dagegen hilft keine Akklimatisation – und kein noch so kooperatives und leistungsfähiges Hämoglobin.

Wenn der Korken ploppt

Es klingt nach dem Szenario eines Horrorfilms. Nichts deutete auf eine Gefahr hin. Lautlos, unsichtbar, nahezu geruchlos, ohne erkennbare Gewalt kam der Tod in der Nacht. Überall fielen Mensch und Tier zunächst in Ohnmacht, dann hauchten sie ihr Leben aus. Am Morgen waren mehr als 1700 Menschen tot. Tausende Tierkadaver bedecken die Erde. Vom Täter fehlte jede Spur.

Der anbrechende 22. August 1986 enthüllte das Grauen, das sich in einem Landstrich im Nordwesten von Kamerun ausgebreitet hatte. Niemand fand zunächst eine Erklärung für das Massensterben, aber Geschichten und Mythen, die seit Generationen in der Region kursierten, erzählten von ähnlichen Vorkommnissen. Und waren nicht zwei Jahre zuvor am Manoun-See, in nur gut 100 Kilometern Entfernung, bereits 37 Menschen auf ähnliche Weise umgekommen?

Wie in solchen Fällen üblich, überschlugen sich Gerüchte und Spekulationen, und nicht wenige neigten dazu, auch hier Übernatürliches am Werk zu sehen. Dabei war die Erklärung für diese Katastrophe ebenso besonders wie profan: Der Tod lauerte in den Tiefen eines Gewässers, genauer im Nyos-See.

Er liegt in einem sogenannten Maar, also einer schüsselförmigen Mulde vulkanischen Ursprungs, wie man sie auch von den Maaren der Eifel kennt. Die Oberfläche des Nyos-Sees erstreckt sich über eine Fläche mit etwa 1800 Metern Durchmesser. Sein Wasser reicht zirka 200 Meter in die Tiefe. Dort unten, in beinahe völliger Finsternis, schlummert eine tödliche Gefahr.

Unterhalb des Sees befindet sich eine Magmakammer, aus der ständig Kohlendioxid in das Wasser strömt. Dort löst es sich gut, vor allem wegen des hohen Drucks, der auf den tieferen Wasserschichten lastet. Zusätzlich weist der See noch eine durch Temperaturunterschiede bedingte Schichtung auf, so dass Wasser aus den Tiefen selten bis an die Oberfläche zirkuliert. Die Schicht, die das verhindert, hält das mit Kohlendioxid angereicherte Wasser am Grund des Sees wie ein Sektkorken den sprudelnden Sekt in der Flasche.

Ganz ähnlich wie bei einer Sektflasche kann sich dieser Korken aber auch lösen, sei es durch ein Erbeben, durch Temperaturschwankungen innerhalb des Sees oder einfach dadurch, dass die Konzentration gelösten Kohlendioxids die Sättigungsgrenze überschreitet und der Druck des Gases ganz einfach zu groß wird. Dann reißt es den Korken aus der Flasche und das Gas schießt mitsamt der Flüssigkeit heraus.

In der Nacht vom 21. auf den 22. August war genau das geschehen. Die Gasblase hatte das Wasser des Nyos-Sees über die Ufer getrieben und waberte bis zu 27 Kilometer weit über das Land. Da reines Kohlendioxid schwerer als Luft ist, hielt sich die tödliche Wolke vergleichsweise lange in Bodennähe und es dauerte lange, bis sie sich so verdünnt hatte, dass sie für atmende Organismen keine Gefahr mehr darstellte. Bis dahin konnte sie Tausende Opfer ersticken.

Neben dem Nyos- und dem Manoun-See in Kamerun besitzt der afrikanische Kontinent noch mindestens einen weiteren dieser auch als Killerseen bezeichneten Gewässer: den Kivusee im Osten der Demokratischen Republik Kongo. Auch in seinen Tiefen lagern gewaltige Mengen von Kohlendioxid, das im Wasser gelöst ist. Dazu gesellen sich immense Ansammlungen von Methan, das an der Luft leicht zum Explodieren gebracht werden kann, und Schwefelwasserstoff, ein sehr giftiges Gas.

Tödliche Gase aus dem Bauch der Erde sind an und für sich nichts Ungewöhnliches auf unserem Planeten und bereits lange bekannt. So berichtet der antike römische Philosoph und Politiker Seneca von einem Erdbeben aus dem Jahr 62 nach Christus in der Gegend um den Golf von Neapel und den Vesuv, das verheerende Schäden anrichtete, unter anderem durch Gase aus dem Erdreich. „Und das ist noch nicht alles. Eine Herde von 600 Schafen kam um, Statuen wurden gespalten, und danach irrten Leute mit verstörtem Sinn umher, die völlig aus dem Gleichgewicht geraten waren."

Die Todeswolke des Nyos-Sees von 1986 stieß allerdings nicht nur verstörte oder reißerische Berichte an, sondern ebenso Untersuchungen zur Ursache des Unglücks und zu Möglichkeiten, eine Wiederholung desselben zu verhindern. Deren Ergebnis: Seit dem Jahr 2001 dienen bis zu drei lange Plastikrohre dazu, den See zu entgasen. Sie ragen bis zu 200 Meter hinab und leiten das durch ausgasendes Kohlendioxid angetriebene Wasser zur Oberfläche des Sees, wo es in einer bis zu 40 Meter hohen Fontäne in die Luft schießt. Das Kohlendioxid verdünnt sich in der Atmosphäre sofort auf ungefährliche Konzentrationen. Auch am Manoun-See läuft seit 2003 ein ähnliches Entgasungsprojekt.

Der Kivusee birgt – wie beschrieben – indessen nicht nur gewaltige Mengen Kohlendioxid, sondern auch viel Methan. Dieses strömt einerseits aus dem Erdreich in den See, anderseits produzieren manche Bakterien das brennbare Gas, unter anderem aus Kohlendioxid. Eine Entgasungs- und Verstromungsanlage soll einmal die gesamte Region rund um den See mit Energie versorgen. Der Wille dazu ist da, aber – wie häufig in der Geschichte des Kontinents – kommt auch dieses Projekt nur schleppend voran.

Und als ob die afrikanische Historie nicht schon genügend Ungemach zu bieten hätte, droht am Nyos-See bereits eine neue, noch schlimmere Katastrophe. Diesmal nicht durch Gas, sondern durch Wasser. Ein natürlicher Damm aus Vulkangestein, der die Fluten des Sees zurückhält, bröckelt. Bricht

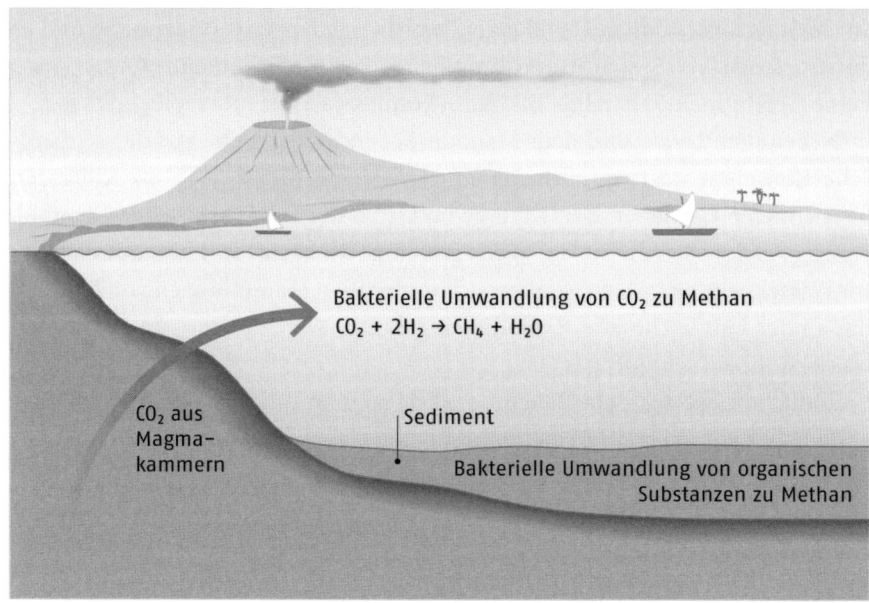

○ Geologie des Kivusees und Entstehung der Kohlendioxid-Blase

er, wie einige Experten für die kommenden Jahre vorhersagen, könnten die Wellen bis ins benachbarte, 60 Kilometer entfernte Nigeria vordringen und einen ganzen Landstrich verwüsten.

Um diese prognostizierte Überschwemmung zu verhindern, wurde die Wand, die den natürlichen Abfluss des Sees blockiert, künstlich mit Beton verstärkt. Bleibt zu hoffen, dass sich ein neuer Eintrag in die Geschichtsbücher zu einer Gas- oder Flutkatastrophe am Nyos-See erübrigt.

Der Schweifstern und die Wirrköpfe

Wer 1997 in den Nachthimmel sah, wird diesen Anblick wohl kaum vergessen. Dort war über Wochen ein Leuchtspektakel der besonderen Art zu beobachten. Die Bahn eines Kometen führte – astronomisch betrachtet – ganz nahe an der Erde vorbei. Jeder, der dieses Schauspiel beobachten konnte, dürfte spätestens dann verstanden haben, weshalb Schweifsterne der Menschheit zu allen Zeiten als Verkünder von Großem, Gewaltigem oder Beängstigendem galten.

Der berühmteste unter ihnen ist wohl der Weihnachtsstern. Er soll bekanntlich die Geburt von Jesus Christus angekündigt haben und die Weisen beziehungsweise Könige aus dem Morgenland zu dessen Geburtsort in Bethlehem geleitet haben. Zwar sind auch andere astronomische Phänomene als himmlischer Bote in dieser Geschichte denkbar, beispielsweise die Begegnung der beiden Planeten Jupiter und Saturn, die hell am Nachthimmel leuchteten; die Interpretation des Weihnachtssterns als Komet bleibt dennoch die wahrscheinlich zutreffende.

Andere Schweifsterne wurden als Zeichen der Gottwerdung von Gaius Julius Cäsar nach seiner Ermordung im Jahr 44 vor Christus gedeutet oder als Ankündigung der Niederlage Attilas und seiner Hunnenkrieger in der Schlacht auf den Katalaunischen Feldern 451 nach Christus.

Gleichgültig aber, wie man ihr Erscheinen interpretiert, Kometen könnten für jeden Menschen und jedes andere Lebewesen der Erde von enormer Bedeutung sein. Eine von vielen Forschern unterstützte Theorie besagt nämlich, dass ein Großteil des irdischen Wassers, ohne das wir nicht existieren würden, von Kometen stammt. Schließlich bestehen die „Besensterne" zu einem guten Teil aus Gefrorenem, so dass Astronomen sie auch gerne als eine Art riesige schmutzige Schneebälle bezeichnen.

Unbestritten ist jedenfalls, dass es sehr viele Kometen gibt. Einige von ihnen bewegen sich auf mehr oder weniger regelmäßigen Bahnen um die Sonne, nähern sich unserem Zentralgestirn an und entfernen sich anschließend wieder ins dunkle kalte All. Rasen sie nahe genug an der Sonne vorbei, verdampft ihr schmutziges Eis und sorgt für ihre hervorstechendste Eigenschaft: den Schweif.

Vor gerade einmal 20 Jahren brachte nun einer dieser Himmelsboten Unheil über 39 Menschen, die man – es lässt sich kaum anders darstellen – als Wirrköpfe bezeichnen muss.

Im März 1997 leuchtete der Komet Hale-Bopp hell am Firmament über der Nordhalbkugel. Erst im Juli 1995 hatten ihn der Astronom Alan Hale und der Hobbyastronom Thomas Bopp unabhängig voneinander entdeckt. Ab Sommer

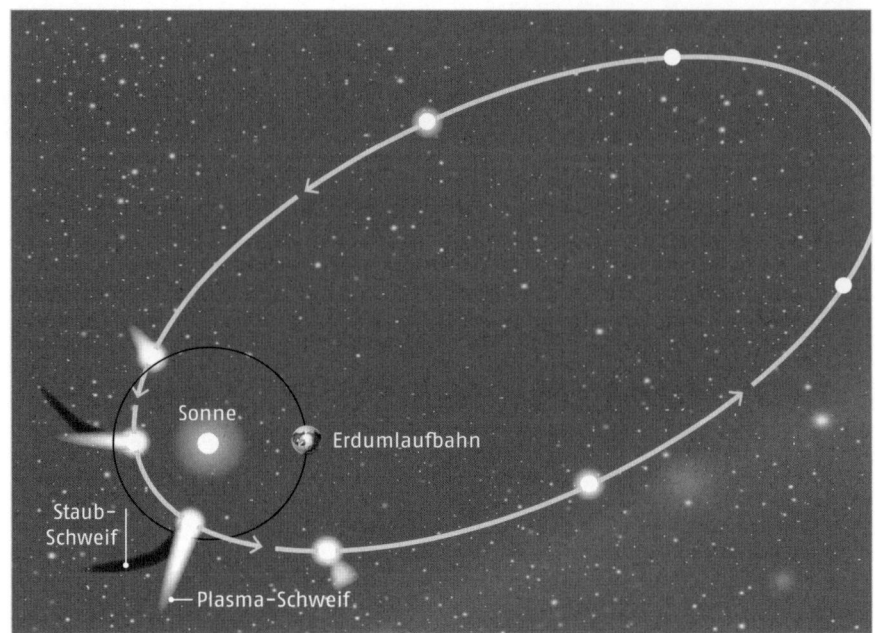

Sonne

Erdumlaufbahn

Staub-
Schweif

Plasma-Schweif

○ Bahn eines Kometen und Entstehung seines Schweifs

1996 war er dann für 18 Monate mit bloßem Auge von der Erde aus zu beobachten. Damit stellte er einen bislang unerreichten Rekord auf: So lange ließ sich noch kein Komet von der Erde aus erblicken. Sein Erscheinen begeisterte leider nicht nur astronomisch Interessierte, sondern auch Liebhaber von kruden Theorien. Als fatal erwies sich das für die Mitglieder der Sekte „Heaven's Gate" (dt.: Himmelspforte).

1975 hatten die Amerikaner Marshall Herff Applewhite und Bonnie Lu Nettles die Gemeinschaft ins Leben gerufen. Über die Jahre wechselten die beiden Gründer ihre eigenen Namen und den ihrer Sekte mehrfach. Auch die Zahl der Mitglieder war äußerst schwankend, überstieg aber nie mehr als wenige Hundert.

Herffs und Nettles' Anhänger glaubten daran, dass die Erde kurz davorstehe, gereinigt zu werden, und dass nur wenige diese Säuberung überstehen und eine „höhere Ebene der Evolution" erreichen würden. Unschwer zu erraten, wen die beiden als auserwählt betrachteten. Doch Herffs Partnerin sollte diesen glorreichen Augenblick nicht mehr erleben, sie starb 1985 an Leberkrebs.

Sektenführer Herff, mittlerweile wie einige seiner Jünger freiwillig kastriert, führte seine Sekte weiter unbeirrt, zumal die Gruppe – sei es durch eine Erbschaft oder einen großzügigen Spender – bereits Ende der 1970er-Jahre zu einer größeren Summe Geldes gekommen und somit für Kost und Logis reichlich gesorgt war.

Im Oktober 1996 quartierte sich Herff dann mit dem engsten Kreis seiner Getreuen in einer Villa in Rancho Santa Fe in Kalifornien ein. 38 seiner Anhänger hatte er davon überzeugt, dass der Erde eine Apokalypse unmittelbar bevorstehe. Mit dem Kometen Hale-Bopp sei aber ein Raumschiff gekommen, das sie retten und auf die erwähnte „höhere Ebene" führen würde. Das Mittel dazu sei: Suizid. Nur so würden ihre Seelen befreit.

In den Tagen gegen Ende März, während Hale-Bopp der Erde am nächsten war, töteten sich deshalb 39 Irrende in der Villa, indem sie eine Überdosis von Medikamenten zusammen mit Alkohol einnahmen und sich zusätzlich eine Plastiktüte über den Kopf zogen. Zuvor nahmen die meisten, inklusive Herff, noch eine Videobotschaft auf.

Die Leichen der 25- bis 72-jährigen Frauen und Männer entdeckte die Polizei am 26. März 1997. Das war wohl das traurigste Ereignis im Zusammenhang mit dem Kometen, der den wissenschaftlichen Namen C/1995 O1 trägt.

Angesichts der Verirrungen, zu denen ein Schweifstern offensichtlich verleiten kann, muss man es wohl als Glück betrachten, dass solche astronomischen Ereignisse in der Regel maximal einmal im Jahr auftreten. Das bislang einzige bekannte Jahr, in dem sogar zwei der prächtigen Himmelserscheinungen von Menschen beobachtet werden konnten, ist 1910. Damals ließen sich der sogenannte Johannesburger und wenige Monate später auch noch der Halleysche Komet bestaunen. Von irgendwelchen Massenselbsttötungen in diesem Jahr musste man glücklicherweise nichts lesen. Von großer Begeisterung – so wie bei Hale-Bopp – allerdings schon.

Winzling und gekrönte Häupter

Es ist eine Geschichte, die wie aus einem Drehbuch entnommen wirkt. Zwei Forscher haben eine neue Idee und werden von ihren Kollegen nicht ernst genommen. Unverdrossen und mit Hingabe arbeiten die beiden daran, die Richtigkeit ihrer Hypothese zu belegen – und erzielen gegen alle Widerstände schließlich doch den Durchbruch. Als Lohn für ihre Mühen und als verdientes Happy End winkt dann in Stockholm die Verleihung des Nobelpreises.

Tatsächlich vollendete sich eine solche Geschichte am 10. Dezember 2005. Wie üblich verlieh an diesem Tag, dem Todestag des schwedischen Erfinders und Industriellen Alfred Nobel, die von ihm gegründete Stiftung den Nobelpreis unter anderem für Medizin. Preisträger waren die beiden Australier Barry J. Marshall und J. Robin Warren, die ihre Urkunde und die Nobelmedaille aus den Händen des schwedischen Königs Carl XVI. Gustaf entgegennahmen.

Mit ihrer ausgezeichneten Forschung hatten die Wissenschaftler Medizingeschichte geschrieben und – wenn auch unfreiwillig – eine geschichtsträchtige Entdeckung gemacht. Sie erhielten den Nobelpreis nämlich für den Beweis, dass das Bakterium mit dem Namen *Helicobacter pylori* Magenschleimhautentzündungen, Magengeschwüre und im schlimmsten Fall sogar einen Magendurchbruch oder Krebs verursachen kann.

Den Keim hatte Warren bereits in der Magenschleimhaut von Patienten mit entsprechenden Beschwerden entdeckt, als er 1981 erstmals auf Marshall traf. Gemeinsam setzten die beiden ihre Forschung fort und es gelang ihnen, *Helicobacter* im Labor zu züchten. Danach kamen sie aber nicht so recht voran, vor allem, weil es Marshall nicht gelang, ein geeignetes Tierversuchsmodell zu entwickeln. Die Mikrobe wollte keines der zur Verfügung stehenden Versuchstiere infizieren. Ohne ein entsprechendes Modell würde ihre Hypothese allerdings nie akzeptiert werden. Dessen waren sie sich sicher.

Zahlreiche Versuche scheiterten, ihre Untersuchungsergebnisse und ihre Theorie zu veröffentlichen, dass das Bakterium der Auslöser der Erkrankungen war. Frustriert griff Marshall 1984 zum Äußersten: Ihm war klar, dass er ein Tiermodell benötigte, um seine Behauptung zu beweisen, und entschied sich dafür, sich selbst zu benutzen.

Also schluckte er eine Lösung mit dem Bakterium. Zu seiner Freude und gleichzeitig zu seinem persönlichen Leidwesen klappte die Ansteckung mit dem Keim einwandfrei. „Ich war überrascht, wie heftig die Infektion ausfiel", gab er später in seiner Autobiografie für das Nobel-Komitee zu Protokoll. Als es ihm dann noch gelang, wie erwartet seine Beschwerden durch eine Therapie mit einem Antibiotikum zu heilen, war der Durchbruch geschafft. Endlich wurden die nötigen Mittel bewilligt, entsprechende klinische Studien durchzuführen, um die Richtigkeit der Hypothese von Warren und Marschall wissenschaftlich valide zu belegen.

Heute gilt *Helicobacter pylori* als einer der wesentlichen Verursacher von Erkrankungen der Magenschleimhaut und seine Bekämpfung mit Antibiotika zählt zu den Standardtherapien in der Magenheilkunde. Sie ist unzweifelhaft ein historischer Meilenstein der Medizin.

Die Entdeckung der beiden Forscher hat allerdings weit darüber hinaus große Bedeutung, denn sie lenkte die Aufmerksamkeit der Wissenschaft auf den winzigen Plagegeist in unserem Verdauungstrakt. Mittels Genanalyse lässt sich nämlich ein Stammbaum des Einzellers erstellen. Da er die Menschen rund um den Globus plagt – etwa jeder zweite Mensch trägt ihn in sich –, kann er als Indiz für die Wanderungen des frühen *Homo sapiens* über den Globus dienen. So entstanden die vorherrschenden Magenkeime Europas wahrscheinlich aus einer genetischen Fusion zweier aus Zentralasien und dem Nahen Osten eingewanderter Elternstämme. Selbst im Magen der weltberühmten Gletschermumie „Ötzi" ließ sich die Bazille nachweisen.

Die Wanderungsgeschichte des Bakteriums stützt in weiten Teilen die bisher ermittelte Ausbreitungshistorie des modernen Menschen ausgehend von Afrika. Dort, am Ursprungsort des Menschen, zeugt die Mikrobe von einer tragischen Anekdote: Irgendwann in grauer Vorzeit fiel, wie manchmal heute noch, ein Mensch einem Löwen zum Opfer. Doch diese Mahlzeit dürfte der Katze nicht gut bekommen sein. Sie infizierte sich dabei nämlich mit *Helicobacter* und steckte wohl noch weitere Artgenossen an. Mit der Zeit verbreitete sich der Quälgeist über die gesamte Löwenpopulation, so dass den König der Tiere bis heute hin und wieder der Magen zwickt. Die Bazille rächte den getöteten Menschen also – und sie straft die Nahfahren des Killers bis heute. Das zumindest ergaben genetische Studien an Magenkeimen der Großkatzen, nach denen *Helicobacter* vom Menschen auf die Löwen übergesprungen ist und nicht umgekehrt.

Eine Majestät der ganz anderen Art könnte das Bakterium sogar das Leben gekostet haben. Woran Napoleon Bonaparte, der ehemalige Kaiser der Franzosen, 1821 nun tatsächlich während seiner Verbannung auf die Insel St. Helena starb, wird wohl immer ein Rätsel bleiben. Viele Mediziner und Historiker vermuten jedoch eine Magenblutung infolge von Magenkrebs. Dieser wiederum könnte durch eine chronische Magenschleimhautentzündung entstanden sein, ausgelöst von *Helicobacter*. Für den kleinen Korsen kam der Nobelpreis für Marshall und Warren also knapp 200 Jahre zu spät.

Schwankender Boden

Am Nachmittag des 11. März 2011 geschah es. Um 14 Uhr, 46 Minuten und 23 Sekunden schüttelte sich der Erdboden unter dem Pazifischen Ozean etwa 130 Kilometer östlich der japanischen Hauptinsel Honshu. Es sollte das gewaltigste Beben sein, das jemals in der Region gemessen wurde. Schon Tage zuvor hatte sich die Erde aufgebäumt, aber derart gewaltige Bocksprünge hatte sie noch nicht vollführt. Das spürten die an Erdbeben gewöhnten Japaner sofort. Allein schon die heftigen Stöße, die Bauwerke einstürzen ließen und Infrastruktur wie Straßen und Stromleitungen zerstörten, töteten zahlreiche Menschen und richteten immense materielle Schäden an.

Doch nachdem sich der Boden wieder beruhigt hatte, war die Gefahr noch nicht vorbei. Im Gegenteil, die eigentliche Katastrophe rollte erst heran. Das Epizentrum des Erdbebens lag am Meeresboden. Ein derartiges Seebeben hat die Eigenart, dass es nicht nur die Erde in Bewegung setzt, sondern auch unvorstellbar große Mengen von Wasser. Wenn sich, wie in diesem Fall, der Meeresboden mehrere Meter hebt und senkt, dann verursacht das gewaltige Wellen, die links und rechts des Scheitelpunkts der Bodenbewegung ablaufen.

Es dauerte nur 20 Minuten, bis die erste Flutwelle die Küste Honshus erreichte. Nach einer guten Stunde war sie auf einer Breite von 2000 Kilometern an japanische Gestade geschwappt. Mit beängstigender Wucht traf sie auf das Land und wälzte sich tief ins Landesinnere. Mancherorts türmten sich die Wassermassen bis zu 40 Meter hoch auf oder drangen mehr als fünf Kilometer weit vor. Auf ihrem Weg rissen die Wellen Gebäude ein, trieben Schiffe, Autos und Trümmer vor sich her. Tausende ertranken in den Fluten, so dass sich die Zahl der Todesopfer von Erdbeben und Tsunami auf mehr als 20 000 summierte.

Trotz des verheerenden Ausmaßes der beiden zusammenhängenden Naturkatastrophen hatte ein drittes, menschengemachtes Unglück die weitreichendsten Folgen: die Havarie des Atomkraftwerks Fukushima I.

Ab 15:36 Uhr traf der Tsunami die dortige Küste. Das Kraftwerk mit sechs Kernreaktoren, das nur wenige Meter von der Wasserlinie entfernt gebaut war, traf die volle Wucht der bis zu 15 Meter hohen Flutwelle. Daraus resultierten Zerstörungen, die jegliche Stromversorgung unterbrachen. Die Reaktoren konnten deshalb nicht mehr ausreichend gekühlt werden, weil die dafür notwendigen Pumpen für das Kühlwasser ausfielen. In den Reaktoren 1 bis 3 kam es zu einer Kernschmelze, dem schwersten Unfall, der in einem Atomkraftwerk passieren kann. Unter anderem wurde dabei das hochexplosive Gas Wasserstoff freigesetzt, was wiederum zu Explosionen in den Reaktoren 1, 3 und 4 führte.

Dadurch und infolge weiterer Zerstörungen durch den Tsunami gelangten enorme Mengen radioaktiven Materials in die Umwelt. Eine strahlende Wolke trieb auf den Pazifik und über Teile Japans.

Die Internationale Energieagentur (IAEO) schätzt, dass die Gesamtradioaktivität der bei dem Unfall in die Atmosphäre freigesetzten Elemente für Jod-131 bei etwa 1 bis 4 mal 10^{17} Becquerel, für Cäsium-134 bei etwa 8,3 bis 50 mal 10^{15} Becquerel und für Cäsium-137 bei etwa 7 bis 20 mal 10^{15} Becquerel betragen hat. Damit entspricht die in die Luft freigesetzte Radioaktivität aus Fukushima etwa 10 bis 20 Prozent derjenigen, die beim Reaktorunfall von Tschernobyl in der Ukraine von 1986 in die Atmosphäre gelangte.

Zusätzlich liefen große Mengen kontaminierten Wassers in den Ozean. Experten schätzen, dass die Freisetzung von Radioaktivität ins Wasser etwa 10 Prozent der entsprechenden Aktivität luftgetragener Freisetzungen für Jod-131 und 50 Prozent der für Cäsium-137 entsprach. Nach Angaben der IAEO handelte es sich damit um die bislang größte durch einen Unfall verursachte Freisetzung von Radionukliden in einen Ozean.

In den Gewässern von Fukushima beliefen sich die Werte für Radioaktivität in gefangenen Fischen teilweise auf mehr als 1000 Becquerel pro Kilogramm. In Sandaalen fand sich sogar Radioaktivität von bis 14 000 Becquerel pro Kilogramm. Hunderte Kilometer weiter nördlich, in den Fischgründen des Nordpazifiks, lagen die Werte allerdings weit niedriger, unterhalb von 10 Becquerel pro Kilogramm.

An allen Küsten des Pazifiks ließen sich in den folgenden Jahren radioaktive Substanzen aus der Havarie und demzufolge erhöhte Strahlenwerte nachweisen. Mittlerweile nähert sich die im Wasser messbare Radioaktivität vielerorts wieder den vorher üblichen Werten. An Land bleibt die radioaktive Verseuchung dagegen dauerhafter messbar.

160 000 Menschen wurden nach der Katastrophe aus Gebieten evakuiert, die bis zu 30 Kilometer von dem Kraftwerk entfernt liegen. Mittlerweile sind einige wenige dieser Areale zur Rückbesiedelung freigegeben, aber nur ein Teil der ehemaligen Bevölkerung wagt diesen Schritt. Noch immer ist die Strahlung in ihrer ehemaligen Heimat hoch. Andere, weitaus größere Gebiete werden auf lange Zeit unbewohnbar bleiben.

Die langfristigen Folgen für die Betroffenen sind noch unklar. Eine höhere Sterblichkeit unter Senioren sowie eine allgemein höhere Suizidrate unter den Evakuierten dürfen als sicher angenommen werden. Darüber hinaus dürften sowohl unter den Evakuierten wie unter dem Rest der Bevölkerung im Großraum um das Kernkraftwerk höhere Krebsraten zu erwarten sein.

Die Strahlkraft der Katastrophe reichte allerdings noch viel weiter. Wie schon das Reaktorunglück von Tschernobyl aus dem Jahr 1986 befeuerte sie die Diskussionen weltweit, ob die Risiken durch die Kernkraft überhaupt vertretbar seien. In der Schweiz und in Italien wurden deshalb bald nach dem 11. März 2011 Beschlüsse zum endgültigen Ausstieg aus der Atomenergie gefasst.

Auch in Deutschland revidierte die damalige Bundesregierung ihre Entscheidung zur Laufzeitverlängerung von Atomreaktoren. Die Vorgängerregierung hatte bereits einen Atomausstieg mit der Energiewirtschaft vereinbart, was durch diese Laufzeitverlängerung untergraben worden wäre. Der allgemeine Stimmungsumschwung in der Bevölkerung veranlasste nun die politisch Verantwortlichen unter Führung der Bundeskanzlerin Angela Merkel, einen erneuten Atomausstieg zu beschließen. Bis 2022 soll in Deutschland kein Atomkraftwerk mehr Strom ins Netz speisen.

So beendete schwankender Boden vor der Küste Japans zumindest in einigen Ländern am anderen Ende der Welt die wankelmütige Haltung zur Atomkraft. Den von dem Unglück direkt Betroffenen dürfte das aber wohl egal sein.

Das Reaktorunglück von Fukushima wird sicher nicht die letzte Katastrophe bleiben, die durch das Aufeinanderprallen von menschlicher Technik und Natur entsteht. Allerdings sollte sie zumindest eines endgültig belegt haben: Langfristig bestimmt die Natur die Geschichte und jeder, der das abstreitet, darf wahlweise als Narr oder Hasardeur bezeichnet werden.

Literaturverzeichnis

Tor zu Glück und Unglück

Burnett, J.: The Major Road Project That Restored a Park. 2011, National Parks Traveler, abgerufen 18.8.2018, https://www.nationalparkstraveler.org/2011/10/major-road-project-restored-park8887

Cumberland Gap National Historical Park: Geologic Resources Inventory Report, Natural Resource Report NPS/NRSS/GRD/NRR—2011/458, http://t1p.de/tpdl

Kortenkamp, S.: Impact at Cumberland Gap: Where Natural and National History Collide. 2004, PSI Newsletter 5 (2), https://www.psi.edu/sites/default/files/imported/news/newsletter/summer04/Summer04.pdf

Ostler, J.: Genocide in American History. 2015, American History, Oxford Research Encyclopedias

Shoemaker, N.: American Indian Population Recovery in the Twentieth Century. 2000, University of New Mexico Press

The National Congress of American Indians: Tribal Nations and the United States, abgerufen 18.8.2018, http://t1p.de/w89g

Paradies aus der Katastrophe

Deutsches Klimarechenzentrum: Yellowstone Supervulkan, https://www.dkrz.de/kommunikation/galerie/Vis/vulkane/yellowstone-supervulkan

Grand Teton National Park/Yellowstone National Park: „Colter's Hell": A Case of Mistaken Identity, abgerufen 8.8.2018, https://www.nps.gov/parkhistory/online_books/grte1/chap4.htm

Keefer, W. R.: The Geologic Story of Yellowstone National Park. 1972, Geological Survey Bulletin 1347, https://pubs.usgs.gov/bul/1347/report.pdf

National Park Service: Yellowstone, abgerufen 9.8.2018, https://www.nps.gov/yell/index.htm

National Park Service: Yosemite Act, https://www.nps.gov/featurecontent/yose/anniversary/timeline/in-1864/index.html

U.S. Geological Survey: Three Volcanic Cycles of Yellowstone, abgerufen 9.8.2018, https://volcanoes.usgs.gov/volcanoes/yellowstone/yellowstone_geo_hist_53.html

Yellowstone Historic Center: Early Rail Travel to Yellowstone, abgerufen 9.8.2018, https://www.yellowstonehistoriccenter.org/trains/

Glaubensfundament aus Sand

Ancient Egypt, The development of mummification. The British Museum, abgerufen 20.8.2018, https://www.britishmuseum.org/learning/schools_and_teachers/resources/all_resources-1/resource_mummification.aspx

BBC: 70 million animal mummies: Egypt's dark secret. 2015, abgerufen 20.8.2018, https://www.bbc.com/news/science-environment-32685945

Chamberlan, A. et al. (Hrsg.): Magic and Medicine in Ancient Egypt: Multidisciplinary Essays for Rosalie David. 2016, Manchester University Press

Edwards, J. F.: Building the Great Pyramid: Probabale Constructons ethods employed at Giza. 2003, Technology and Culture 44 (2): 340–354

Herodot: Über Ägypten. Historien 2, 35–99.; aus: Herodot, Historien. Deutsche Gesamtausgabe. Übers. A. Horneffer. Neu hrsg. v. H. W. Haussig, Stuttgart 1979, https://agiw.fak1.tu-berlin.de/Auditorium/LaVoSprA/SO4/Her_Aeg.htm

Jones, J. et al.: Evidence for Prehistoric Origins of Egyptian Mummification in Late Neolithic Burials. 2014, PLoS ONE 9 (8): e103608

Shaw, J.: Who built the Pyramides? 2003, Harvard Magazine

Smith, C.: How the Great Pyramid Was Built. 2004, Smithsonian Books

Verner, M.: Die Pyramiden. 1999, Rowohlt Taschenbuch Verlag

Stadt, Pflanze, Buch

Curley, R. (Hrsg.): The Britannica Guide to Inventions That Changed the Modern World. 2010, Rosen Education Service

Frost, H.: Don't Forget the Dunnage: targeting plants on ships. 2011, International Journal of Nautical Archaeology, 194 ff.

Hardegree, G.: Background Material on Numeration Systems. 2003, Numerations Systems, https://people.umass.edu/gmhwww/595t/pdf/numeration%20systems.pdf

Nicholson, P. T./Shaw, I.: Ancient Egyptian Materials and Technology. 2009, Cambridge University Press

Montague, A. P.: Writing Materials and Books amongst the Ancient Romans. 1890, The American Anthropologist III: 331 ff.

Plinius der Ältere: Naturalis historia, 13. Buch, übers. J. D. Denso. Band 1, Rostock/ Greifswald 1764, abgerufen 21.8.2018, http://t1p.de/fuaa

Verhängnisvoller Mond

Diodorus Siculus: Buch 13, aus Loeb Classical Library, übers. Oldfather, C. H., University of Chicago, abgerufen 16.8.2018, http://penelope.uchicago.edu/Thayer/E/Roman/Texts/ Diodorus_Siculus/13A*.html

Geske, N.: Nikias und das Volk von Athen im Archidamischen Krieg. 2005, Historia-Einzelschriften, Band 186

Hahn, H.-M.: Was tut sich am Himmel 2019: Das Taschenjahrbuch für Himmelsbeobachter. 2018, Franckh Kosmos Verlag

Plutarch: The Life of Nicias, aus Loeb Classical Library edition. 1916, University of Chicago, abgerufen 16.8.2018, http://penelope.uchicago.edu/Thayer/E/Roman/Texts/Plutarch/ Lives/Nicias*.html

Thukydides: Geschichte des Peloponnesischen Kriegs, Band 2, übers. C. N. Osiander. 1826, Verlag der J. B. Metzlerschen Buchhandlung, http://t1p.de/iwbw

Die gewaltige Spur des Mists

Gabriel, R. A.: Hannibal: The Military Biography of Rome's Greatest Enemy. 2011, Potomac Books Inc.

Hoyte, J.: In Hannibal's Elephant Tracks, The High Calling. 2003, https://web.archive.org/web/20110728094348/http://www.thehighcalling.org/attitude/hannibals-elephant-tracks

Lees, D./Boulat, P.: Alpine Elephant without Hannibal. 1959, Life, http://t1p.de/pnu3

MacDonald, E.: Hannibal: A Hellenistic Life. 2015, Yale University Press

Mahaney, W. C. et al.: Biostratigraphic Evidence Relating to the Age-Old Question of Hannibal's Invasion of Italy, I: History and Geological Reconstruction. 2017, Archaeometry 59 (1): 164–178

O'bryhim, S.: Hannibal's Elephants and the Crossing of the Rhône. 1991, The Classical Quarterly 41 (1): 121–125

Polybius: The Histories, Loeb Classical Library edition, 1922–1927, http://penelope.uchicago.edu/Thayer/E/Roman/Texts/Polybius/4*.html

Titus Livius: Römische Geschichte Bd. I, Übers. K. Heusinger, 1821, 21.–30. Buch, Projekt Gutenberg, http://gutenberg.spiegel.de/buch/romische-geschichte-2504/56

Zittriger Sieg

Prevas, J.: Hannibal's Oath: The Life and Wars of Rome's Greatest Enemy. 2017, Da Capo Press

Huß, W.: Handbuch der Altertumswissenschaft, Bd.8, Geschichte der Karthager. 1985, C.H.Beck

Livius: Römische Geschichte, Projekt Gutenberg, abgerufen 22.8.2018, http://gutenberg.spiegel.de/buch/-2504/58

Polybius: The Histories, aus Loeb Classical Library, 6 volumes, Greek texts and facing English translation: Harvard University Press, 1922 thru 1927. Übers. W. R. Paton, abgerufen 22.8.2018, http://penelope.uchicago.edu/Thayer/E/Roman/Texts/Polybius/3*.html

Untergang für die Ewigkeit

Allison, P. M.: Pompeian Households: An On-line Companion. 2004, The Stoa: A Consortium for Electronic Publication in the Humanities, abgerufen 2.11.2018, http://www.stoa.org/projects/ph/home

Beard, M.: Pompeii: The Life of a Roman Town. 2008, Profile Books

Campbell, V. L.: Knowing Vesuvius. 2014, Pompeian Connections. An exploration of the prosopography and social networks of a Roman Town, abgerufen 30.10.2018, https://pompeiinetworks.wordpress.com/2014/04/10/knowing-vesuvius/

Lundgren, A. K.: The Pastime of Venus. 2014, Master Thesis at the Department of Archaeology, Conservation and History Faculty of Humanities, University of Oslo, https://www.duo.uio.no/bitstream/handle/10852/41621/1/Lundgren-Master.pdf

Pompeii Amphitheatre, 2012: Pompeii Ruins, Guide to the ancient city, abgerufen 2.10.2018, http://www.pompeionline.net/pompeii/amphitheatre.htm

Raddato, C.: Fresco Amphitheatre, Pompeii. 2015, Ancient History Encyclopedia, abgerufen 2.11.2018, https://www.ancient.eu/image/3838/fresco-amphitheatre-pompeii/

Sonnabend, H.: Unter dem Vesuv – Alltag in Pompeji. 2007, Primus, S. 12, http://static. onleihe.de/content/primus/20110323/978-3-89678-879-5/v978-3-89678-879-5.pdf

Tacitus, C.: Annales, 2006, Annales 14.17, Universität Graz, Spectatores, abgerufen 2.11.2018, http://www-gewi.uni-graz.at/spectatores/entry?id=465&action=print

Die Sonne wie der Mond

Dull, R. et al.: Did the TBJ Ilopango eruption cause the AD 536 event? 2010, in: AGU Fall Meeting Abstracts, abgerufen 24.8.2018, http://www.fundar.org.sv/referencias/dull_et_al_2010_AGU.pdf

Feldman, M. et al.: A High-Coverage Yersinia pestis Genome from a Sixth-Century Justinianic Plague Victim. 2016, Molecular Biology and Evolution, 33 (11): 2911–2923

Kaldellis, A.: A Cabinet of Byzantine Curiosities: Strange Tales and Surprising Facts from History's Most Orthodox Empire. 2017, Oxford University Press

Larsen, L. B. et al.: New ice core evidence for a volcanic cause of the A.D. 536 dust veil. 2008, Geophysical Research Letters 35 (4)

Prokopius: History of the Wars, Buch IV, 14, 4–10, aus: The Loeb Classical Library, ed. by E. Capps et al. 1926, abgerufen am 23.8.2018, https://archive.org/stream/b24750281_0002#page/328/search/moon

Sigl, M. et al.: Timing and climate forcing of volcanic eruptions for the past 2,500 years. 2015, Nature, 523 (7562): 543–549

Toohey, M. et al.: Climatic and societal impacts of a volcanic double event at the dawn of the Middle Ages. 2016, Climatic Change 136: 401–412

Tödliche Neunaugen

Bagnis, R. et al.: Problems of Toxicants in Marine Food Products. 1970, Bulletin of the World Health Organization 42: 69–88, http://t1p.de/e570

Charter of Liberties of King Henry I., 1100, The Internet Achive, abgerufen 25.8.2018, https://archive.org/details/pdfy-uS6dgJSBYfcMp3x_

Green, J. A.: Henry I King of England and Duke of Normandy, Introduction: A surfeit of lampreys. 2006, Cambridge University Press, https://assets.cambridge.org/97805215/91317/excerpt/9780521591317_excerpt.pdf

Henry of Huntingdon: The chronicle of Henry of Huntingdon, 1853, H. G. Bohn, ed. and transl. by T. Forrester, https://archive.org/details/chroniclehenryh00foregoog

Jenkins, J. H.: King John and the Cistercians in Wales. 2010, Dissertation, S. 220, School of History, Archaeology and Religion, Cardiff University, https://orca.cf.ac.uk/43581/1/2013jenkinsjhphd.pdf

Oppenheimer, C.: Toxine und Antitoxine, S. 206 ff., 1904, Gustav Fischer Verlag, digitalisiert von Google, abgerufen 29.8.2018, https://archive.org/details/toxineundantito00unkngoog

Scully, T.: Tempering Medieval Food. 1995, in: Food in the Middle Ages: A Book of Essays, hrsg. v. M. Weiss Adamson. Garland Publishing Inc.

Wood, M.: The Great Turning Points of British History: The 20 Events That Made the Nation. 2009, BBC History Magazine, Constable & Robinson Ltd.

Wunder und Irrsinn

Cole, L. A.: Open-Air Biowarfare Testing and the Evolution of Values. 2016, Health Security 14 (5)

Katholische Nachrichten: Vermeintliches Blutwunder war nur ein Schimmelpilz, 16.12.2015, kath.net, Linz, abgerufen 30.8.2018, http://kath.net/news/53327

Lotter, F.: Rintfleisch-Verfolgung, 1298, publiziert am 26.10.2009; in: Historisches Lexikon Bayerns, abgerufen 29.8.2018, https://www.historisches-lexikon-bayerns.de/Lexikon/ Rintfleisch-Verfolgung,_1298

Müller, J. R.: Armleder-Verfolgungen 1336–1338, publiziert am 17.10.2016; in: Historisches Lexikon Bayerns, abgerufen 29.8.2018, https://www.historisches-lexikon-bayerns.de/ Lexikon/Armleder-Verfolgungen_1336-1338

Transiturus de hoc mundo: Bulle zur Einführung von Fronleichnam, entnommen aus: Ott, Georg, Eucharisticum, Regensburg 1869, Onlineversion abgerufen 29.8.2018, http://www.ewige-anbetung.de/Worte/Lehre/Urban_IV_/urban_iv_.html

Vatikan: 750. Jahre Wunder von Bolsena. 2013, Philatelische Ausgabe, abgerufen 29.8.2018, http://t1p.de/k6ho

Winkle, S.: Das Blutwunder als mikrobiologisches und massenpsychologisches Phänomen. 1983, Das Medizinische Laboratorium 7 (9): A + B 143–149, abgerufen 29.8.2018, http://www.collasius.org/WINKLE/04-HTML/blutwunder.htm

Göttlicher Wind

Emanuel, K.: Divine Wind: The History and Science of Hurricanes. 2005, Oxford University Press

Kluge, R.: Der sowjetische Traum vom Fliegen. Verlag Otto Sagner, Digitalisiert im Rahmen der Kooperation mit dem DFG-Projekt „Digi20" der Bayerischen Staatsbibliothek, München, https://www.peterlang.com/view/title/66789

Morikawa, T./Orbell, J.: An Evolutionary Account of Suicide Attacks: The Kamikaze Case. 2011, Political Psychology 32 (2): 297–322

Menzel, U.: Die Ordnung der Welt. Imperium oder Hegemonie in der Hierarchie der Staatenwelt, Berlin 2015, S. 140, https://lehrerfortbildung-bw.de/u_gewi/geschichte/gym/ bp2016/fb7/6_fenster/22_mat/1_didak/1_historisch/

Woodruff, J. D. et al.: Depositional evidence for the Kamikaze typhoons and links to changes in typhoon climatology. 2014, Geology, abgerufen 30.8.2018, http://www.geo.umass.edu/ faculty/woodruff/Publications_files/Woodruff_etal_Geology2015.pdf

Tödliche Flut und Kanzlerrettung

Bauch, M.: Die Magdalenenflut 1342 – ein unterschätztes Jahrtausendereignis? in: Mittelalter. Interdisziplinäre Forschung und Rezeptionsgeschichte, 4.2.2014, http://mittelalter.hypotheses.org/3016

Bork, H.-R./Piorr, H.-P.: Integrierte Konzepte zum Schutz und zur dauerhaft-naturverträglichen Entwicklung mitteleuropäischer Landschaften – Chancen und Risiken, dargestellt am Beispiel des Boden- und Gewässerschutzes. 2000, in: K.-H.

Erdmann, T. J. Mager (Hrsg.): Innovative Ansätze zum Schutz der Natur: Visionen für die Zukunft, Springer, S. 69–74, hier 71 f., abgerufen 31.8.2018

Forsa: Umfragewerte zur Bundestagswahl 2002, wahlrecht.de, abgerufen 31.8.2018, http://www.wahlrecht.de/umfragen/forsa/2002.htm

Helmholtz-Zentrum Geesthacht: Starkregen, Climate Service Center Germany (GERICS), abgerufen 31.8.2018, https://www.climate-service-center.de/products_and_publications/ publications/detail/ 063152/index.php.de

Messmer, M. et al.: Climatology of Vb cyclones, physical mechanisms and their impact on extreme precipitation over Central Europe. 2015, Earth Syst. Dynam. 6: 541–553

Weikinn, C.: Weikinn'sche Quellensammlung zur Witterungsgeschichte Europas (Meteorologischer Teil). 2017, Leibniz-Institut für Länderkunde/Sächsische Akademie der Wissenschaften zu Leipzig; FreiDok, Universitätsbibliothek Freiburg, https://freidok.uni-freiburg.de/data/11658

Pest, Pass, Papierkram

Bibel: Ps 78,50; 5Mo 28,27; Offb 16,2, abgerufen 2.9.2018, http://www.bibel.com/bibel/ elberfelder/2-mose-9.html#8

Bore, N. A. et al.: Lessons Learned from Historic Plague Epidemics: The Relevance of an Ancient Disease in Modern Times. 2014, J Anc Dis Prev Rem 2: 114

Bos, K. I. et al.: A draft genome of Yersinia pestis from victims of the Black Death. 2011, Nature 478: 506 ff., https://www.nature.com/articles/nature10549

Cliff, A. D. et al.: Controlling the Geographical Spread of Infectious Disease: Plague in Italy, 1347–1851. 2009, Acta med-hist Adriat 7 (1): 197–236

DeWitte, S. N./Wood, J. W.: Selectivity of Black Death mortality with respect to preexisting health. 2008, PNAS 105 (5): 1436–1441

Gottfried, R. S.: Black Death. 1985, Free Press

Ingensiep, H. W./Popp, W. (Hrsg.): Hygiene-Aufklärung im Spannungsfeld zwischen Medizin und Gesellschaft. 2016, Verlag Karl Alber

Joerden, J. C. (Hrsg.): Der Mensch und seine Behandlung in der Medizin: Bloß ein Mittel zum Zweck? 1999, Springer-Verlag

Keil, G./Matz, M. F.: Der Pest-‚Brief an die Frau von Plauen' im ‚Tractatus de pestilentia' des Bischofs Kamintus (Kanu[n]tus) aus Ar(r)ubium in Dakien bzw. des Kanzlers Johannes Jakobi. 2002, Bibliothek und Wissenschaft 35: 1–24

Perry, R. D./Fetherston, J. D.: *Yersinia pestis* – Etiologic Agent of Plague. 1997, Clinical Microbiology Reviews 10 (1): 35–66

Rötzer, D.: Die Kunst des Verdrängens: Giovanni Boccaccios Decameron vor dem Hintergrund der Pestepidemie von 1348, aus Mittelalter-Ringvorlesung WS 2009/2010 – Krisen, Kriege, Katastrophen, abgerufen 2.9.2018, https://www.uni-salzburg.at/fileadmin/ oracle_file_imports/1151214.PDF

Vasold, M.: Die Ausbreitung des Schwarzen Todes in Deutschland nach 1348. 2003, Historische Zeitschrift 277: 281–308, http://www.mgh-bibliothek.de/dokumente/a/ a107102.pdf

Webb, M.: The Lived Experience of the Black Death. 2012, The College at Brockport: State University of New York, History Master's Theses, https://digitalcommons.brockport.edu/cgi/viewcontent.cgi?article=1004&context=hst_theses

WHO: Plague. 2017, World Health Organization, abgerufen 31.8.2018, http://www.who.int/en/news-room/fact-sheets/detail/plague

Wenn das so ist …

Sach, M.: Hochmeister und Großfürst: die Beziehungen zwischen dem Deutschen Orden in Preußen und dem Moskauer Staat um die Wende zur Neuzeit. 2002, Franz Steiner Verlag, Stuttgart

Torke, H.-J.: Einführung in die Geschichte Russlands. 1997, C. H. Beck, München

Sheiko, K. (in collaboration with S. Brown): Nationalist Imaginings of the Russian Past: Anatolii Fomenko and the Rise of Alternative History in Post-Communist Russia. 2012, ibidem-Verlag, Stuttgart

Hosking, G. A.: Russia and the Russians: A History. 2011, Harvard University Press, Cambridge

Schatten am Nachthimmel

A Catalogue of Quechua Stars and Constellations, Pomona College in Claremont, California, abgerufen 11.9.2018, http://www.astronomy.pomona.edu/archeo/andes/startable3.html

Aveni, A. F. (Hrsg.): Archaeoastronomy in the New World, Proceedings of the International Conference held at Oxford University. 1981, Cambridge University Press

Cobo, B.: Inca Religion and Customs Paperback. 1990, University of Texas Press

Magli, G.: On the astronomical content of the sacred landscape of Cusco in Inka times. 2005, Nexus Network Journal – Architecture And Mathematics 7: 22–32, https://arxiv.org/ftp/physics/papers/0408/0408037.pdf

Magli, G.: From Giza to the Pantheon: astronomy as a key to the architectural projects of the ancient past. 2009, Proceedings of the International Astronomical Union 5 (S260): 274–281

Steele, P. R./Allen, C. J.: Handbook of Inca Mythology. 2004, ABC Clio

Sternzeit: Die milchige Wasserstraße der Inka, 13. Juli 2018, Deutschlandradio, abgerufen 11.9.2018, http://t1p.de/zvg0

Zermürbender Regen

Merriman, R. B.: Suleiman the Magnificent 1520–1566. 1944, Harvard University Press, https://archive.org/details/in.ernet.dli.2015.87496

Sonnlechner, C. et al.: Floods, fights and a fluid river: the Viennese Danube in the sixteenth century. 2013, Water Hist. 5: 173

Sulaiman des Gesetzgebers Tagebuch auf seinem Feldzuge nach Wien. 1858, Verlag Karl Gerold's Sohn, https://download.digitale-sammlungen.de/pdf/1536737309bsb10251680.pdf

Verschwundene Tage

Doggett, L. E.: Calendars, 2012, NASA/Goddard Space Flight Center, Reprinted from the Explanatory Supplement to the Astronomical Almanac, P. K. Seidelmann, ed., with permission from University Science Books, Sausalito, abgerufen 14.9.2018, https://eclipse.gsfc.nasa.gov/SEhelp/calendars.html

Lamont, R.: The Roman calendar and its reformation by Julius Caesar. 1919, Popular Astronomy 27: 583–595, http://t1p.de/zczt

Reingold, E. M./Dershowitz, N.: Calendrical Calculations Millennium Edition. 2001, Cambridge University Press

Westram, H. (in Zusammenarbeit mit dem Programmbereich BR-alpha): Jahreszeiten und Sonnenwenden, BR Online, abgerufen 14.9.2018, http://t1p.de/9oa4

Der richtige Wind

Douglas, K.: The Downfall of the Spanish Armada in Ireland: The Grand Armada Lost on the Irish Coast in 1588. 2010, Gill & Macmillan Ltd., Paperback

Martin, C./Parker, G.: The Spanish Armada: Revised Ed. 2002, Manchester University Press

Schimmelpfennig, L.: Der Pirat, der Mathematiker und der Feuerwerker! Bund Deutscher Feuerwerker, abgerufen 14.9.2018, http://bdfwt.de/der-pirat-der-mathematiker-und-der-feuerwerker/

Schneider, L. M.: Der Zweifrontenkrieg als Damoklesschwert über England? Schottland in der spanischen Konfliktstrategie während des ersten Armada-Feldzuges von 1588. 1998, Militärgeschichtliche Zeitschrift 57 (1), online erschienen 8.1.2014

Stettner, H.: Der Armadazug von 1588: zur Erinnerung an einen Seekrieg um England und einen Seezeichenkonflikt in der Emsmündung. 1987, Deutsches Schiffahrtsarchiv 10: 153–180. https://www.ssoar.info/ssoar/handle/document/54184

Younger, N.: If the Armada Had Landed: A Reappraisal of England's Defences in 1588. 2008, History 93 (311): 328–354

Kälte entfacht Feuer

Behringer, W.: Neun Millionen Hexen. Entstehung, Tradition und Kritik eines populären Mythos, in: historicum.net, https://www.historicum.net/purl/b7zym/

Behringer, W.: Kulturgeschichte des Klimas. Von der Eiszeit bis zur globalen Erwärmung. München 2008, S. 119 ff.

Hexenzauber und die Kleine Eiszeit, http://geschichtedergeologie.blogspot.com/2014/05/hexenzauber-und-die-kleine-eiszeit.html

Johannes J.: Bamberg, 1628, https://www.historicum.net/fileadmin/sxw/Themen/Hexenforschung/Themen_Texte/Unterricht/Bamberg_Kassiber_Uebertragung.pdf

Lehrstuhl Frühe Neuzeit des Historischen Seminars der Westfälischen Wilhelms-Universität Münster: Strukturen von Recht und Herrschaft, 5. Hexenverfolgung, https://www.uni-muenster.de/FNZ-Online/recht/hexen/unterpunkte/rahmen.htm

Büntgen, U. et al.: 2500 Years of European Climate Variability and Human Susceptibility. 2011, Science 331: 578–582

Waite, G. K.: Hexenverfolgung in Wiesensteig. In: Lexikon zur Geschichte der Hexenverfolgung, Hrsg. v. G. Gersmann et al., https://www.historicum.net/purl/jdzve/

Todesschuss im Nebel

Laimer, K. E.: Der „Löwe von Mitternacht" Gustav II. Adolf von Schweden und seine Darstellung in der proschwedischen Bildpublizistik des Dreißigjährigen Krieges. 2012, historia.scribere 4: 299–320, abgerufen 15.9.2018, https://webapp.uibk.ac.at/ojs/index.php/historiascribere/article/viewFile/242/127

Meller, H./Schefzik, M. (Hrsg.): Krieg – Eine archäologische Spurensuche. 2015, Begleitband zur Sonderausstellung im Landesmuseum für Vorgeschichte, Halle, https://www.researchgate.net/publication/284142174/download

Nicklisch, N. et al.: The face of war: Trauma analysis of a mass grave from the Battle of Luetzen (1632). 1017, PLoS ONE 12 (5): e0178252

Schürger, A.: The Archaeology of the Battle of Lützen: An examination of 17th century military material culture. 2015, PhD thesis, University of Glasgow, http://theses.gla.ac.uk/6508/

Tucker, S.: Battles that Changed History: An Encyclopedia of World Conflict. 2011, Pentagon Press, S. 195 ff.

Das Massengrab der Schlacht bei Lützen: 2012, Mitteldeutscher Rundfunk, MDR Zeitreise, abgerufen 15.9.2018, https://www.mdr.de/zeitreise/luetzen112.html

Wenn der Druck nachlässt

Berrisch, R. (Hrsg.): Chronik von Olvenstedt (Magdeburg) von Dr. Rieks aus dem Jahre 1896. 2008, Übers. E. Lehmann, http://www.robert-berrisch.de/fileadmin/Grafiken/Olvenstedt/Chronik_Olvenstedt_2007_01.pdf

Deutscher Wetterdienst: Stimmt die Wettervorhersage immer oder liegen wir auch manchmal daneben? dwd.de, abgerufen 15.9.2018, https://www.dwd.de/DE/wetter/schon_gewusst/qualitaetvorhersage/qualitaetvorhersage_node.html

Hering, C. W.: Geschichte des sächsischen Hochlandes. 1828, Verlag von Johann Ambrosius Barth, Annalen, Achter Abschnitt, S. 92, http://t1p.de/uuhj

Historische Commission der Provinz Sachsen: Die Stadt Erfurt und der Erfurter Landkreis. 2016, TP Verone Publishing House, Nachdruck des Originals von 1890, S. 178, http://t1p.de/ams2

Hofmann, P.: Der Winde Gang/Natur und Krafft Zeigt uns des Lebens Eigenschafft. 1660, Mitteilung zum Begräbnis des Steuerbeamten Valerius Zeiß, http://gso.gbv.de/DB=1.28/SET=1/TTL=1/SHW?FRST=7

Hütter, C.: Kirchenbuch Zöllschen Nr. 1 1643–1800, Transkription aus der deutschen in die lateinische Schrift, Archivfilm Nummer im Kirchenkreisarchiv Naumburg 04990, übers. und EDV eingegeben v. J. Winkler in Friedelsheim 2004/2012, http://t1p.de/uoic

Krafft, F. (Hrsg.): Otto von Guerickes Neue (sogenannte) Magdeburger Versuche über den leeren Raum. 2. Aufl., 1996, VDI-Verlag

Schneider, D.: Otto von Guericke: Ein Leben für die Alte Stadt Magdeburg. 1997, Springer

Sturm, K. A. G.: Kleine Chronik der Stadt Weissenfels nach Quellen bearbeitet. 1869, Verlag von Gustav Prange, http://reader.digitale-sammlungen.de/de/fs1/object/display/bsb11001874_00005.html

von Guericke, O.: Experimenta nova (ut vocantur) magdeburgica de vacuo spatio. 1672, Faksimiledrucke zur Dokumentation der Geistesentwicklung, hrsg. v. H. Rosenfeld/O. Zeller, Otto Zeller Verlagsbuchhandlung, Aalen, 1962, S. 100, https://archive.org/details/experimentanovau00gueruoft

Die Steine auf Nachbars Insel

Bryan, M. F.: Island Money. 2004, Federal Reserve Bank of Cleveland, Research Department, http://t1p.de/q8vp

Fitzpatrick, S. M.: Banking on Stone Money. 2004, Archaeology 57 (2): 18 ff., https://www.researchgate.net/publication/255687068_Banking_on_Stone_Money

Fitzpatrick, S. M.: A Radiocarbon Chronology of Yapese Stone Money Quarries in Palau. 2002, Micronesica 34 (2): 227–242

Furness, W. H.: The island of stone money, Uap of the Carolines. 1910, J. B. Lippincott Company, S. 96 ff., https://archive.org/stream/cu31924023500543#page/n0

Gilliland, C. L. C.: An Answer to David M. Schneider's Remarks Concerning The Stone Money of Yap: A Numismatic Survey. 1976, American Anthropologist 78: 894 f.

Gilliland, C. L. C.: Stone Money of Yap: A Numismatic Survey. 1975, Smithsonian Studies in History and Technology: 1–75

Schneider, D. D.: A Warning in Regard to The Stone Money of Yap. 1976, American Anthropologist 78: 893 f.

Ur, R. H. et al.: Geological Origin of the Volcanic Islands of the Caroline Group in the Federated States of Micronesia, Western Pacific. 2013, South Pacific Studies 33 (2)

Heiße Luft erobert den Himmel

Fortier, R.: The Balloon Era. 2004, Canada Aviation Museum, Photo Essays, https://ingeniumcanada.org/aviation/doc/research/casm/e_Ballons.pdf

Gillispie, C. C.: The Montgolfier Brothers and the Invention of Aviation 1783–1784. 1983, Princeton University Press

Jacob, T. K.: Die erste Ballonfahrt außerhalb Frankreichs. 2007, Bibliotheks Magazin, Mitteilungen aus den Staatsbibliotheken Berlin und München, 1/2007, http://t1p.de/w303

von Biedenfeld, F.: Die Luftballone und das Reisen durch die Luft. 1851, Verlag von Bernhard Friedrich Voigt, frei nach dem Französischen des Julien Turgau und wesentlich bereichert von Ferdinand Freiherr von Biedenfeld, http://t1p.de/ufuo

Als ein Virus Napoleon besiegte

Bryant, J. E. et al.: Out of Africa: A Molecular Perspective on the Introduction of Yellow Fever Virus into the Americas. 2007, PLoS Pathog. 3 (5): e75

Fick, C. E.: The making of Haiti: the Saint Domingue revolution from below. 1990, Univ Tennessee Press

Girard, P. R.: The Slaves Who Defeated Napoleon – Toussaint Louverture and the Haitian War of Independence. 2011, Atlantic Crossings

Oldstone, M. B. A.: Viruses, plagues, and history: past, present, and future. 2009, Oxford University Press

Tabachnick, W. J.: Evolutionary Genetics and Arthropod-borne Disease: The Yellow Fever Mosquito. 1991, American Entomologist 37 (1): 14–26

Als die Welt ins Rollen kam

Badisches Wochenblatt der Stadt Baden-Baden vom 29. Juli 1817, https://de.wikipedia.org/wiki/Draisine_(Laufmaschine)#/media/File:Badwochenblatt_29._July_1817,_Bericht_%C3%BCber_den_Freiherrn_von_Drais.tif

Brönnimann, S./Krämer, D.: Tambora und das „Jahr ohne Sommer" 1816, Mensch und Gesellschaft. Geographica Bernensia G90, 48 S., https://boris.unibe.ch/83607/2/tambora_d_webA4.pdf

Bundesfinanzministerium: 20-Euro-Gedenkmünze „Laufmaschine von Karl Drais 1817". 2016, Pressemitteilung vom 14.9.2016, https://www.bundesfinanzministerium.de/Content/DE/Pressemitteilungen/Briefmarken/2016/09/2016-09-14-PM24-gedenkmuenze-karl-drais.html

Deutscher Wetterdienst: Vor 200 Jahren fiel der Sommer aus. 2016, dwd.de, Thema des Tages, abgerufen 17.9.2018, https://www.dwd.de/DE/wetter/thema_des_tages/2016/6/11.html

Drais von Sauerbronn, K. W. L. F. von: Die Laufmaschine des Freiherrn Karl von Drais. 1817, Badische Landesbibliothek Karlsruhe, Digitale Sammlung der Badischen Landesbibliothek Karlsruhe, https://digital.blb-karlsruhe.de/urn/urn:nbn:de:bsz:31-32233

Großherzoglich-Badische Staatszeitung: Vorführung des „Wagens ohne Pferd". 1813, https://digital.blb-karlsruhe.de/blbz/zeitungen/periodical/pageview/1451436

Haeseler, S.: Der Ausbruch des Vulkans Tambora in Indonesien im Jahr 1815 und seine weltweiten Folgen, insbesondere das „Jahr ohne Sommer" 1816. 2016, Deutscher Wetterdienst, Abteilung Klimaüberwachung, https://www.dwd.de/DE/leistungen/besondereereignisse/verschiedenes/20170727_tambora_1816_global.pdf?__blob=publicationFile&v=5

Sonnabend, H./Schenk, G. J.: Initiativen zur historischen Katastrophenforschung. 2006, WechselWirkungen, Jahrbuch 2006, S. 82 ff., https://d-nb.info/104968902X/34

Lessing, H.-E.: Revolution auf Rädern, Die Neuentdeckung des Erfinders Karl Drais. 1993, Kultur&Technik 1/1993, https://www.deutsches-museum.de/fileadmin/Content/data/Insel/Information/KT/heftarchiv/1993/17-1-14.pdf

Wüst, C.: Schleier drüber. 2017, Der Spiegel 10/2017, S. 98, http://www.spiegel.de/spiegel/print/d-149882787.html

Neutral aus tiefem Grund

Friedemann, P.: Die Anfänge der westeuropäischen Zinkindustrie am Beispiel der Galmei-Bergwerke „Vieille Montagne" (Altenberg): Vom französischen Bergrecht 1791/1810 zur preußischen Bergrechtsreform 1865. 2017, Der Anschnitt 69 (2): S. 74 ff., http://t1p.de/p1ru

Hoffmann, E./Nendza, J.: Galmei und Esperanto – Der fast vergessene europäische Kleinstaat Neutral-Moresnet. 2003, SWR2 Wissen, https://www.swr.de/-/id=11528232/property=download/nid=660374/1orb31p/swr2-wissen-20130820.pdf

Press, S.: To Govern, or Not to Govern: Prussia, Neutral Moresnet. 2010, Social Science Research Network, https://ssrn.com/abstract=2096313

Shackleton, R.: Unvisited Places of Old Europe. 1913, The Penn Publishing Company, S. 157 ff., https://archive.org/details/unvisitedplaceso005722mbp

Tucker, W. W.: The Neutral Territory of Moresnet. 1882, Riverside Press, https://archive.org/details/cu31924028360307

Eiserne Lady mit Eichenbauch

Brodine, C. E. et al.: Ironsides! the Ship, the Men and the Wars of the USS Constitution. 2007, FAITH PUBN

Cuticchia, R. A.: Celebrating the History of the U.S.S. Constitution. 2011, Marblehead Magazine, abgerufen 21.9.2018, https://www.webcitation.org/63XdNkesj?url=http://www.legendinc.com/Pages/MarbleheadNet/MM/Articles/USSConstitutionHistory.html

Fitz-Enz, D.: Old Ironsides: Eagle of the Sea: The Story of the USS Constitution. 2009, Taylor Trade Publishing, S. 4 f.

Hollis, I. N.: The Frigate Constitution. 1900, Houghton Mifflin Company, https://archive.org/details/frigateconstitu00hollgoog

Moses Smith: from Naval Scenes in the Last War, 1846, Reprinted from The War of 1812: Writings from America's Second War of Independence (The Library of America, 2013), S. 121–129, http://va1812bicentennial.dls.virginia.gov/pdfs/2013_04_02_Smith_Old_Ironsides.pdf

The Wood Data Base: Live Oak, abgerufen 21.9.2018, https://www.wood-database.com/live-oak/

Synthetische weiße Bestie

Chase, O.: Narrative of the Most Extraordinary and Distressing Shipwreck of the Whale-Ship Essex, of Nantucket; Which Was Attacked and Finally Destroyed by a Large Spermaceti-Whale, in the Pazific Ocean; with an Account of the Unparalleled Sufferings of the Captain and Crew during a Space of Ninety-Three Days at Sea, in Open Boats; in the Years 1819 & 1820, 1821, W. B. Gilley, abgerufen 21.9.2018, http://mysite.du.edu/~ttyler/ploughboy/1821%20-%20Owen%20Chase%20-%20Essex%20Narrative.htm

Melville, H.: Moby-Dick, or The Whale, 1851 (Orig.), E-Book veröffentlicht durch Projekt Gutenberg 2008, letztes Update 2017, abgerufen 22.9.2018, http://www.gutenberg.org/files/2701/2701-h/2701-h.htm

Reynolds, J. N.: Mocha Dick: or the White Whale of the Pacific: A Leaf from a Manuscript Journal. 1839, The Knickerbocker 13 (5): 377 ff., http://t1p.de/4vh2

Rogers, B.: From Mocha Dick to Moby Dick: Fishing for Clues to Moby's Name and Color, Names. 1998, A Journal of Onomastics 46 (4): 263–276

Da steckt der Wurm drin

Brunel, I.: The Life of Isambard Kingdom Brunel, Civil Engineer, first ed. 1870, Longmans, Green and Co. 2016, Wentworth Press

Didžiulis, V.: Invasive Alien Species Fact Sheet – Teredo navalis. – From: Online Database of the European Network on Invasive Alien Species (NOBANIS), 2011, www.nobanis.org, abgerufen 22.9.2018, http://web.forestry.ubc.ca/fetch21/Z-PDF-pest-info-folder/teredo_navalis-invasive%20species%20fact%20sheet.pdf

Lippert, H. et al.: Schiffsbohrmuscheln auf dem Vormarsch? 2013, Biologie in unserer Zeit 43 (1): abgerufen 22.9.2018, https://www.researchgate.net/publication/263762845_Schiffsbohrmuscheln_auf_dem_Vormarsch

Sundberg, A.: Floods, Worms, and Cattle Plague: Nature-induced Disaster at the Closing of the Dutch Golden Age, 1672–1764. 2015, University of Kansas, doctoral thesis, http://t1p.de/09cc

The Thames Tunnel, 2015, TfL Corporate Archives Research Guides, Research Guide No 25, abgerufen 22.9.2018, http://content.tfl.gov.uk/research-guide-no-25-the-thames-tunnel.pdf

Der Pilz und der Präsident

Census 2016: Chapter 1. Population change and historical perspective. 2017, Central Statistics Office, https://www.cso.ie/en/census/census2016reports/

Donnelly, J.: The Irish Famine. 2017, BBC, abgerufen 23.9.2018, http://www.bbc.co.uk/history/british/victorians/famine_01.shtml

Fotheringham, A. S. et al.: The demographic impacts of the Irish famine: towards a greater geographical understanding. 2012, Transactions of the Institute of British Geographers, https://www.academia.edu/20556685/The_demographic_impacts_of_the_Irish_famine_Towards_a_greater_geographical_understanding

Gerste, R. D.: John F. Kennedy – 100 Fragen, 100 Antworten. 2013, Klett-Cotta

Harvey, J.: Patrick Kennedy. 2012, Finagrave.com, abgerufen 23.9.2018, https://www.findagrave.com/memorial/86143316

Nasaw, D.: The Patriarch: The Remarkable Life and Turbulent Times of Joseph P. Kennedy. 2012, Penguin Random House LLC

Schmalbeck, D.: Immigrant Ships Transcribers Guild, Ship Washington Irving. 2001, National Archives and Records Administration, Series M277, Roll 28, List 148, abgerufen 24.9.2018, https://www.immigrantships.net/v4/1800v4/washingtonirving18490421.html

Yoshida, K. et al.: The rise and fall of the *Phytophthora infestans* lineage that triggered the Irish potato famine. 2013, eLife 2: e00731

Drangvolle Enge auf weitem Meer

Andrews, G. R.: Afro-Latin America, 1800–2000. 2004, Oxford University Press

Cortés, J.: Latin American Coral Reefs. 2003, Elsevier Science, S. 288 f.

Ospina: Resilience in Santa Cruz del Islote: Sustainability of a Social-Ecological System in the Colombian Caribbean. 2013, PhD Thesis, Fachhochschule Köln, comunidadpmpca. uaslp.mx/documento.aspx?idT=342

Vinson, B./Klein, H. S.: African Slavery in Latin America and the Caribbean. 2007, Oxford University Press

Inselglück dank Vogelkot

Europäische Bevölkerung, Zentrale für Unterrichtsmedien im Internet e. V, PSM-Data, Geschichte, abgerufen 26.9.2018, http://www.zum.de/psm/decker/decker69.php

Legal Information Institute: 48 U.S. Code Chapter 8 – Guano Islands, abgerufen 26.9.2018, https://www.law.cornell.edu/uscode/text/48/chapter-8

Roosevelt, F. D.: 64 – Message to Congress on Phosphates for Soil Fertility. 1938, The American Presidency Project, abgerufen 26.9.2018, http://www.presidency.ucsb.edu/ ws/?pid=15643

Rott, B.: Alexander von Humboldt brachte Guano nach Europa – mit ungeahnten globalen Folgen. 2016, Internationale Zeitschrift für Humboldt-Studien, HiN XVII, 32

Formerly disputed Islands. 2007, U.S. Department of the Interior, Office of Insular Affairs, abgerufen 26.9.2018, https://web.archive.org/web/20070930014736/http://www.doi.gov/ oia/Islandpages/disputedpage.htm

Durch den Hund darauf gekommen

A Century of Progress, International Harvester Exhibits. 1934, International Harvester Company, https://www.lib.uchicago.edu/ead/pdf/century0214.pdf

Davidson, J. B.: History of Farm Machines. 1950, The Palimpsest 31: 96–112, https://ir.uiowa.edu/palimpsest/vol31/iss3/5

Evans, S. D.: Bound in Twine. 2007, Texas A&M University Press

Evans, S. (Hrsg.): Farming across Borders. 2017, Texas A&M University Press

Studer, R.: Meilensteine der Landtechnik, Folge 4. 2003, Eidgenössische Forschungsanstalt für Wald, Schnee und Landschaft (WSL), abgerufen 28.9.2018, ftp://ftp.wsl.ch/ALR/ Chapter_4_Historical_Approach/Agro_Technology/agrokb_meilenst_4.pdf

Thallmayer, V.: Garbenbindemaschinen, 1882, Retrodigitalisierung des Polytechnischen Journals, Band 283 (S. 192–196) Humboldt-Universität zu Berlin, Institut für Kulturwissenschaft, abgerufen 28.9.2018, http://dingler.culture.hu-berlin.de/article/ pj283/ar283048

Wall, J. T.: Wall Street and the Fruited Plain: Money, Expansion, and Politics in the Gilded Age. 2008, University Press of America, S. 229 f.

Blitzende Kabel und helle Nacht

Bell, T. E./Phillips, T.: A super solar flare. 2008, NASA, abgerufen 5.10.2018, https://science. nasa.gov/science-news/science-at-nasa/2008/06may_carringtonflare/

Carrington, R. C.: Description of a Singular Appearance seen in the Sun on September 1. 1859, Monthly Notices of the Royal Astronomical Society 20 (1): 13–15

Gonzalez, S. et al.: Solar storm risk to the North American electric grid. 2013, Lloyd's, https://www.lloyds.com/~/media/lloyds/reports/emerging-risk-reports/solar-storm-risk-to-the-north-american-electric-grid.pdf

Herbert, C. F.: The Great Aurora of 1859. 1909, The Daily News. Perth, WA. (8 October 1909), S. 9.; https://trove.nla.gov.au/newspaper/article/77351480

Hodgson, R.: 1873, Monthly Notices of the Royal Astronomical Society 33 (4): 189–215

Odenwald, S. F./Green, J. L.: Bracing for a Solar Superstorm. 2008, Scientific American: 80 ff., http://pages.erau.edu/~reynodb2/ep410/OdenwaldGreen_Superstorm.pdf

Savage, D.: NASA Scientist Dives into Perfect Space Storm. 2003, NASA, JPL, abgerufen 5.10.2018, https://www.jpl.nasa.gov/releases/2003/140.cfm

Haarige Staatsangelegenheit

Higginson, I. N.: Poetry and Alaska: William Henry Seward's Alaskan Purchase and Bret Harte's „An Arctic Vision". 1997, Arctic 50 (4): 334–348

Larson, S. et al.: Genetic Diversity and Population Parameters of Sea Otters, Enhydra lutris, before Fur Trade Extirpation from 1741–1911. 2012, PLoS ONE 7 (3): e32205

Reynolds, R. L.: Seward's Wise Folly. 1960, American Heritage 12 (1), http://www. americanheritage.com/content/seward%E2%80%99s-wise-folly

Sumner, C.: Speech of Hon. Charles Sumner, of Massachusetts, on the cession of Russian America to the United States. 1867, University of Michigan, Library, Printed at the Congressional Globe Office, https://quod.lib.umich.edu/m/moa/AAZ9604.0001.001?rgn=main;view=fulltext

Manche mögen's kalt

Bacon, F./Rawley, W.: Sylva sylvarum OR a Natural History in Ten Centuries. 1670, London, Printed by J. R. for William Lee, and are to be sold by the booksellers of London, Digitizing sponsor Duke University Libraries, https://archive.org/details/sylvasylvarumorn00baco/page/n7

Breitsameter, F. et al.: Technik im Überblick: die bedeutendsten Daten, Fakten, Ereignisse und Personen. 2009, compact Verlag

Demmelhuber, S.: Der Kältekönig, Bayerischer Rundfunk. 2016, Bayern 2, radioWissen, abgerufen 11.10.2018, https://www.br.de/radio/bayern2/sendungen/radiowissen/geschichte/carl-von-linde-kuehlschrank-100.html

Gantz, C.: Refrigeraton: A History. 2015, MacFarland & Company

Historia Augusta: The Life of Elagabalus. 1924, Loeb Classical Library, by Bill Thayer, University of Chicago, abgerufen 11.10.2018, http://t1p.de/keki

Linde AG: 125 Jahre Linde – Eine Chronik. 2004, Linde AG, http://t1p.de/7lwn

Plank, R. (Hrsg.): Handbuch der Kältetechnik, Entwicklung Wirtschaftliche Bedeutung Werkstoffe. 1954, Springer-Verlag

Plank, R.: Geschichte der Kältemaschine, Auszug aus: „Die schöpferische Leistung von Carl von Linde im Spiegel der Entwicklung der Kältetechnik", aus der Linde Jubiläumsschrift – 50 Jahre Kältetechnik, ergänzt durch eine Zusammenfassung der Entwicklung der ersten funktionstüchtigen Kaltdampfmaschine aus der Biografie von Carl von Linde: „Aus meinem Leben und von meiner Arbeit", v. B. Stenzel, Historische Kälte- und Klimatechnik e. V., abgerufen, 11.10.2018, http://www.vhkk.org/page/biografien/pdf/Geschichte_der_Kaeltemaschine.pdf

Teich, M.: Bier, Wissenschaft und Wirtschaft in Deutschland 1800–1914 – Ein Beitrag zur deutschen Industrialisierungsgeschichte. 2000, Böhlau Verlag

Teuteberg, H. J.: Zur Geschichte der Kühlkost und des Tiefgefrierens. 1991, C. H. Beck, Zeitschrift für Unternehmensgeschichte 36 (3): 139–155, abgerufen 11.10.2018, https://core.ac.uk/download/pdf/56476070.pdf

von Linde, C.: Aus der Geschichte der Kältetechnik. 1918, Beiträge zur Geschichte der Technik und Industrie, Jahrbuch des Vereins Deutscher Ingenieure, Springer-Verlag, S. 1 ff.

Gutes schlechtes Wetter

Becquerel, A. H.: On the invisible rays emitted by phosphorescent bodies. Read before the French Academy of Science 2 March 1896 (Comptes Rendus 122, 501 (1896)) transl. by Carmen Giunta, http://web.lemoyne.edu/~giunta/becquerel.html

Die Presse, Temelin: Kontaminierter Wildschwein-Braten löst Strahlenalarm aus, 16.10.2015, https://diepresse.com/home/panorama/welt/4845227/Temelin_Kontaminierter-WildschweinBraten-loest-Strahlenalarm-aus-

Mould, R. F.: Pierre Curie, 1859–1906. 2007, Curr Oncol. 14 (2): 74–82, https://www.ncbi.nlm.nih.gov/pmc/articles/PMC1891197/

Röntgen, W. C.: Über eine neue Art von Strahlen. 1895, Sitzungsberichte der Würzburger Physik.-medic. Gesellschaft, Würzburg, http://www.deutschestextarchiv.de/book/view/roentgen_strahlen_1896?p=8

Urban, K.: Der Wald erinnert sich. 2016, Spektrum.de, https://www.spektrum.de/news/30-jahre-nach-tschernobyl-findet-sich-radioaktivitaet-in-deutschen-waeldern/1405630

Eiskalter Lebensretter

Behe, G. et al.: Titanic Disaster, Report, United States Senate Inquiry. 1912, Titanic Inquiry, abgerufen 12.10.2018, http://www.titanicinquiry.org/USInq/USReport/AmInqRep01.php

Behe, G. et al.: Titanic Disaster, British Board of Trade Inquiry. 1912, Titanic Inquiry, abgerufen 12.10.2018, http://www.titanicinquiry.org/downloads/BritInqAll.zip

Behe, G. et al.: British Wreck Commissioner's Inquiry, Report on the Loss of the „Titanic." 1912, Titanic Inquiry, abgerufen 12.10.2018, http://www.titanicinquiry.org/BOTInq/ BOTReport/botRep01.php

History of SOLAS (The International Convention for the Safety of Life at Sea). International Maritime Organization, abgerufen 12.10.2018, http://t1p.de/qh8y

Lane, A.: Impact of Titanic Upon International Maritime Law. 2004, Encyclopedia Titanica, abgerufen 12.10.2018, https://www.encyclopedia-titanica.org/titanic-impact-on-maritime-law.html

Schroeder, P. B.: Contact at Sea: A History of Maritime Radio Communications. 1967, The Gregg Press, S. 16 ff., The London Radiotelegraph Conference 1912

Text of the Convention for the Safety of Life at Sea: 1914, International Conference on Safety of Life at Sea, abgerufen 12.10.2018, http://www.archive.org/stream/ textofconvention00inte#page/

Heilsamer Schock

Berntson, B.: Boll Weevil Monument. 2009, Encyclopedia Alabama, Auburn University, abgerufen 15.10.2018, http://www.encyclopediaofalabama.org/article/h-2384

Boll Weevil Monument, National Register of Historic Places, abgerufen 15.10.2018, https://npgallery.nps.gov/nrhp/AssetDetail?assetID=a990fc21-dad4-414e-84b2-03cc2b63fadd

Boissoneault, L.: Why an Alabama Town Has a Monument Honoring the Most Destructive Pest in American History. 2017, Smithsonian.com, abgerufen 14.10.2018, https://www.smithsonianmag.com/history/agricultural-pest-honored-herald-prosperity-enterprise-alabama-180963506/

Bragg, R.: A Town Once Menaced by a Bug Wants it Back. 1998, New York Times, July 27, abgerufen 15.10.2018, https://www.nytimes.com/1998/07/27/us/enterprise-journal-a-town-once-menaced-by-a-bug-wants-it-back.html

Fesperman, D.: ‚Bug' Monument Is A Complex Topic. 1999, The Baltimore Sun, April 1, abgerufen 15.10.2018, http://community.seattletimes.nwsource.com/ archive/?date=19990401&slug=2952736

Giesen, J. C.: Boll Weevil Blues: Cotton, Myth, and Power in the American South. 2011, The University of Chicago Press

Marsh, M. D.: Lessons of the Boll Weevil: A Story of Prosperity. 2017, Alabama Lawyer 78 (4): 254 ff., https://www.alabar.org/assets/uploads/2015/06/The-Alabama-Lawyer-July-2017.pdf

Smith, N. B.: Peanut Cost and Returns Outlook 2017. 2017, Clemson University, Sandhill Research and Education Center, abgerufen 14.10.2018, https://www.clemson.edu/ extension/agronomy/peanut17/Smith%20-%20SC%20Peanut%20Growers%20Conf%20 1-26-17%20NS1.pdf

Yafa, S.: Cotton: The Biography of a Revolutionary Fiber. 2005, Penguin Books

Leicht, luftig, tödlich explosiv

Braun, H.: Das „Wundergas" Helium, die US-amerikanische Innenpolitik und die deutschen Zeppeline. 2005, Institut für Zeitgeschichte, Vierteljahreshefte für Zeitgeschichte 53 (4), https://www.ifz-muenchen.de/heftarchiv/2005_4_3_braun.pdf

Bericht des deutschen Untersuchungsausschusses über das Unglück des Luftschiffes Hindenburg am 6.5.1937 in Lakehurst, USA, vom 2.11.1937, abgerufen 16.10.2018, http://konrad-krause.privat.t-online.de/Sonstiges/BerichtLZ129.htm

Dessler, A. J.: Hindenburg Hydrogen Fire. 2006, Colorado State University, abgerufen 16.10.2018, abgerufen 16.10.2018, http://spot.colorado.edu/~dziadeck/zf/LZ129fire.htm

Morrison, H.: Herb Morrison WLS Radio (Chicago) Broadcast on the Hindenburg Disaster. 1937, American Rhethoric, Online Speech Bank, abgerufen 16.10.2018, https://www.americanrhetoric.com/speeches/hindenburgcrash.htm

Betrüblicher Dunst

Akte Georg Elser, Landesarchiv Baden-Württemberg, Staatsarchiv Ludwigsburg, Findbuch EL 48/4: Kriminalhauptstelle der Landespolizei Stuttgart/Landeskriminalamt, abgerufen 17.10.2018, http://t1p.de/tuwh

Georg Elser: „Ich habe den Krieg verhindern wollen" – Georg Elser und das Attentat vom 8. November 1939. 2001, Bundeszentrale für politische Bildung/Landeszentralen für politische Bildung/Gedenkstätte Deutscher Widerstand, abgerufen 17.10.2018, http://georg-elser.de/dok/index.html

Gerste, R. D.: Wie das Wetter Geschichte macht: Katastrophen und Klimawandel von der Antike bis heute. 2015, Klett-Cotta Verlag, S. 200–205

Maier, M. (Hrsg.): Georg Elser – Lebenslauf, Attentat, Hintergrund, Georg-Elser-Arbeitskreis Heidenheim, abgerufen 17.10.2018, http://www.georg-elser-arbeitskreis.de

Beschwingt in den Abgrund

Amman, O. H. et al.: The Failure of the Tacoma Narrows Bridge. 1941, A Report to the Honorable John M. Carmody, Administrator, Federal Works Agency, Washington, D. C., California Institute of Technology, https://authors.library.caltech.edu/45680/1/The%20Failure%20of%20the%20Tacoma%20Narrows%20Bridge.pdf

Billah, Y. K./Scanlan, R. H.: Resonance, Tacoma Narrow Bridge failure, and undergraduate textbooks. 1991, American Journal of Physics 59 (2), https://www.ketchum.org/billah/Billah-Scanlan.pdf

Fall of the Broughton Suspension Bridge, near Manchester. 1831, The Philosophical Magazine and Annals of Philosophy or Annals of Chemistry, Mathematics, Astronomy, Natural History and General Science 9 (53): 387 ff., http://t1p.de/zwev

Feldman, B. J.: What to Say About the Tacoma Narrows Bridge to Your Introductory Physics Class. 2003, The Physics Teacher 41: 92–96, https://www.physics.ohio-state.edu/~kagan/phy596/Articles/TacomaNarrowsBridge/PhysicsTeacher-TacomaNarrowBridge.pdf

Middleton W. D.: In the Wake of Tacoma: Suspension Bridges and the Quest for Aerodynamic Stability by Richard Scott, Revwe. 2003, Technology and Culture 44 (3): 618–620, https://www.jstor.org/stable/25148181

Millenium Brücke. Structurae, Internationale Datenbank für Ingenieurbauwerke, abgerufen 18.10.2018, https://structurae.de/bauwerke/millennium-bruecke

Tacoma Narrows Brücke. Structurae, Internationale Datenbank für Ingenieurbauwerke, abgerufen 18.10.2018, https://structurae.de/bauwerke/tacoma-narrows-bruecke

Tacoma Narrows Bridge Collapse. 1940, Stillman Fires Collection, Video des Einsturzes, https://en.wikipedia.org/wiki/File:Tacoma_Narrows_Bridge_destruction.ogv

Weltkarriere mit Haken und Ösen

About Velcro® Brand – Fabled Around the World. 2018, Velcro BVBA, abgerufen 18.10.2018, https://www.velcro.com/about-us/our-brand/

Bellis, M.: Who Invented Velcro? 2018, ThoughtCo., abgerufen 18.10.2018, https://www.thoughtco.com/who-invented-velcro-4019660

Georges de Mestral. 2002, International Inventors Hall of Fame, abgerufen 18.10.2018, https://web.archive.org/web/20080326193349/http://www.invent.org/Hall_Of_Fame/37.html

Stephens, T.: How a Swiss invention hooked the world. 2007, swissinfo.ch, abgerufen 18.10.2018, http://www.swissinfo.ch/eng/how-a-swiss-invention-hooked-the-world/5653568

Geflügelter Retter

A History of Army Communications and Electronics at Fort Monmoth, New Jersey, 1917–2007. 2009, Dept. of the Army, New Ed., S. 25 ff., http://t1p.de/iz4j

Blechman, A. D.: Pigeons: The Fascinating Saga of the World's Most Revered and Reviled Bird. 2006, University Queensland Press, S. 35 f.

Eisenhower, D. D.: Funeral Pyres of Nazidom. 1945, Universal Newsree, ab Min. 2:19, https://archive.org/details/1945-05-10_Funeral_Pyres_of_Nazidom

Suter, W.: Ökologie der Wirbeltiere: Vögel und Säugetiere. 2017, UTB GmbH, Haupt Verlag, S. 249 ff.

Carrier Pigeon „GI Joe" wins Medal. 2017, WWII Today, http://ww2today.com/18th-october-1943-carrier-pigeon-gi-joe-wins-medal

The Animals in War Memorial. The Animals in War Memorial Fund, http://www.animalsinwar.org.uk/

Wem lacht die Sonne?

Atkinson, R.: D-Day: The Invasion of Normandy, 1944 (The Young Readers Adaptation). 2014, Henry Holt and Company

D-Day. 1944, National Archives, The U.S. National Archives and Records Administration, abgerufen 19.10.2018, https://www.archives.gov/exhibits/american_originals_iv/sections/d-day.html# und https://www.archives.gov/research/military/ww2/d-day

Die Landung in der Normandie 1944. 2015, Deutsches Historisches Museum, abgerufen 19.10.2018, https://www.dhm.de/lemo/kapitel/der-zweite-weltkrieg/kriegsverlauf/landung-in-der-normandie-1944.html

Lavilled, J.-L. (Publ. dir.): D-Day Normandy – Land of Liberty. Visitor's Guide 2018 to the D-Day Landing Beaches and the Battle of Normandy. 2013, http://de.normandie-tourisme.fr/docs/786-1-visitor-s-guide-d-day-landing-beaches-amp-battle-of-normandy.pdf

Absturz und dann Karriere

Cantrell, M.: Amazing Grace: Rear Adm. Grace Hopper, USN, was a pioneer in computer science. 2014, Military Officer, S. 52 ff., http://content.yudu.com/A2qfj4/201403March/resources/3.htm

Cohen, I. B. et al. (Hrsg.): Makin' Numbers: Howard Aiken and the Computer. 1999, The MIT Press, S. 117 ff.

Log Book With Computer Bug. 1947, The National Museum of American History, abgerufen 20.10.2018, http://americanhistory.si.edu/collections/search/object/nmah_334663

Magoun, A. B./Israel, P.: Did You Know? Edison Coined the Term „Bug". 2003, The Institute, The IEEE news source, Institute of Electrical and Electronics Engineers, abgerufen 20.10.2018, http://theinstitute.ieee.org/tech-history/technology-history/did-you-know-edison-coined-the-term-bug

Rife, J. P.: The sound of freedom: Naval Weapons Technology at Dahlgren, Virginia 1918–2006. 2006, University of Michigan Library, S. 92 ff., https://archive.org/details/soundoffreedomna00dahl/page/58

Das Flüstern der Jahrtausende

Cox, J. D.: Climate Crash: Abrupt Climate Change and What It Means for Our Future. 2005, Joseph Henry Press, National Academy of Sciences, S. 12 ff.

Eisbohrkerne – Eisige Klimakalender, Zentralanstalt für Meteorologie und Geodynamik, Bundesministerium für Bildung, Wissenschaft und Forschung, abgerufen 20.10.2018, http://t1p.de/njgc

Jouzel, J.: A brief history of ice core science over the last 50 yr. 2013, Climate of the Past 9: 2525–2547, https://www.clim-past.net/9/2525/2013/cp-9-2525-2013.pdf

Oerter, H.: Eisbohrkerne als Klimaarchiv. 2008, Alfred-Wegener-Institut für Polar- und Meeresforschung, Fortbildungsveranstaltung DMG, 6. Internationaler Polartag, Köln, https://epic.awi.de/19661/1/Oer2008i.pdf

Peeken, l. et al.: Arctic sea ice is an important temporal sink and means of transport for microplastic. 2018, Nature Communications 9: 1505, http://www.nature.com/articles/s41467-018-03825-5

Tiemann, M.: Klimawandel in beeindruckenden Bildern. 2015, Spektrum.de, abgerufen 20.10.2018, https://www.spektrum.de/rezension/filmkritik-zu-zwischen-himmel-und-eis/1376449

Roter Gipfelstürmer

Arnette, A.: Everest by the Numbers: 2018 Ed. 2017, Alanarnette.com, abgerufen 29.10.2018, http://www.alanarnette.com/blog/2017/12/17/everest-by-the-numbers-2018-edition

Boriss, H.: Molekulare Mechanismen von Überdominanz am Phosphoglucose-Isomerase-Genort bei Daphnia magna. 1998, Herbert Utz Verlag, S. 21 ff.

Brunori, M.: Half a Century of Hemoglobin's Allostery. 2015, Biophysical Journal 109: 1077–1079, https://www.ncbi.nlm.nih.gov/pmc/articles/PMC4576148/

Hawley, E.: The Himalayan Database, The Expedition Archives, abgerufen 28.10.2018, http://www.himalayandatabase.com/

Hecht, H. H.: A Sea Level View of Altitude Problems. 1971, The American Journal of Medicine 50: 705–708, https://www.amjmed.com/article/0002-9343(71)90178-1/pdf

Hämoglobin. Kompaktlexikon der Biologie. 2001, Spektrum Akademischer Verlag, abgerufen 23.10.2018, https://www.spektrum.de/lexikon/biologie-kompakt/haemoglobin/5235

Hultgren, H. N.: High Altitude Illness. 1983, Management of Wilderness and Environmental Emergencies, Macmillan Publishing, Kap. 1, S. 1–26, https://www.researchgate.net/profile/Robert_Roach/publication/316671851_High_Altitude_Medicine/links/5913f0584585152e199aa617/High-Altitude-Medicine.pdf

Kirtley, M. E./Koshland, D. E. (Jr.): Models for Cooperative Effects in Proteins Containing Subunits. 1967, The Journal of Biological Chemistry 242 (18): 4192–4205, http://www.jbc.org/content/242/18/4192.full.pdf

Knapp, B.: Warum ist immer weniger Sauerstoff in der Luft, je höher man geht? 2017, spektrum.de, abgerufen 29.10.2018, https://www.spektrum.de/frage/wieso-ist-im-gebirge-weniger-sauerstoff-in-der-luft/1460505

Koshland, D. E. (Jr.) et al.: Comparison of Experimental Binding Data and Theoretical Models in Proteins Containing Subunits. 1966, Biochemistry, 5 (1): 365–385

Kottke, R. et al.: Morphological Brain Changes after Climbing to Extreme Altitudes – A Prospective Cohort Study. 2015, PLoS ONE 10 (10): e0141097

Voet, D. et al.: Protein Function: Myoglobin and Hemoglobin. Fundamentals of Biochemistry, Second Ed., Chapter 7. 2006, John Wiley & Sons, Inc., https://www.unifr.ch/biochem/assets/files/albrecht/cours/Kapitel7.pdf

Wenn der Korken ploppt

Campbell, V. L.: Knowing Vesuvius. 2014, Pompeian Connections. An exploration of the prosopography and social networks of a Roman Town, abgerufen 30.10.2018, https://pompeiinetworks.wordpress.com/2014/04/10/knowing-vesuvius/

Kling, G. W.: Using Science to Solve Problems: The Killer Lakes of Cameroon. 2016, University of Michigan, Department of Ecology & Evolutionary Biology, Kling Lab, abgerufen 30.10.2018, https://globalchange.umich.edu/globalchange1/current/lectures/kling/killer_lakes/killer_lakes.html

Pasche, N. et al.: Methane sources and sinks in Lake Kivu. 2011, J. Geophys. Res. Biogeosciences 116 (G3)

Schmid, M. et al.: Simulation of CO2 concentrations, temperature, and stratification in Lake Nyos for different degassing scenarios. 2006, Geochem. Geophys. Geosyst. 7: Q06019

Shanklin, E.: Exploding lakes in myth and reality: An African Case Study. In: Piccardi, L. (Hrsg.): Myth and Geology. 2007, Geological Society of London, S. 166 ff.

Sonnabend, H.: Unter dem Vesuv – Alltag in Pompeji. 2007, Primus, S. 12, http://static.onleihe.de/content/primus/20110323/978-3-89678-879-5/v978-3-89678-879-5.pdf

Der Schweifstern und die Wirrköpfe

Balch, W. R./Taylor, D.: Making Sense of the Heaven's Gate Suicides. 2002, Cambridge University Press, Cults, Religion, and Violence, S. 209 ff., abgerufen 31.10.2018, http://t1p.de/5hyc

Comet Hale-Bopp, The Great Comet of 1997. 2002, NASA, Jet Propulsion Laboratory, abgerufen 31.10.2018, https://www2.jpl.nasa.gov/comet/

Hadden, J. K.: Heaven's Gate. 2005, University of Virgina, The Religious Movements Homepage Project, abgerufen 31.10.2018, https://web.archive.org/web/20071202113037/http://religiousmovements.lib.virginia.edu/nrms/hgprofile.html

Knoll, J.: Mass Suicide & the Jonestown Tragedy: Literature Summary. 2017, San Diego State University, Department of Religious Studies, abgerufen 31.10.2018, https://jonestown.sdsu.edu/?page_id=33164

Tamvan, G. A./Véron, P.: Halleys Komet. 1985, Springer Basel AG, S. 105 f.

Winzling und gekrönte Häupter

Achtmann, M.: „Out of Africa" – auch für Bakterien. 2007, Max-Planck-Institut für Infektionsbiologie, abgerufen 1.11.2018, https://www.mpg.de/541235/pressemitteilung200702051

Despres, C.: Napoleon's mysterious death unmasked, UT Southwestern researcher says. 2007, University of Texas Southwestern Medical Center, Eurekalert.org, abgerufen 1.11.2018, https://www.eurekalert.org/pub_releases/2007-01/usmc-nmd011507.php

Eppinger, M. et al.: Who Ate Whom? Adaptive Helicobacter Genomic Changes That Accompanied a Host Jump from Early Humans to Large Felines. 2006, PLoS Genet 2 (7): e120

Linz, B. et al.: An African origin for the intimate association between humans and Helicobacter pylori. 2007, Nature 445 (7130): 915–918

Lugli, A. et al.: Napoleon Bonaparte's gastric cancer: a clinicopathologic approach to staging, pathogenesis, and etiology. 2007, Nature Clinical Practice Gastroenterology & Hepatology 4: 52–57, https://www.nature.com/articles/ncpgasthep0684

Marshall, B. J.: Biographical. 2005, Nobelprize.org, https://www.nobelprize.org/prizes/medicine/2005/marshall/auto-biography/

Schwankender Boden

Fukushima Daiichi – 11. März 2011, Unfallablauf – Radiologische Folgen. 5. Auflage 2016, Gesellschaft für Anlagen- und Reaktorsicherheit, https://www.grs.de/sites/default/files/pdf/grs-s-56.pdf

Funabashi, Y./Kitazawa, K.: Fukushima in review: A complex disaster, a disastrous response. 2012, Bulletin of the Atomic Scientists 68 (2): 9–21

Hasegawa, R.: Disaster Evacuation from Japan's 2011 Tsunami Disaster and the Fukushima Nuclear Accident. 2013, CLIMATE 5

Holt, M. et al.: Fukushima Nuclear Disaster, 2012, Congressional Research Service, US Congress, http://www.mapw.org.au/files/downloads/FAS%20report%20on%20Fukushima.pdf

Lingenöhl, D.: Wie stark belastete Fukushima den Pazifik? 2016, Spektrum.de, abgerufen 2.11.2018, https://www.spektrum.de/news/wie-stark-belastete-fukushima-den-pazifik/1415340

Yasumura, S. et al.: Excess mortality among relocated institutionalized elderly after the Fukushima nuclear disaster. 2013, Public Health 127 (2): 186–188

Bildnachweis

S. 11, 30, 34, 41, 62, 87, 137, 150 unten, 197, 202, 204: Joachim Schreiber/Hirzel

S. 24: Hugh R. Hopgood

S. 49: Adobe Stock/Andrei Nekrassov

S. 54: Rom, Vatikan, Apostolischer Palast

S. 65: Joachim Schreiber/Hirzel nach einer Vorlage von Roger Zenner/ Wikimedia Commons

S. 75: ESO/S. Brunier

S. 79: Nakkaş Osman 1588, Hüner-nāme, Topkapi-Serail-Museum, Istanbul

S. 101: Gaspar Schott 1657

S. 110: Bibliothèque nationale de France

S. 118: Wilhelm Siegrist 1817

S. 124: Wikimedia Commons

S. 133: Wikimedia Commons/Tone4751

S. 150 oben: NASA

S. 154: Adobe Stock/anlo

S. 171: Carol M. Highsmith, Library of Congress

S. 174: U.S. Coast Guard

S. 185: Adobe Stock/asadykov

Register